JN039033

機械系 教科書シリーズ 28

CAD/CAM

工学博士 望月 達也 著

コロナ社

機械系 教科書シリーズ編集委員会

編集委員長	木本 恭司	（元大阪府立工業高等専門学校・工学博士）
幹　　事	平井 三友	（大阪府立工業高等専門学校・博士（工学））
編 集 委 員	青木 　繁	（東京都立産業技術高等専門学校・工学博士）
（五十音順）	阪部 俊也	（奈良工業高等専門学校・工学博士）
	丸茂 榮佑	（明石工業高等専門学校・工学博士）

（2007 年 3 月現在）

刊行のことば

大学・高専の機械系のカリキュラムは，時代の変化に伴い以前とはずいぶん変わってきました。

一番大きな理由は，機械工学がその裾野を他分野に広げていく中で境界領域に属する学問分野が急速に進展してきたという事情にあります。例えば，電子技術，情報技術，各種センサ類を組み込んだ自動工作機械，ロボットなど，この間のめざましい発展が現在の機械工学の基盤の一つになっています。また，エネルギー・資源の開発とともに，省エネルギーの徹底化が緊急の課題となっています。最近では新たに地球環境保全の問題が大きくクローズアップされ，機械工学もこれを従来にも増して精神的支柱にしなければならない時代になってきました。

このように学ぶべき内容が増えているにもかかわらず，他方では「ゆとりある教育」が叫ばれ，高専のみならず大学においても卒業までに修得すべき単位数が減ってきているのが現状です。

私は 1968 年に高専に赴任し，現在まで三十数年間教育現場に携わってまいりました。当初に比べて最近では機械工学を専攻しようとする学生の目的意識と力がじつにさまざまであることを痛感しております。こうした事情は，大学をはじめとする高等教育機関においても共通するのではないかと思います。

修得すべき内容が増える一方で単位数の削減と多様化する学生に対応できるように，「機械系教科書シリーズ」を以下の編集方針のもとで発刊することに致しました。

1\. 機械工学の現分野を広く網羅し，シリーズの書目を現行のカリキュラムに則った構成にする。

2\. 各書目においては基礎的な事項を精選し，図・表などを多用し，わかりやすい教科書作りを心がける。

3. 執筆者は現場の先生方を中心とし，演習問題には詳しい解答を付け自習も可能なように配慮する。

現場の先生方を中心とした手作りの教科書として，本シリーズを高専はもとより，大学，短大，専門学校などで機械工学を志す方々に広くご活用いただけることを願っています。

最後になりましたが，本シリーズの企画段階からご協力いただいた，平井三友 幹事，阪部俊也，丸茂榮佑，青木繁の各委員および執筆を快く引き受けていただいた各執筆者の方々に心から感謝の意を表します。

2000年1月

編集委員長　木本　恭司

ま　え　が　き

CAD/CAM の研究がスタートしてから半世紀以上が経過した。コンピュータの技術開発に追随するように CAD/CAM の開発も進展し，特に，3D-CAD が設計に使われるようになった 2000 年以降は急速に発展し，工学教育にも広く普及した。機械工学では CAD/CAM を導入する以前から，製図を主体とする設計教育を実践してきた。その教育によって多くの技術者が育ち，モノづくりを支えてきた。製図の道具がドラフタから製図システムに移行すると，曲線や接円など手書きでは上手に描くことが難しい図形要素をだれでも簡単に作図できるようになり，製図教育は，本来の目的であるモノづくりのための図面に多くの時間を費やすことができるようになった。一方，機械設計の授業は，編集設計的な内容が多く，教育内容に大きな変革は見られないままであった。機械設計には，工業力学，材料力学，熱力学，水力学など機械工学特有の力学が不可欠で，それらの解析が必要である。工学教育では，力学と機械設計の教育を結び付ける試みが繰り返し行われており，創造的な設計教育も実施されている。

そのような環境の中に 3D-CAD が導入され，設計教育や製図教育のイノベーションを含め，産業界から大きな期待が寄せられている。これまで，多くの CAD/CAM に関する書籍が出版されているが，その多くは，スキルアップを目的とする教材である。そこで，本書を執筆するにあたり，設計教育，製図教育，モノづくり教育で，どのように CAD/CAM を使えばよいか，そのことをつねに考えた。CAD/CAM はモノづくりを支える道具である。その道具の使い方を教えても設計力やモノづくり力は高まらない。

設計力やモノづくり力を高めるためには，個別に教育する専門科目を横断する教育が必要である。それには，設計製造を支援する CAD/CAM が不可欠で，CAD/CAM をうまく利用して設計やモノづくりを教育することである。

例えば，材料力学で学ぶ断面二次モーメントは，その力学的な意味や計算が理解できれば，CAD の断面特性の演算は形状設計で有益なツールになる。

設計と解析は表裏一体である。形状寸法を決めるために解析し，その結果をもとに形状を修正し，再度，解析する。この繰返しが設計本来の形である。CAD には解析やシミュレーションの機能が備わっているので，設計と解析を繰り返すことで，しだいに，設計力や工学的な鋭い勘が生まれてくる。そして，部品の形状が決まれば，モノづくりの情報である幾何公差や寸法公差を図面やモデルに定義することになる。このとき，重要なものがデータムである。モノづくりでは，部品のどこを基準にするか，どのように公差を定義するか，それができなければ部品は加工も検査もできない。換言すれば，加工や検査で基準が不明な図面はモノづくりでは不適切なものということである。この基準に基づいて加工が始まる。数値制御の工作機械では，工具の動きを理解しないと正しい加工ができない。それには，CAM の命令や演算を理解する必要がある。このように，モノづくりは設計・解析・製図・加工と一連の流れで進行している。したがって，工学教育では，この流れに沿って学ぶことが求められ，それを支援する CAD/CAM も教育の中で同時に理解する必要がある。

そこで，本書ではモノづくりと CAD/CAM の関係を中心に，3D プリンタによるモノづくりや CAD/CAM におけるデータ管理と PDM/PLM までの一連の流れを説明し，章末には演習問題を付け，設計・製図やモノづくりの授業で教材として活用できるように工夫した。

なお，本書は白黒印刷のため，Web 上のカラーの図については，色の違いや，寸法・文字がわかりにくいものがある。そこで，掲載したすべての図を PDF 形式で閲覧できるようにした。そして，演習問題を解答するときに使用する CAD モデルは STEP と Parasolid 形式でダウンロードできるようにした。図の閲覧や演習問題の解答に使用する CAD データを希望する読者は，コロナ社のホームページをご覧いただきたい。また，授業や講義を担当される教員には，掲載したすべての CAD データを SOLIDWORKS 2019（SOLIDWORKS 教育版や SOLIDWORKS Student Premium，SOLIDWORKS 学生版の

2019-2020 Version に相当）のファイルでダウンロードできるようにした。ダウンロードを希望する教員もコロナ社のホームページをご覧いただきたい。今後，コロナ社のホームページには，演習問題を含め，CAD/CAM 教育に役立つ情報を追加する予定である。

最後に，本書の読者対象は，機械工学を専攻している高等専門学校の 3 年生以上，または大学 1，2 年の学生であるが，機械設計やモノづくり教育を担当している教員にもぜひ一読していただきたい。

2021 年 2 月

望月　達也

目　　　　　次

1.　モノづくりのソフトウェア

1.1　モノづくりとソフトウェア …… *1*
1.2　3次元の形状モデル …… *3*
1.3　ソリッドモデルとサーフェスモデル …… *5*
1.4　3D-CADのデータ構成 …… *6*
1.5　3D-CADのデータ形式 …… *7*
1.6　図面と3D単独図 …… *9*
演習問題 …… *10*
引用・参考文献 …… *12*

2.　ソリッドとサーフェスのモデリング

2.1　ソリッドの生成と編集 …… *13*
2.2　サーフェスの生成と編集 …… *16*
2.3　フィーチャとモデリング …… *19*
2.4　モデリングの履歴 …… *25*
演習問題 …… *28*

3.　機械部品のモデリング

3.1　プロファイルとデータ構造 …… *31*
3.2　プロファイルの作図 …… *33*
3.3　三面図と立体のモデリング …… *35*

3.4　補助投影が必要な立体のモデリング ……………………… 41
3.5　回転体のモデリング ……………………………………… 47
演習問題 ……………………………………………………… 51

4.　機械要素とアセンブリ

4.1　自由度と合致の拘束 ……………………………………… 54
4.2　締結（ボルト，ナット，座金）…………………………… 56
4.3　軸　と　軸　受 ……………………………………………… 57
4.4　軸　　継　　手 ……………………………………………… 57
4.5　歯　　　　　車 ……………………………………………… 62
4.6　カ　　　　　ム ……………………………………………… 67
4.7　ば　　　　　ね ……………………………………………… 68
演習問題 ……………………………………………………… 70

5.　3D-CAD と力学

5.1　質　量　特　性 ……………………………………………… 73
5.2　断　面　特　性 ……………………………………………… 76
5.3　応　力　解　析 ……………………………………………… 79
5.4　機　構　解　析 ……………………………………………… 84
5.5　固 有 値 解 析 ……………………………………………… 90
5.6　流　体　解　析 ……………………………………………… 92
演習問題 ……………………………………………………… 95

6.　ソリッドと幾何公差

6.1　モノづくりの情報 ………………………………………… 101
6.2　幾何公差と最大実体公差 ………………………………… 103
6.3　MMC のある幾何公差 …………………………………… 105
6.4　データムに MMC がある幾何公差 ……………………… 107

6.5　機能ゲージの設計 …… 110
演習問題 …… 111

7.　機械加工とCNC

7.1　機械加工と工作機械 …… 113
7.2　アップカットとダウンカット …… 115
7.3　直線補間（G01）と工具移動（G00） …… 117
7.4　円弧補間（G02, G03） …… 119
7.5　座　標　系 …… 121
演習問題 …… 123

8.　穴・輪郭加工とCAM

8.1　CAM　と　は …… 125
8.2　穴　加　工 …… 127
8.3　輪　郭　加　工 …… 130
8.4　凹凸のある輪郭加工 …… 132
8.5　工具径の補正（G40, G41, G42） …… 139
演習問題 …… 141

9.　サーフェスとCAM

9.1　切削点と工具軌跡 …… 143
9.2　工具中心の経路 …… 146
9.3　3　軸　加　工 …… 153
9.4　5　軸　加　工 …… 158
演習問題 …… 165

10.　additive manufacturing（AM）

10.1　積層造形の方法 …… 167

10.2 PBF と AM ………… *168*
10.3 DED と AM ………… *171*
演習問題 ………… *174*

11. CAD/CAM のデータ管理

11.1 ドキュメント管理 ………… *176*
11.2 構成管理 ………… *178*
11.3 PDM と PLM ………… *182*
演習問題 ………… *184*

演習問題解答 ………… *185*

索　　引 ………… *210*

1

モノづくりのソフトウェア

CAD/CAM はモノづくりを支援するソフトウェアである。コンピュータで立体の形状を取り扱うために，本章では，モノづくりを支援するソフトウェアの構成，立体や曲面を表現する形状モデル，3 次元 CAD（以後，**3D-CAD** と略記）のデータ構成とデータ形式，および 3D 図面について学ぶ。

1.1 モノづくりとソフトウェア

コンピュータで設計を支援する **CAD**（computer aided design）は，設計者とコンピュータが対話形式で 2 次元図形を処理する研究[1)†]から始まり，機械製図を支援する 2 次元 CAD，および航空機・船舶・自動車などのスタイリングを支援するサーフェス CAD や，機械設計を支援する 3D-CAD が開発されてきた。

数値制御工作機械（numerical control, **NC**）の **CL**（cutter location）データを計算する **CAM**（computer aided manufacturing）は，NC の自動プログラミング言語 **APT**（automatically programmed tool）から始まり，工作機械の 5 軸を同時に制御する加工まで対応できるようになった。

応力，振動，熱などの工学的な解析を支援する **CAE**（computer aided engineering）は，**有限要素法**（finite element method, **FEM**）による線形解析から始まり，塑性変形や樹脂流動などの非線形解析まで処理できるようになった。その過程の中で，連立方程式を解くアルゴリズム，3 次元の形状から FEM メ

† 肩付き数字は，章末の引用・参考文献の番号を表す。

ッシュを生成する処理，および解析結果の応力や変形をコンター図で表示する処理が開発された。

機械製図や CAD 製図に**幾何特性仕様**（geometrical product specification, GPS）が規定され，機械部品の検査に 3 次元測定機が導入されると，座標測定や幾何公差の評価を支援するソフトウェアが開発された。さらに，曲面の形状を測定する非接触 3 次元測定機では，測定データの点群データからポリゴンデータを生成して CAD データと検証するソフトウェアが開発されている。**CAT**（computer aided testing）は，測定や検査を支援するシステムの総称として用いられている。

3D プリンタによるモノづくりは，**AM**（additive manufacturing，付加製造法）と呼ばれている。3D プリンタでは，CAD データの形状を樹脂や金属粉末で容易に造形することができる。

モノづくりでインターネットを活用するためには，CAD データのファイルサイズを圧縮してファイル転送の高速化を実現する必要がある。**Web3D** は Web で 3 次元の形状を取り扱う用語である。Web ブラウザで CAD データを表示する Viewer が提供されると，3D-CAD を導入している部門以外でも CAD データを閲覧することができるようになり，CAD データの活用が進展した。

図 *1.1* に，モノづくりのソフトウェアの構成を示す。図では，3D-CAD を中核に CAE，CAM，AM，CAT，Web3D で構成されている。

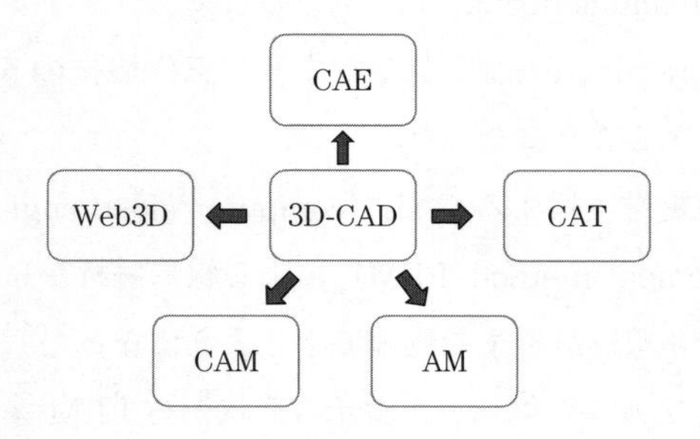

図 *1.1* モノづくりのソフトウェアの構成

1.2　3次元の形状モデル

コンピュータで3次元の形状を取り扱うためには，形状を表現するモデルを考える必要がある。1973年の国際会議で3次元の形状モデルに関する発表が二つあった[2),3)]。一つはBUILDと呼ばれるシステム，もう一つはTIPS-1と呼ばれるシステムである。BUILDでは，**図*1.2***に示す**B-reps**（boundary representation）で立体を表現している。一方，TIPS-1では，**図*1.3***に示す**CSG**（constructive solid geometry）で立体を表現している。いずれも形状モデルはソリッドモデルである。3D-CADでは，ソリッドモデルのデータ構造にB-repsを，モデリングの機能にCSGの**集合演算**（Boolean operations）を用いている。

図*1.2*　B-repsによる立体表現　　**図*1.3***　CSGによる立体表現

図*1.4*に，B-repsで表現したソリッドモデルのデータ構造を示す。このデータ構造は，**トポロジー**（topology）と呼ばれる図形要素の接続を示す情報と，**ジオメトリー**（geometry）と呼ばれる幾何学的な情報で構成されている。トポロジーの情報は，Bodyが複数のFaceで，Faceが複数のLoopで，Loopが複数のEdgeで，Edgeが始点と終点のVertexでそれぞれ構成されている。一方，ジオメトリーの情報は，Surfaceに曲面の式が，Curveに曲線の式が，Pointに座標値がそれぞれ定義される。B-repsによるFaceの表現はサーフェスモデルの表現と同じである。したがって，3D-CADではソリッドモデルとサーフェスモデルの両方の形状モデルを取り扱うことができる。

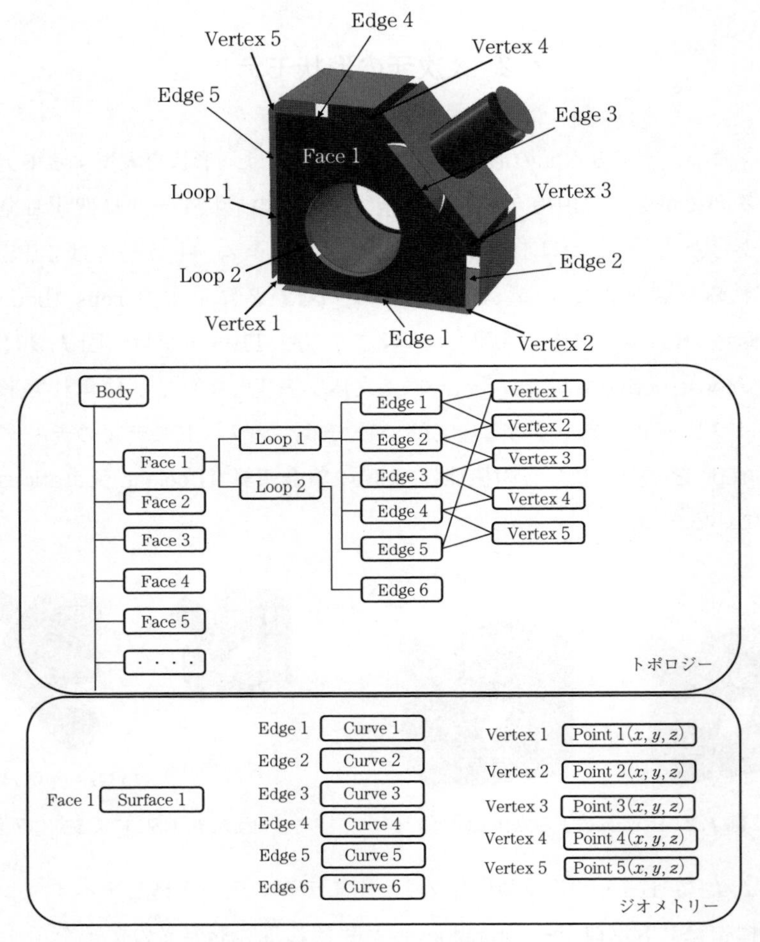

図 *1.4* B-repsで表現したソリッドモデルのデータ構造

B-repsでは，トポロジーとジオメトリーでソリッドモデルを表現しているので，コンピュータの記憶領域に保存するファイルの容量は大きくなるが，境界面を定義しているため自由曲面や局所的な変形が容易である。3次元形状は境界面で閉じた空間領域である。トポロジーで表現するB-repsでは，**図 *1.5*** に示すようなノンマニホールドと呼ばれる形状（点や線で接している形状）も表現することができる。これらの形状はモノづくりでは成立しないので，

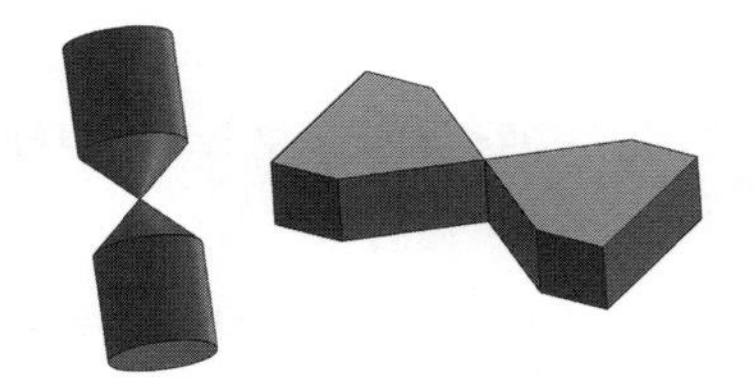

図 1.5 B-reps で表現したノンマニホールドの形状例

3D-CAD ではこのような形状が定義されないように検証している。また，形状以外の情報は**属性**（attribute）として形状モデルに保存している。Body や Face に色をつけると，色の情報がそれぞれの属性に保存される。

1.3 ソリッドモデルとサーフェスモデル

ソリッドから境界面の一つを削除すると，形状はソリッドとして成立しない。そのようなとき，3D-CAD ではソリッドモデルからサーフェスモデルに自動的に更新される。これを**図 1.6** に示す三角柱と B-reps のデータ構造で説明する。図に示す三角柱は一つの Body と五つの Face で構成される。該当す

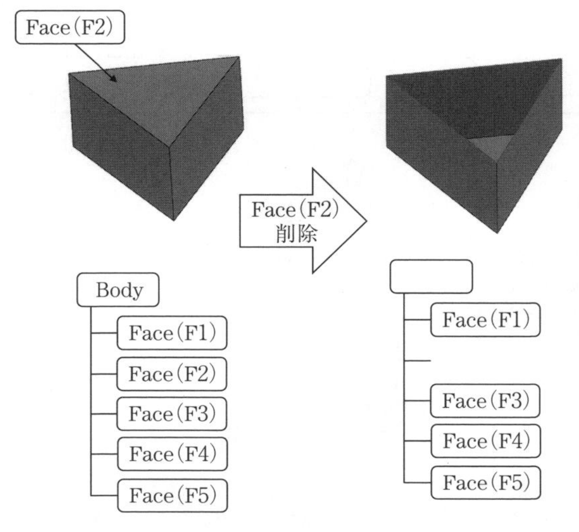

図 1.6 ソリッドモデルからサーフェスモデルへの更新例

る Face（F2）を削除すると Body が削除され，四つの Face が残る。3D-CAD では三角柱のソリッドが Face の削除で四つのサーフェスに自動的に更新される。

ここで，削除した Face の部位をサーフェスで穴埋めするとサーフェスは五つになる。このままでは，まだソリッドモデルにはならない。Face が五つあるだけである。そこで，五つの Face を編み合わせて一つの閉空間を定義すると，データ構造に Body が生成されソリッドモデルに更新される。

1.4 3D-CAD のデータ構成

3D-CAD には，パーツデータ，アセンブリデータ，および図面データの三つのデータがある。それぞれのデータはファイルに保存されている。**図 *1.7*** にそれらのデータ構成を示す。3D-CAD では，パーツとアセンブリを定義する空間（原点，座標系）を別々に定義している。部品の形状を定義するデータはパーツファイルに，パーツの位置と姿勢および複数のパーツの拘束関係を定

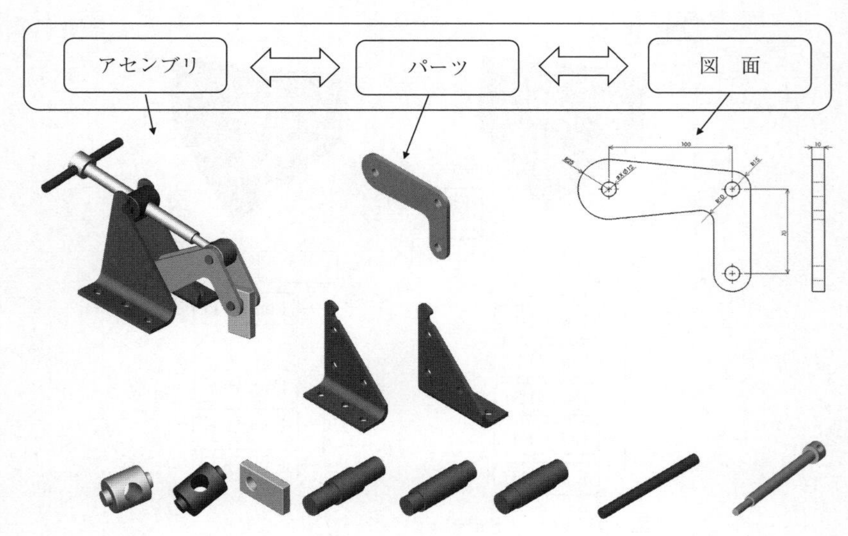

図 *1.7* パーツ，アセンブリ，図面のデータ構成

義するデータはアセンブリファイルに，三面図を定義するデータは図面ファイルに，それぞれ保存される。この三つのファイルは互いにリンクしているので，部品の定義を更新すればアセンブリファイルと図面ファイルは自動的に更新される。また，図面の寸法を変更すれば，部品ファイルとアセンブリファイルも自動的に更新される。

このように，三つのファイルがリンクしているので，部品数が増加し，さらに，ボルトやねじのような標準データを参照していると，ファイルのリンクは複雑になる。コンピュータ上でファイルの名称やホルダの位置を変更してしまうと，ファイルへのリンクが外れてしまう。すると，アセンブリファイルを開いたときに，部品ファイルが見つからないというエラーが表示される。そのため，3D-CADで設計業務を行う企業では，その規模に応じて**PDM**（product data management）を導入している。

1.5　3D-CADのデータ形式

パーツ，アセンブリ，図面ファイルは，**図*1.8***に示す多様なデータ形式で保存することができる。ネイティブファイルは3D-CAD固有の形式である。**IGES**（**i**nitial **g**raphics **e**xchange **s**pecification）と**STEP**（**st**andard for the **e**xchange

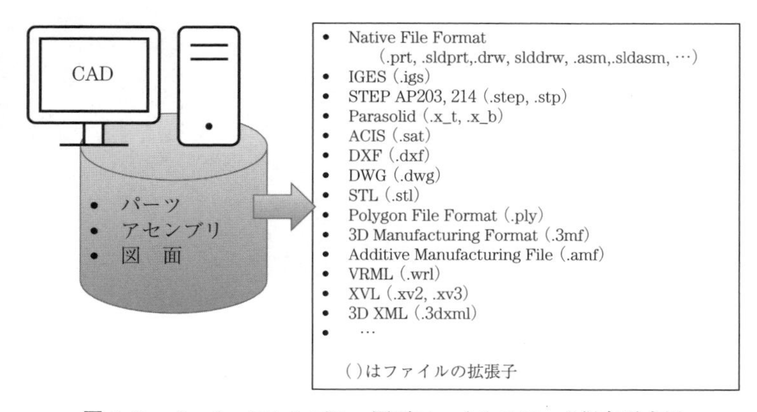

図*1.8*　パーツ，アセンブリ，図面ファイルのデータ保存形式例

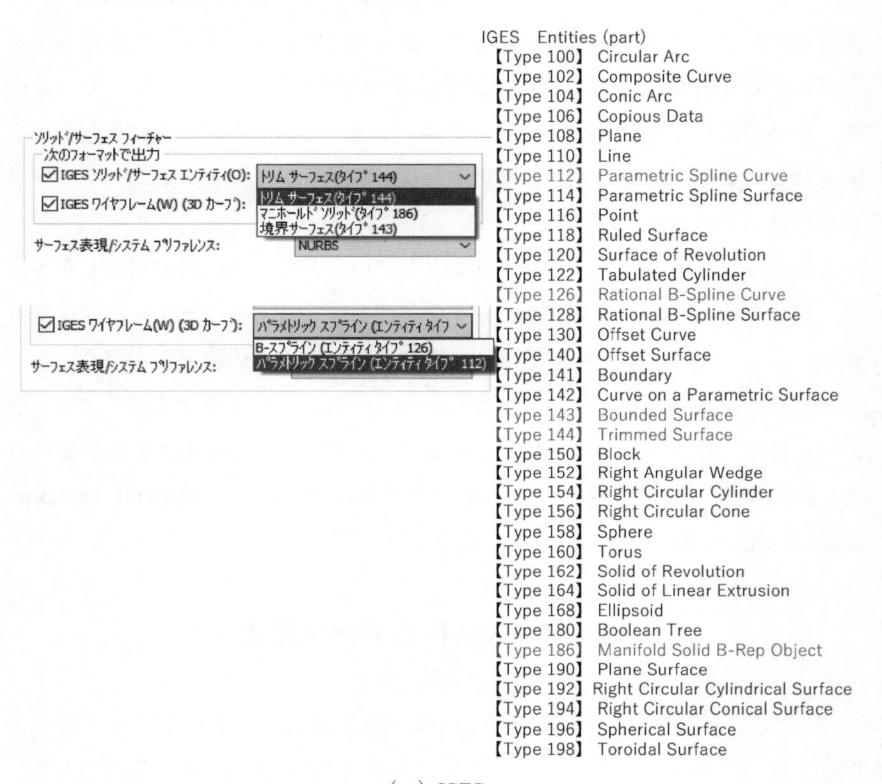

（a）IGES

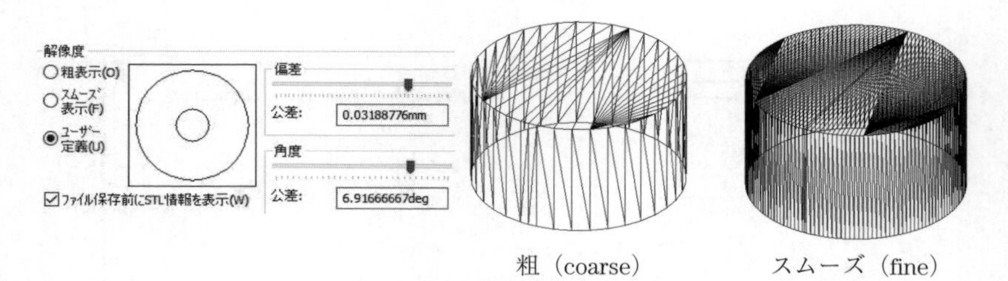

解像度（resolution）は偏差（deviation）と角度（angle）の公差（tolerance）で設定

（b）STL

図 *1.9* IGES 形式と STL 形式でデータを保存する設定例

of product model data）は，異なる CAD システム間のデータ交換，CAM へのデータ転送，製品モデルの形式であり，中間ファイル形式と呼ばれている。parasolid や ACIS はソリッド モデリングのカーネル形式，**DXF**（**d**rawing **ex**change **f**ormat）や **DWG**（**d**ra**w**in**g**）は図面ファイルの形式，**STL**（**s**tandard **t**riangulated〔あるいは tessellation〕**l**anguage）は 3D プリンタへの形式，polygon file format は 3D スキャナや非接触 3 次元測定機への形式，3D manufacturing format や additive manufacturing file は STL と同様に積層造形機への形式，**VRML**（**v**irtual **r**eality **m**odeling **l**anguage），**XVL**（e**x**tensible **v**irtual world description **l**anguage），**3D-XML**（e**x**tensible **m**arkup **l**anguage）は Web への形式である。

図 *1.9* に，IGES 形式と STL 形式でデータを保存する設定を示す。IGES では，サーフェスのフォーマットをトリムサーフェスで，サーフェスの表現を **NURBS**（non-uniform rational B-spline）で設定することが多い。トリムサーフェスは，母曲面と境界曲線でサーフェスを表現する方法であり，NURBS は円柱や球，自由曲面を表現することができるので，3D-CAD で多用している曲面の表現である。多項式のベジェ曲面を有理式（分数式）の形式で表現したものである。

STL では解像度を設定する。解像度を粗くすると形状の再現性は低くなる。解像度を細かくすると形状の再現性は高くなるが，ファイルサイズが大きくなるのでコンピュータのメモリが不足することがある。

1.6 図面と 3D 単独図

モノづくりの製造情報は JIS（日本産業規格）で図面に表示されている。3D-CAD では，パーツファイルにソリッドの形状を，図面ファイルに製造情報を定義している。製造情報をパーツファイルのソリッドに定義する規格として ASME Y14.41，ISO16792 が定められた。機械製図の規則に基づいてデータム，基準寸法，寸法公差，および幾何公差をソリッドに定義した例を**図 *1.10*** に示す。

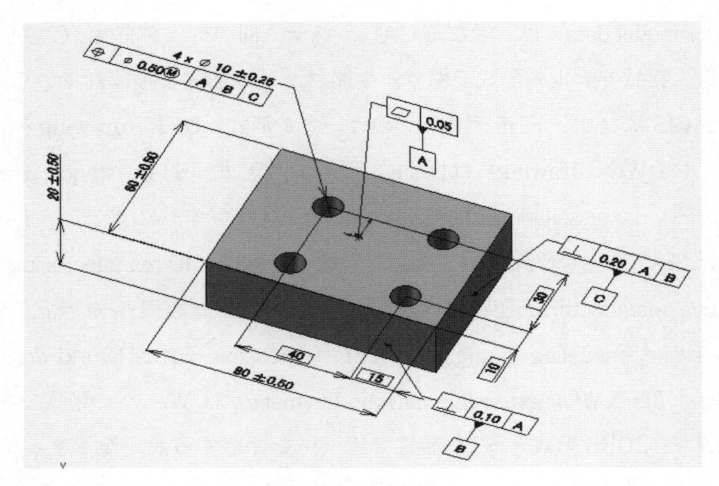

図 *1.10* データム，基準寸法，寸法公差，および幾何公差をソリッドに定義した例

日本自動車工業会（JAMM）と日本自動車部品工業会（JAPIA）では JAMA/JAPIA 3D 図面ガイドラインを，また，電子情報技術産業協会（JEITA）では 3D 単独図ガイドラインを団体規格としてそれぞれ定めている[4),5)]。

演　習　問　題

【1】 次に示す ①～⑪ の用語の英語表記を記入せよ。
① CAD，② CAM，③ NC，④ CL，⑤ CAE，⑥ FEM，⑦ GPS，⑧ AM，⑨ B-reps，⑩ CSG，⑪ PDM

【2】 **問図 *1.1***（a）～（c）にソリッドの形状と寸法，およびモデリングのプロセスを示す。図に示す V ブロックの高さを 50 mm から 40 mm に，溝の角度を 90° から 120° に，スロットルの長さを 35 mm から 40 mm に，半径を 10 mm から 6 mm に，貫通穴の直径を 25 mm から 30 mm にそれぞれ変更すると，ソリッドはどのように修正されるか，解答用紙（図(d)）に記入せよ。図(d)は等角投影で表示してある。

【3】 ①～⑥ に適切な用語を記入せよ。
ソリッドを表現する方法には（①）と（②）がある。（①）は立体の集合演算で表現する方法である。（②）は立体の境界面で表現する方法である。（②）

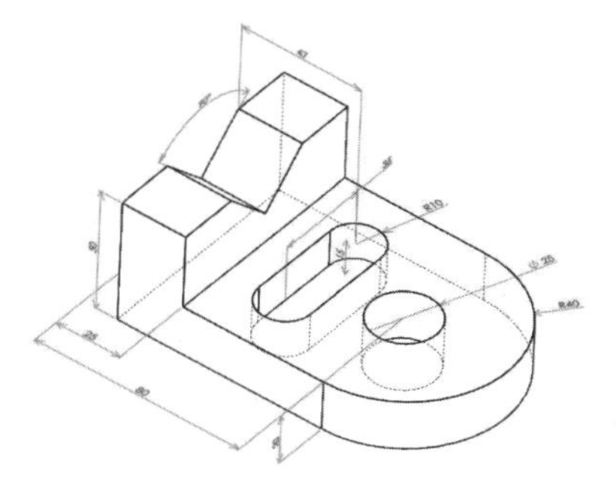

（a）ソリッドの形状

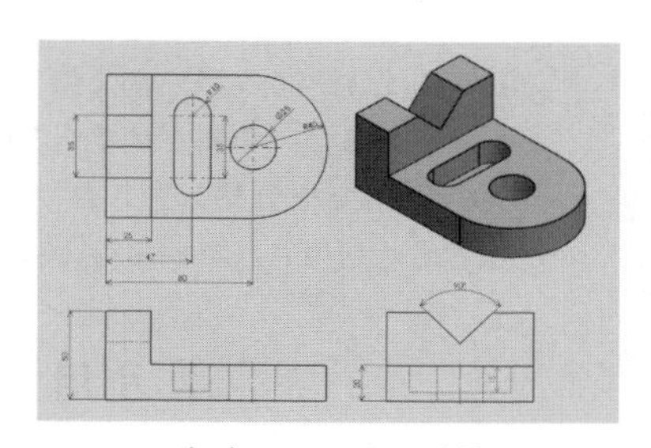

（b）ソリッドの寸法

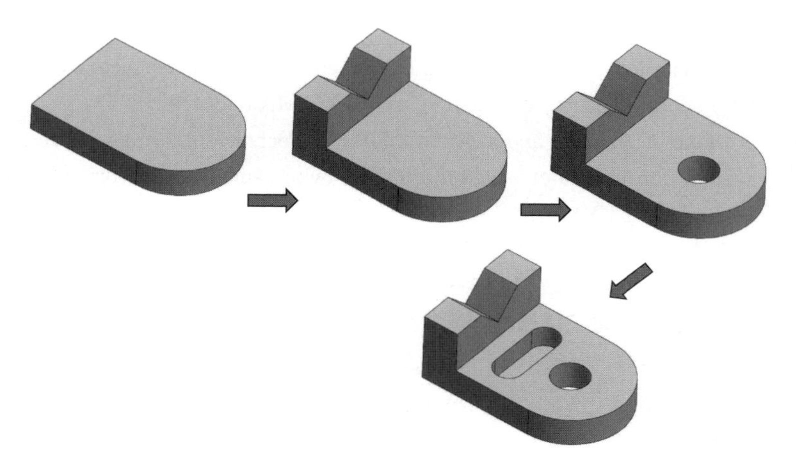

（c）モデリングのプロセス

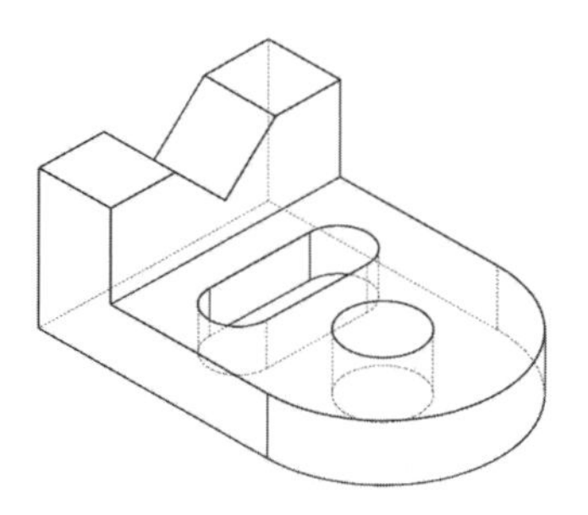

（d）解答用紙（等角投影）

問図 *1.1*

で表現する方法は，（③）と呼ばれる図形要素の接続を示す情報と，（④）と呼ばれる幾何学的な情報でデータ構造を構成している。

異なるCAD間のデータ交換で利用するデータ形式には，IGESと（⑤）がある。それらは，中間ファイルと呼ばれるものである。

3D-CADでモデリングしたソリッドを3Dプリンタに受け渡すデータ形式として広く利用されているものは（⑥）である。

引用・参考文献

1） I. E. Sutherland：Sketchpad, a man-machine graphical communication system, proc. SJCC, **329**† (1963)
2） I.C. Braid and C.A. Lang：Computer-aided design of mechanical components with volume building bricks, proc. of PROLAMAT'73 (1973)
3） N.Okino, Y.Kakazu, and H.Kubo：TIPS-1, Technical information processing system for computer aided design, drawing and manufacturing, proc. of PROLAMAT'73 (1973)
4） JAMAEIC041 JAMA/JAPIA 3D図面ガイドライン 3D図と2D図の組合せ図面ガイドライン Ver.1.2 (2008)
5） 一般社団法人電子情報技術産業協会 三次元CAD情報標準化専門委員会：3DAモデルガイドライン —3DAモデル作成及び運用に関するガイドライン— Ver.3.0（平成25年9月改正）

† 論文誌の巻番号は太字で表記する。

2

ソリッドとサーフェスのモデリング

CAD には立体の形状を定義する多様な機能がある。それらを理解するために，本章では，ソリッドの生成と編集，サーフェスの生成と編集，フィーチャとモデリング，およびモデリングの履歴など，3D-CAD の基礎的な要素とモデリングの仕組みを学ぶ。

2.1 ソリッドの生成と編集

ソリッドを生成する基本的な機能は，「押出し」，「回転」，「ロフト」，「スイープ」である。押出しと回転は，**図 *2.1*** と**図 *2.2*** に示すように 2 次元図形を平行あるいは回転させてソリッドをそれぞれ生成するものである。ロフトは**図 *2.3*** に示すように複数の図形で，スイープは**図 *2.4*** に示すように図形と経路パスでソリッドをそれぞれ生成するものである。3D-CAD では，ソリッドを生成する 2 次元図形をプロファイルまたはスケッチと呼んでいる。

ソリッドを編集する機能には，「押出しカット」，「回転カット」，「切断（分割)」，「シェル」，「面取り」，「フィレット」，「オフセット」，「勾配」，「スケー

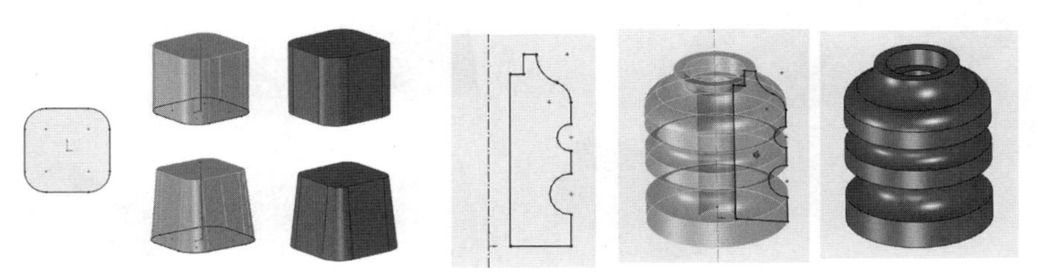

図 *2.1* 押　出　し　　　**図 *2.2*** 回　　転

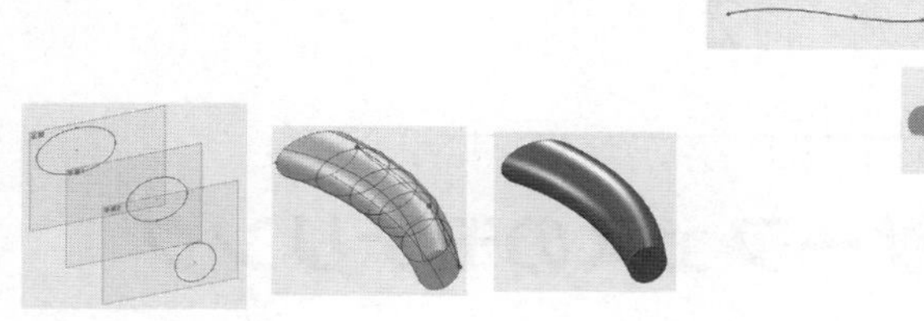

図 ***2.3*** ロ　フ　ト

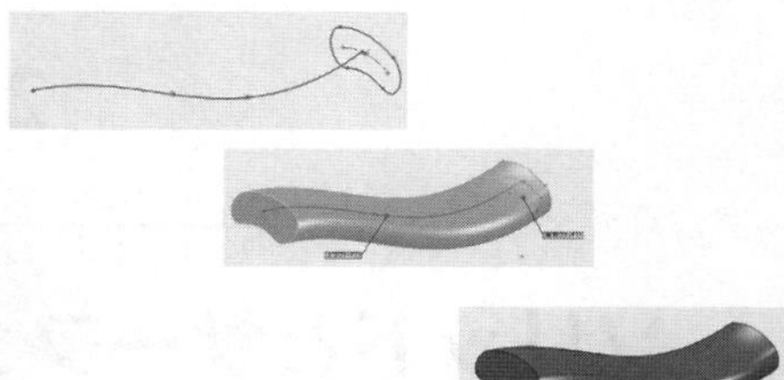

図 ***2.4*** スイープ

ル」,「移動・複写」,「ブーリアン演算」がある。押出しカットと回転カットは，**図 *2.5*** と**図 *2.6*** に示すように図形を平行あるいは回転させてソリッドを削り取るものである。切断は，**図 *2.7*** と**図 *2.8*** に示すように平面や曲面でソリッドを切り取るものである。シェルは，**図 *2.9*** に示すように厚みと削除する面を指定してソリッドの中身をくり抜き，ソリッドを薄肉にするものである。「面取り」と「フィレット」は，**図 *2.10*** に示すようにソリッドのエッジに面取りや丸みを付け加えるものである。「オフセット」は，**図 *2.11*** に示す

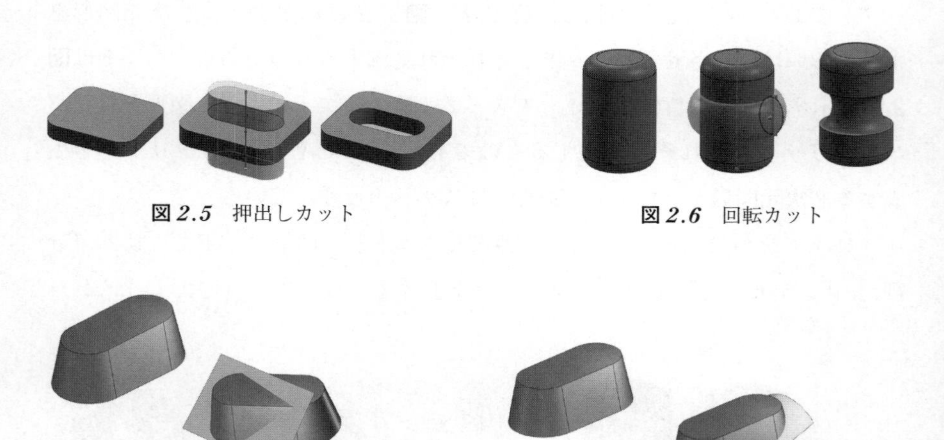

図 ***2.5*** 押出しカット

図 ***2.6*** 回転カット

図 ***2.7*** 切断（平面）

図 ***2.8*** 切断（曲面）

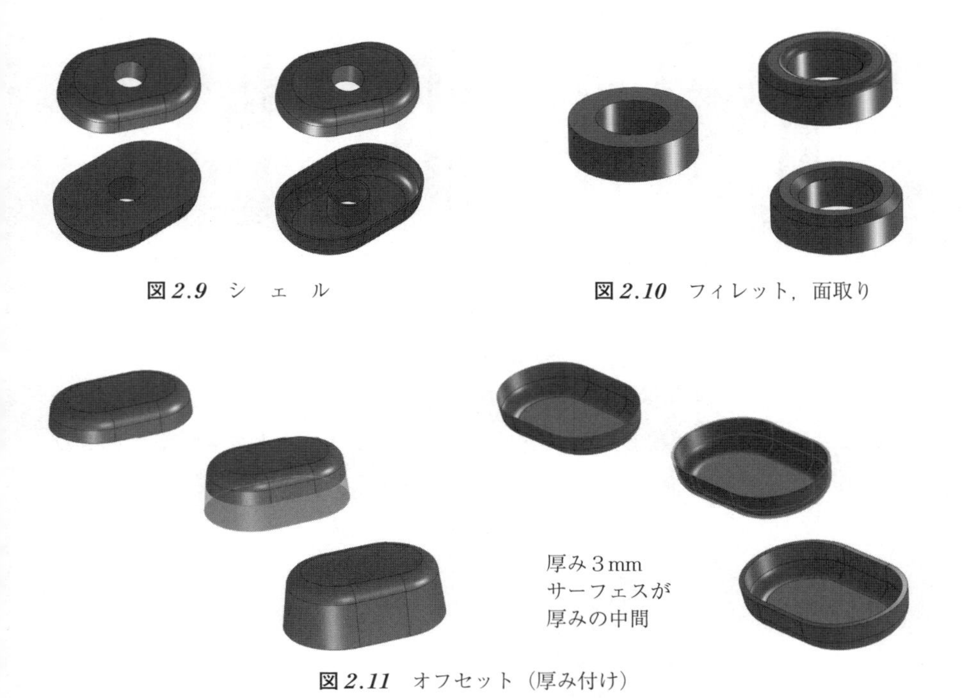

図 **2.9**　シ　ェ　ル

図 **2.10**　フィレット，面取り

図 **2.11**　オフセット（厚み付け）

ように指定する面までソリッドを増やしたり減らしたり，あるいはサーフェスに厚みを付加してソリッドにするものである。「勾配」は，**図 2.12** に示すように指定する面にテーパを付加するものである。「スケール」は，**図 2.13** に示すようにソリッドを拡大縮小するものである。「移動・複写」は，**図 2.14**

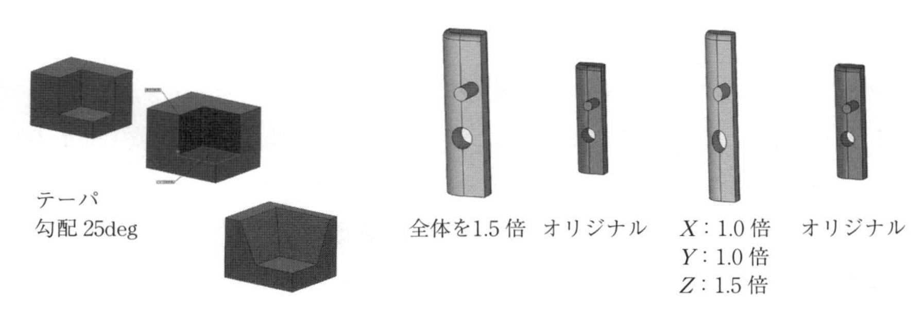

図 **2.12**　勾　　配

図 **2.13**　ス ケ ー ル

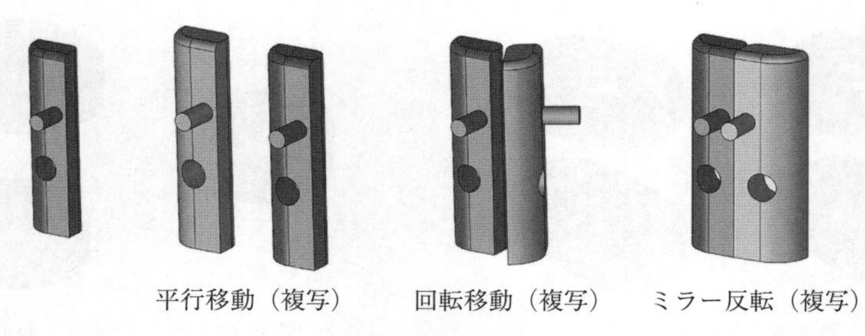

図 **2.14**　移動・複写

に示すようにソリッドを平行移動，回転移動，ミラー反転するものである。最後に，ブーリアン演算は**図 2.15** に示すように，複数のソリッドを加算して一つのソリッドにする「和」，ソリッドから別のソリッドを引算する「差」，および二つのソリッドの共通する部位をソリッドにする「積」を計算するものである。

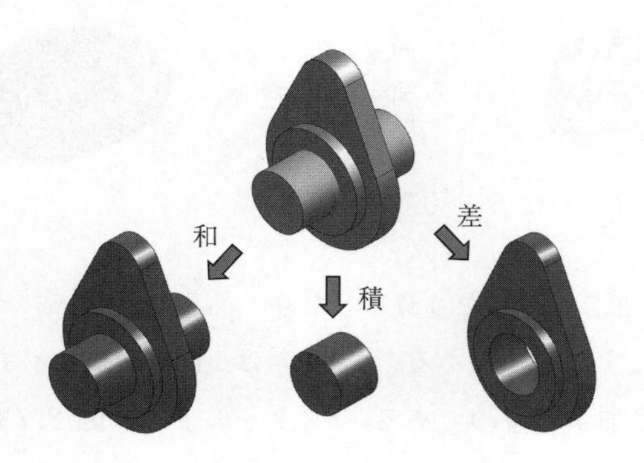

図 **2.15**　ブーリアン演算

2.2　サーフェスの生成と編集

サーフェスを生成する基本的な機能には，「押出し」，「回転」，「ロフト」，「スイープ」，「バウンダリ」，「オフセット」がある。押出しと回転は，**図 2.16** と**図 2.17** に示すように曲線を平行あるいは回転させてサーフェスを生成するものである。ロフトは，**図 2.18** に示すように複数の曲線で，スイープは，**図 2.19** に示すように輪郭の曲線と経路パスの曲線でサーフェスをそれぞれ生成するものである。バウンダリは，**図 2.20** に示すように四つの曲線を境界とす

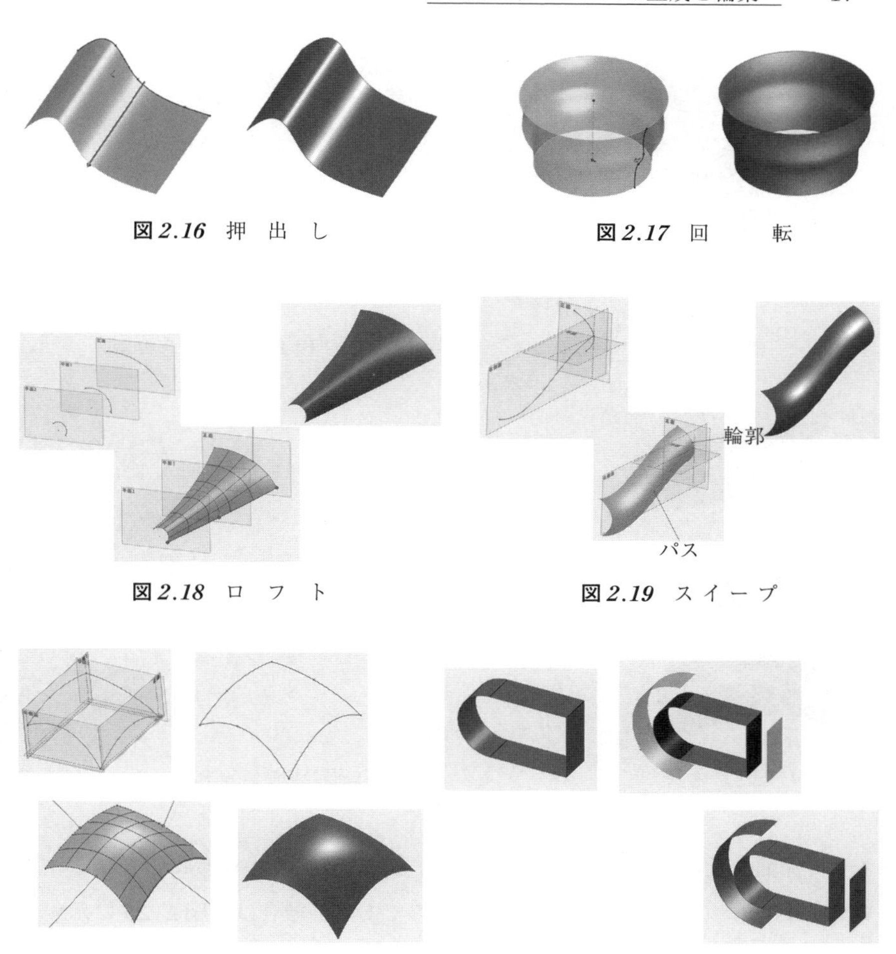

図 2.16　押　出　し

図 2.17　回　　転

図 2.18　ロ　フ　ト

図 2.19　ス イ ー プ

図 2.20　バウンダリ

図 2.21　オフセット

るサーフェスを生成するものである。オフセットは，**図 2.21** に示すように曲面の法線方向に移動してサーフェスを生成するものである。

サーフェスを編集する機能には，「トリム」，「アントリム」，「延長」，「分割」，「結合」がある。トリムは，**図 2.22** に示すように曲面を別の曲面で切り取るものである。アントリムは，**図 2.23** に示すようにトリムされた曲面を元の曲面に戻すものである。延長は，**図 2.24** に示すように曲面のエッジを移動

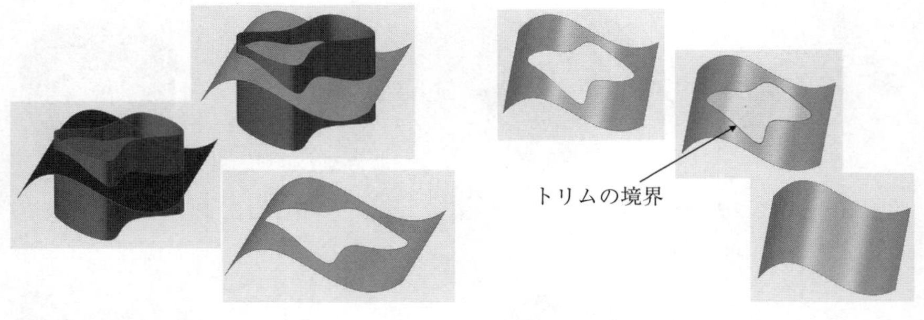

図 2.22 ト リ ム

図 2.23 アントリム

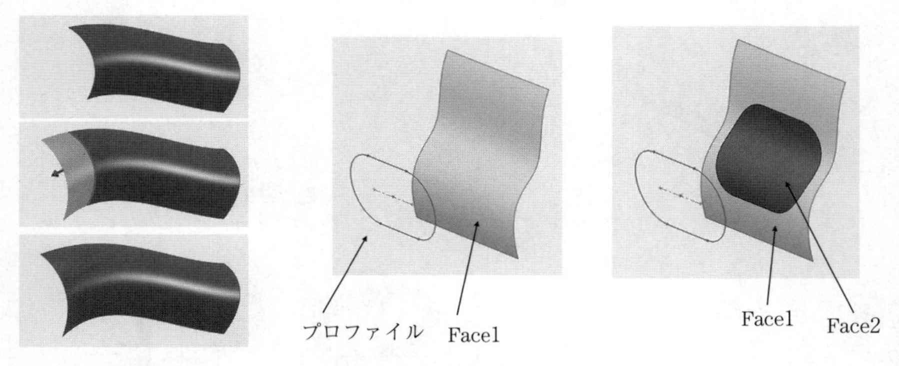

図 2.24 延 長

図 2.25 面の切断（分割）

させて曲面を延ばすものである。分割は，**図 2.25** に示すように指定するプロファイルで一つの曲面を二つに分けるものである。結合は，**図 2.26** に示すように複数の曲面を一つの曲面に編み合わせるものである。

サーフェスの生成に不可欠な自由曲線として，**図 2.27** に示すスプライン曲線がある。この曲線は制御点で操作できるものであり，変曲点の位置や曲率分布を図のように見ることができる。自由曲線のほかに 3D 曲線は，**図 2.28** に示すようにプロファイルを曲面に投影して得られるものや，**図 2.29** に示すように，二つの曲面が交差する相貫線として得られるものがある。

3D-CAD には，ソリッドやサーフェスを生成・編集する機能のほかに，**参照ジオメトリー**（reference geometry）と呼ばれるものを生成する機能があ

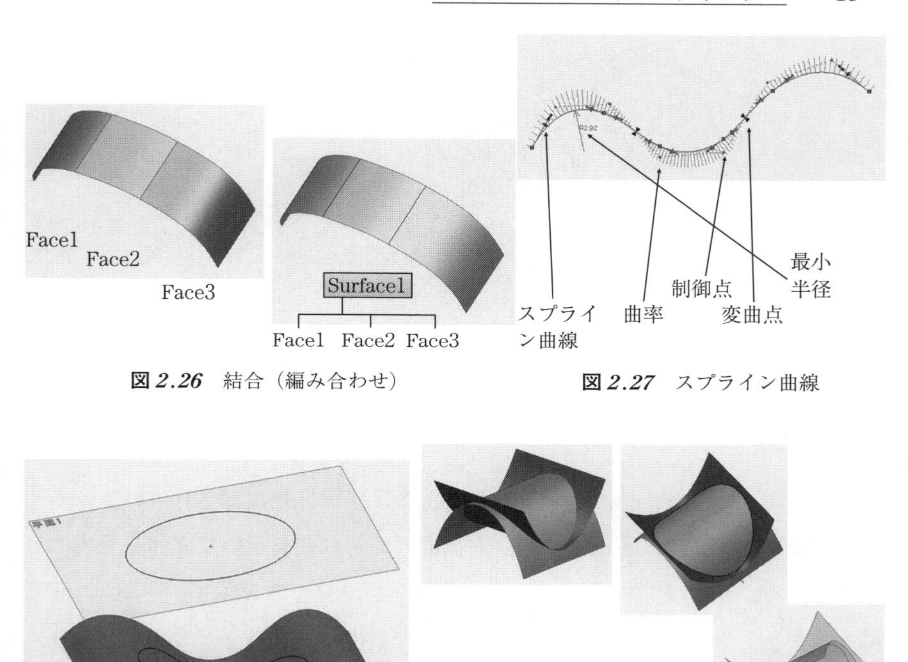

図 *2.26* 結合（編み合わせ）

図 *2.27* スプライン曲線

図 *2.28* 投影線

図 *2.29* 交線

る。この機能は，3次元空間に平面，軸および点を定義する機能であり，ソリッドやサーフェスの生成には不可欠なものである。3D-CAD によるモデリングでは，参照ジオメトリー，ソリッドやサーフェスを生成する機能，編集する機能を順に定義しながら形状を段階的に作成するため，モデリングのプロセスが重要になる。次の2.3節ではモデリングのプロセスについて述べる。

2.3 フィーチャとモデリング

ここでは，**図 *2.30*** に示すブラケットを例題にモデリングのプロセスについて説明する。3D-CAD では，**図 *2.31*** に示す三つの直交する面（正面，平面，

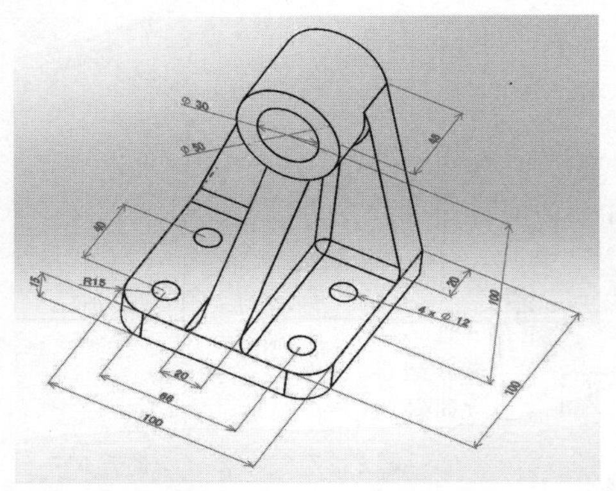

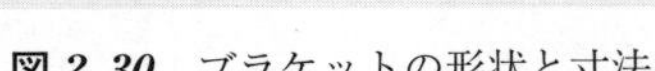
図 *2.30* ブラケットの形状と寸法

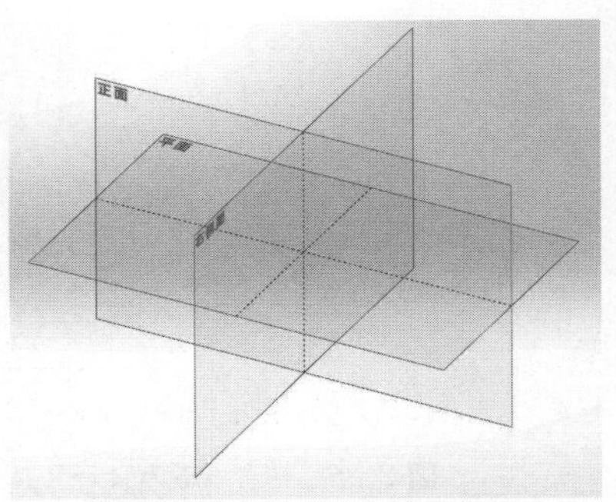

図 *2.31* 直交する三つの平面

右側面，あるいは *X*–*Y* 平面，*Y*–*Z* 平面，*Z*–*X* 平面）が用意されている。モデリングでは，まずは，正面，平面，右側面のいずれかを用いて立体を生成することになる。**表 *2.1*** にブラケットのモデリングプロセスを示す。手順 ① ～ ⑥ は，スケッチ平面に描いたプロファイルを押し出してソリッドを生成したり，押出しカットで削除したりするものである。手順 ⑦ ～ ⑨ は，立体のエッジにフィレットを付け加えるものである。この手順 ① ～ ⑨ が，それぞれフィーチャである。以下，それぞれのフィーチャ 1～9 について説明する。

① フィーチャ 1（押出し 1）　　スケッチ平面に「平面」を選び，一辺の長さが 100 mm の正方形を描く。これがプロファイル 1 である。このプロファイル 1 を 15 mm 押し出すと直方体が生成される。

② フィーチャ 2（押出し 2）　　スケッチ平面に「正面」を選び，直径が 50 mm の円を描く。これがプロファイル 2 である。この円を 46 mm 押し出すと円柱が生成される。

③ フィーチャ 3（押出し 3）　　スケッチ平面に「正面」を選び直線と円弧でプロファイルを描く。これがプロファイル 3 である。このプロファイルを 20 mm 押し出して，手順 ① で生成した直方体と手順 ② で生成した円柱を同時に結合するとブラケットの基本的な形状が生成される。

④ フィーチャ 4（押出し 4）　　スケッチ平面に「右側面」を選び直線で

表 2.1 ブラケットのモデリングプロセス（続く）

手順	プロファイルとスケッチ平面	フィーチャの定義	ソリッド
①	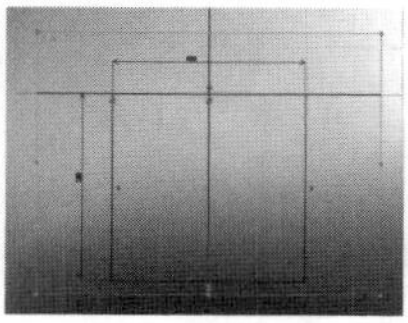 プロファイル 1：平面	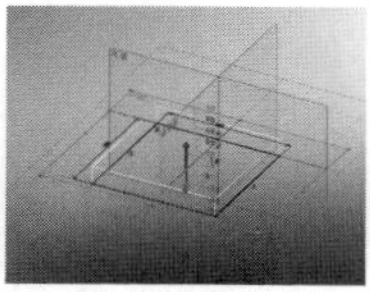 押出し 1（15 mm）	
②	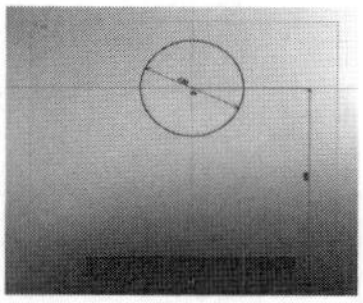 プロファイル 2：正面	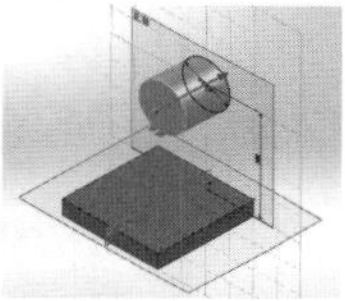 押出し 2（46 mm）	
③	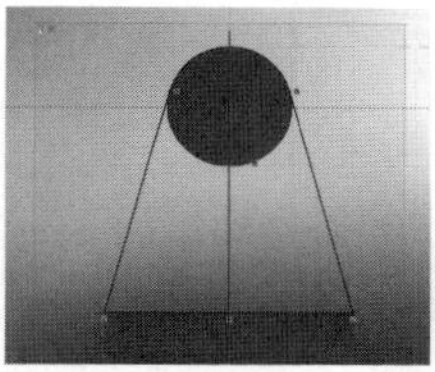 プロファイル 3：正面	 押出し 3（20 mm）	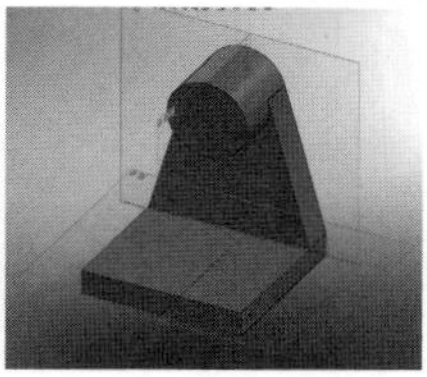
④	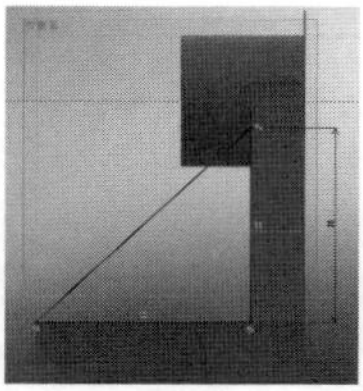 プロファイル 4：右側面	 押出し 4（20 mm）	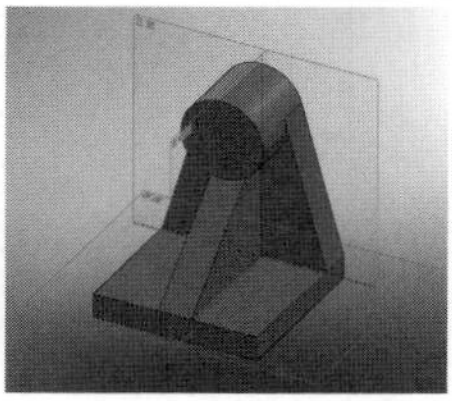
⑤	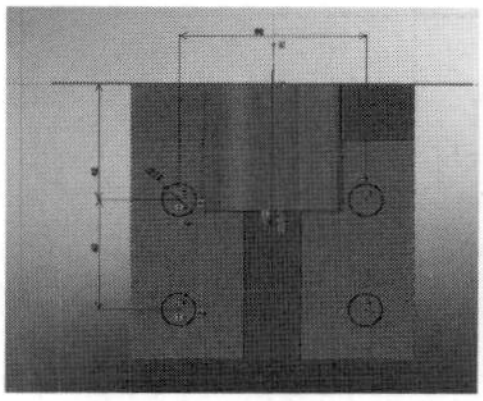 プロファイル 5： 手順 ① で生成した面	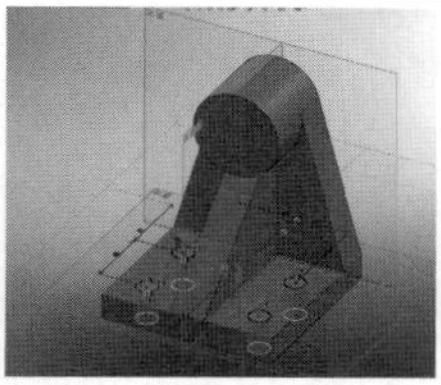 押出しカット 1（貫通）	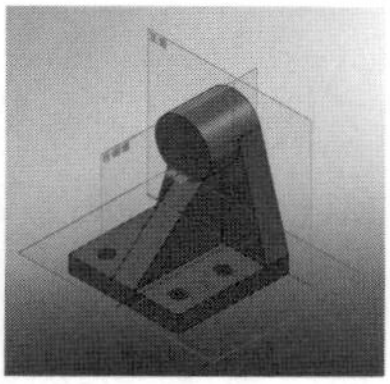

表 2.1　（続き）

⑥	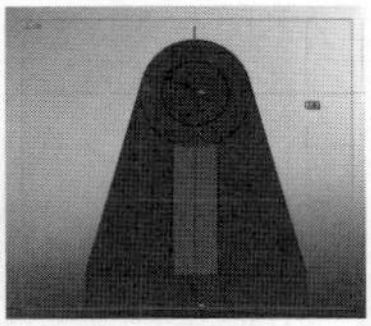 プロファイル 6：手順 ② で生成した面	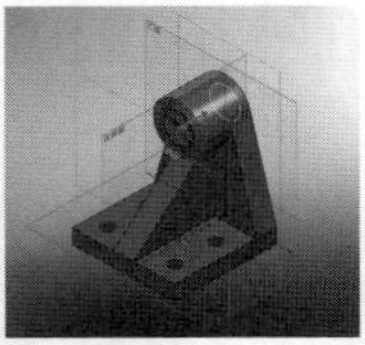 押出しカット 2（貫通）	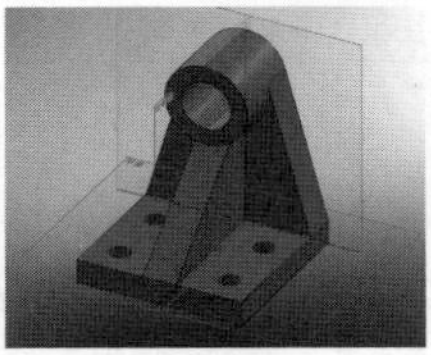
⑦	プロファイル不要	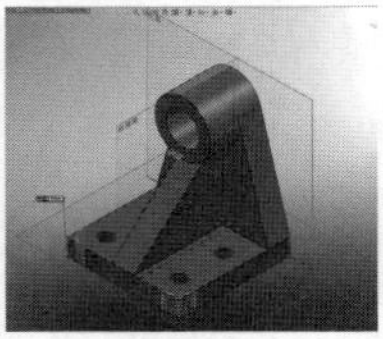 フィレット 1（*R*15 mm）	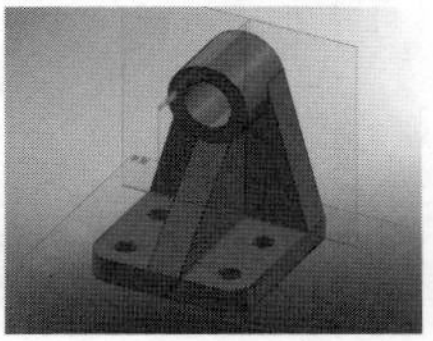
⑧	プロファイル不要	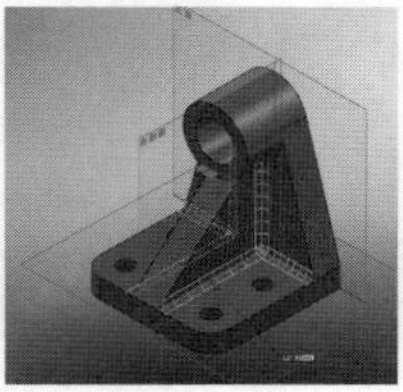 フィレット 2（*R*5 mm）	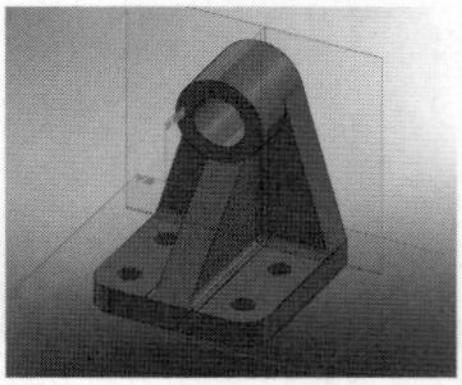
⑨	プロファイル不要	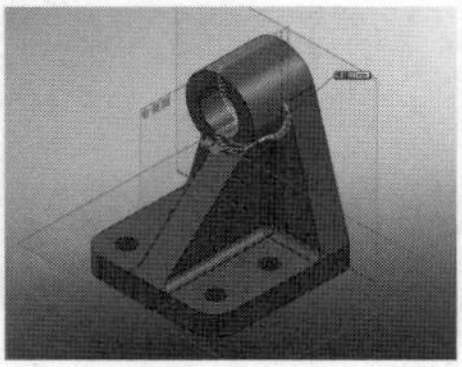 フィレット 3（*R*2 mm）	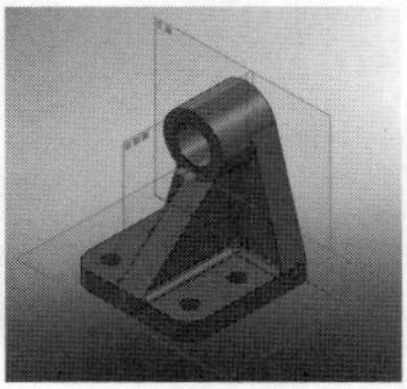

プロファイルを描く。これがプロファイル 4 である。このプロファイルを 20 mm 押し出すとリブが生成される。

⑤　フィーチャ 5（押出しカット 1）　　手順①で生成した面をスケッチ平面に選び，その面上に直径 12 mm の四つの円を描く。これがプロファイル 5 である。このプロファイルを押出しカットでソリッドに貫通させると四つの穴が生成される。

⑥　フィーチャ 6（押出しカット 2）　　手順②で生成した面をスケッチ平

面に選び，その面上に直径 30 mm の円を描く。これがプロファイル 6 である。このプロファイルを押出しカットで貫通させせると穴が生成される。

⑦ フィーチャ 7（フィレット 1）　手順①で生成した直方体のエッジに半径 15 mm のフィレットを定義すると，二つのエッジは削除されフィレット面が生成される。

⑧ フィーチャ 8（フィレット 2）　手順③，④で生成した立体のエッジに半径 5 mm のフィレットを定義すると，指定したエッジは削除され，フィレット面が生成される。

⑨ フィーチャ 9（フィレット 3）　手順③，④および手順⑧で生成されたエッジに半径 2 mm のフィレットを定義すると，指定したエッジは削除され，フィレット面が生成される。

これらのフィーチャを 3D-CAD では**図 *2.32*** に示すように管理している。フィーチャの順序がモデリングのプロセスになる。「押出し 1」から「押出しカット 2」までのフィーチャでは，押出しの長さあるいはカットする長さとプロファイルとで定義している。さらにプロファイルはそれを描いた面をそれぞ

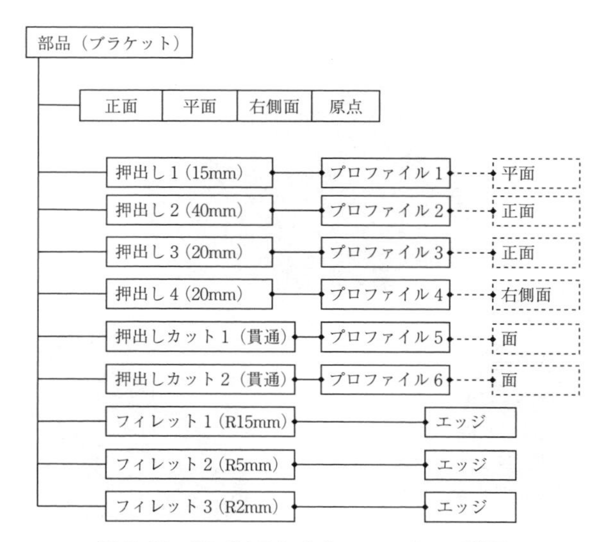

図 *2.32* 3D-CAD によるフィーチャの管理

れ参照している。また，「フィレット1」～「フィレット3」のフィーチャでは，指定するエッジと半径の値とでそれぞれ定義している。

このように形状を表現するとフィーチャごとに定義内容，プロファイルの図形，およびプロファイルが参照している面をそれぞれ変更することができる。例えば，押出し1の定義を15 mm から20 mm に変更すると，**図2.33**に示す

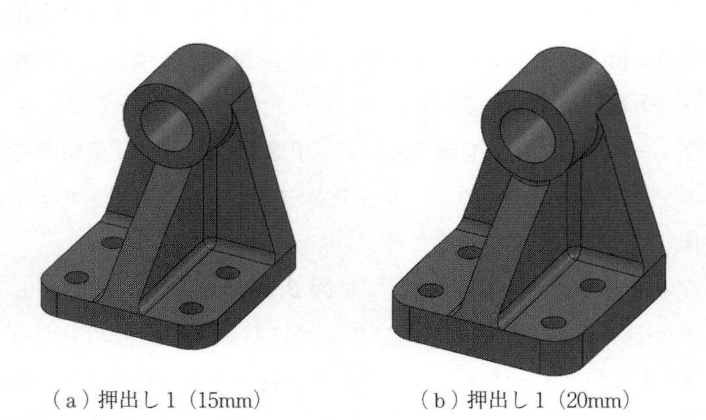

（a）押出し1（15mm）　（b）押出し1（20mm）

図2.33　フィーチャ定義の変更（押出し1）

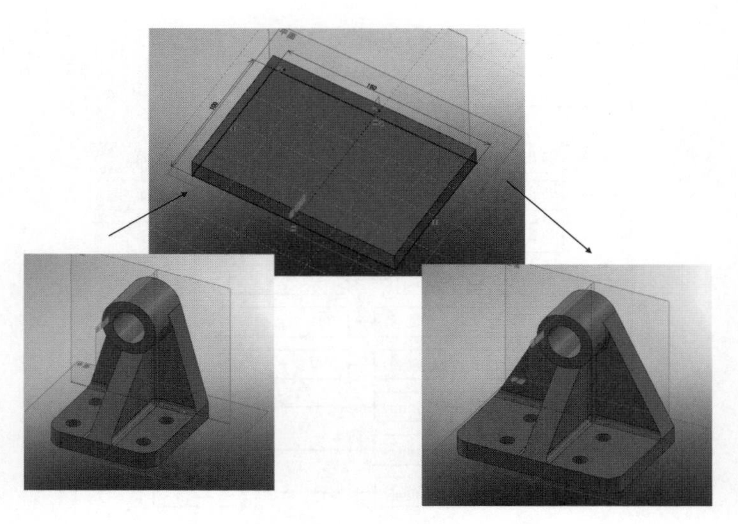

図2.34　プロファイル1の寸法変更

ように形状が更新される。同様に，プロファイルの寸法値を変更することもできる。例えば，プロファイル1の一辺の長さが100 mmの正方形を，長さ150 mm，幅100 mmの長方形に変更すると，**図 2.34** に示すように形状が更新される。

2.4　モデリングの履歴

3D-CADでは，フィーチャの並びがモデリングの履歴である。**図 2.35** に示すモデリングを例にフィーチャの定義と生成される形状について説明する。以下①〜⑦に，モデリングの履歴を示す。

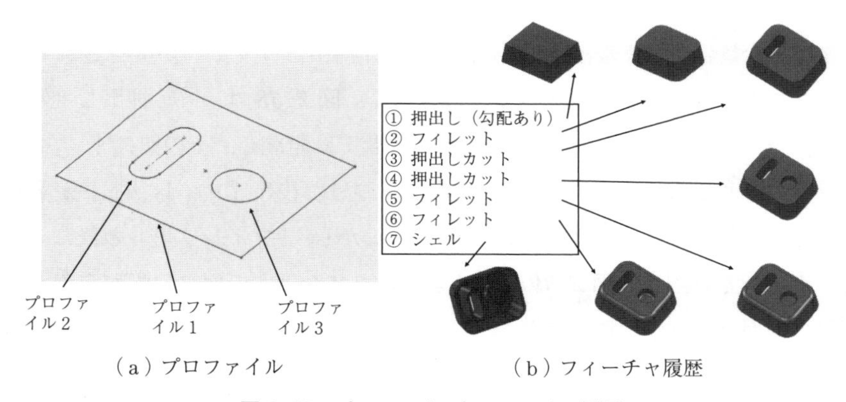

図 2.35　プロファイルとフィーチャ履歴

① 勾配をつけてプロファイル1を押し出す。

② 側面のエッジにフィレットを付ける。

③ プロファイル2を押出しカットで全貫通する。

④ 上面からプロファイル3を押出しカットで止まり穴にする。

⑤ 上面のエッジにフィレット（R4 mm）を付ける。

⑥ 止まり穴の底部にフィレットを付ける。

⑦ シェルで薄肉（2 mm）にする。

この履歴の中で「⑦ シェル」を「④ 押出しカット」の直後に移動すると，

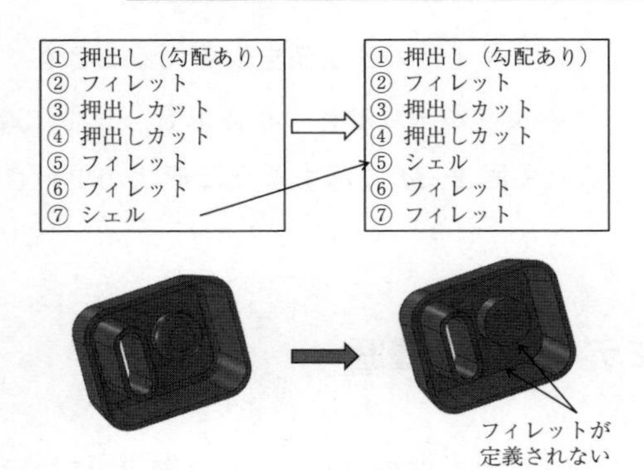

図 *2.36*　フィーチャの移動（1）

形状は**図 *2.36*** に示すものになる。「シェル」の後で「フィレット」が実行されるので，図に示すエッジにはフィレットが定義されない。

同様に，「③ 押出しカット」を「④ シェル」の直後に移動すると形状は**図 *2.37*** に示すものになる。「シェル」の後で「押出しカット」が実行されるので，スロット形状の貫通穴のみが定義される。**図 *2.38*** は，「① 押出し（勾配あり）」を「① 押出し」と「③ 勾配」でそれぞれ定義し，その間に「② フィレット」を移動したものである。「勾配」をつけた後に「フィレット」が実行されるとフィレットは円柱の側面になる。しかし，「フィレット」の後に「勾配」が実行されると，**図 *2.39*** に示すようにフィレットの面に勾配が定義され円柱の側面は円錐台の側面になる。

図 *2.40* は「⑦ シェル」の寸法を 2 mm から 4 mm に変更したものである。「⑤ フィレット」で 4 mm の値を定義したので，シェルで生成される内側のフ

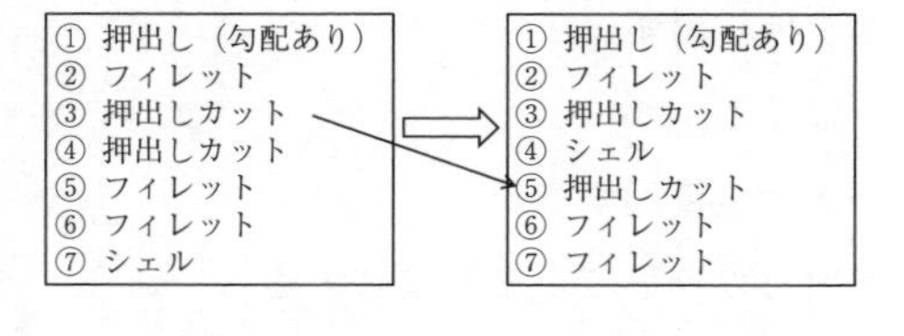

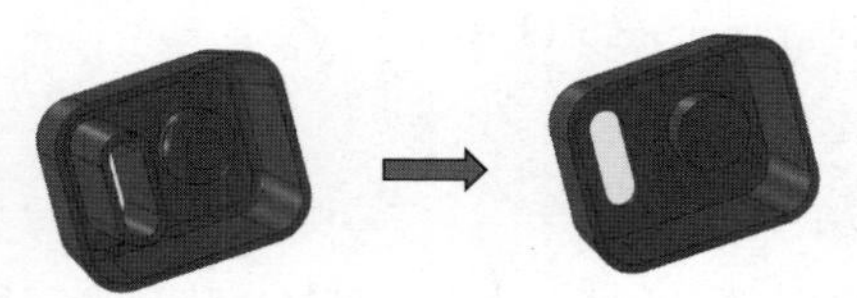

図 *2.37*　フィーチャの移動（2）

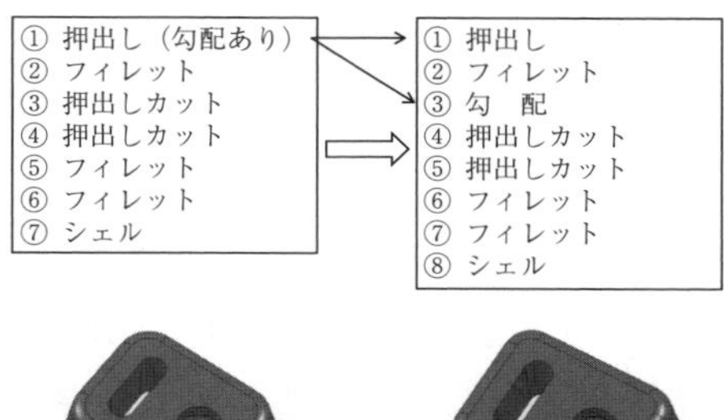

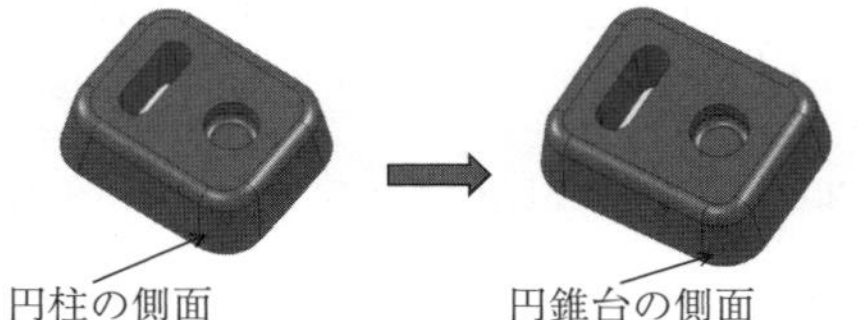

図 *2.38*　フィーチャの移動（3）

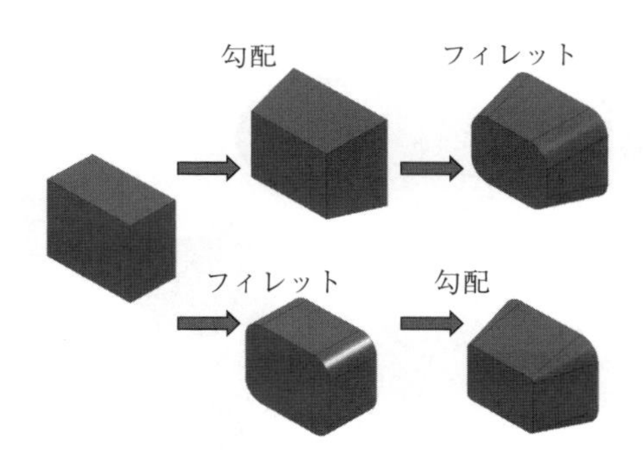

図 *2.39*　勾配とフィレットの順序による違い

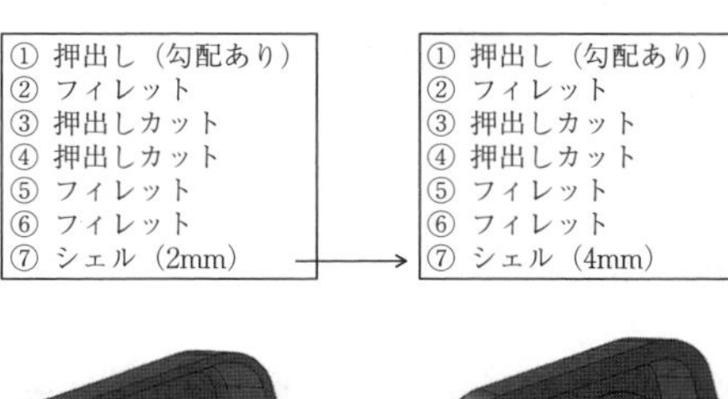

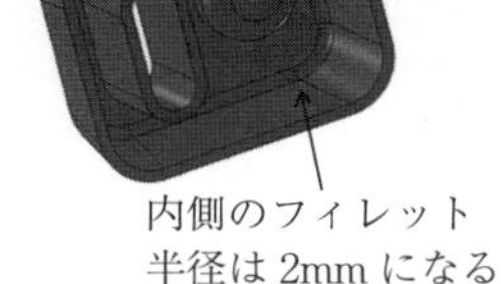

内側のフィレット
半径は 2mm になる

（a）

フィレットは
定義されない

（b）

図 *2.40*　シェルの寸法による相違

ィレットの値は

4 mm（外側のフィレットの値）－2 mm（厚み）

＝2 mm（内側のフィレットの値）

となる（図(a)）。シェルの寸法を 2 mm から 4 mm に変更して更新すると，図(b) のようになる。内側のフィレットの半径は 0 mm となり，内側のエッジにはフィレットが定義されない。

図 *2.41* は，「押出しカット」のかわりに「押出し」と「ブーリアン（差）」を用いたものである。「押出しカット」では，カットする形状の生成と，その形状を元の形状から除去するという二つの処理を実行している。

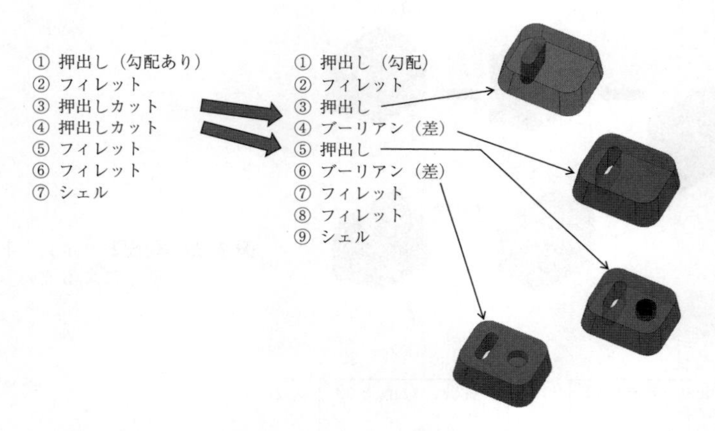

図 *2.41*　「押出し」と「ブーリアン演算」による処理

演　習　問　題

【1】 **問図 *2.1*** に四つのプロファイル 1～4（図(a)），ソリッド（図(b)），およびモデリングの手順 ①～⑫（図(c)）を示す。モデリングの手順 ①～⑫ に該当する操作を以下の語群から選べ。

・押出し　・回転　・ロフト　・スイープ　・フィレット
・面取り　・勾配　・オフセット　・シェル　・押出しカット
・回転カット　・切断　・ブーリアン演算（和）
・ブーリアン演算（差）　・ブーリアン演算（積）

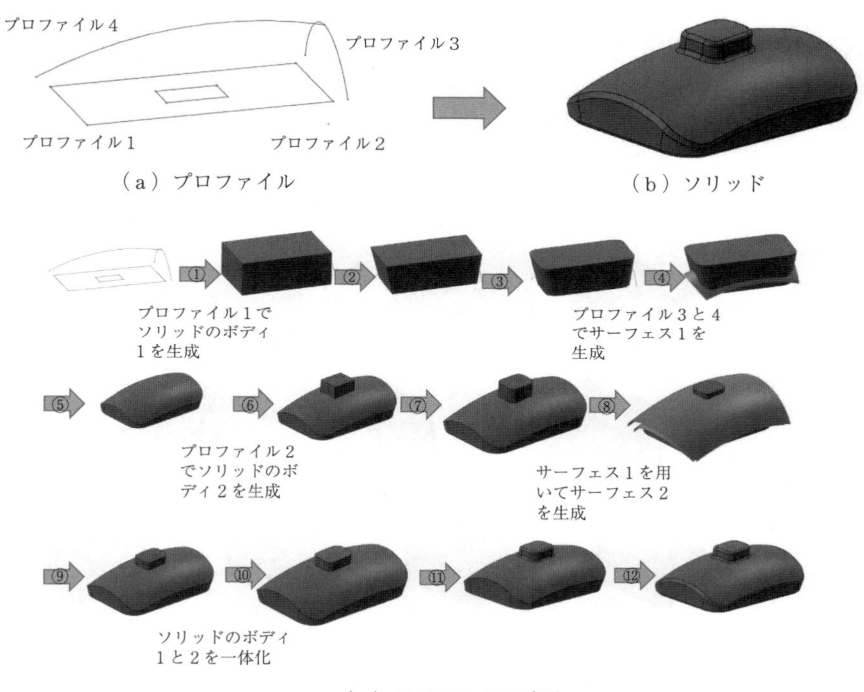

（c）モデリングの手順

問図 *2.1*

【2】 **問図 *2.2*** にプロファイル1〜7（図(a)），ソリッド（図(b)），およびモデリングの手順（図(c)）を示す。モデリングの手順①〜⑩に該当する操作を以下の語群から選べ。

・回転　・押出し　・スイープ　・ロフト　・勾配
・オフセット　・バウンダリ　・切断　・押出しカット
・回転カット　・フィレット　・シェル　・面取り

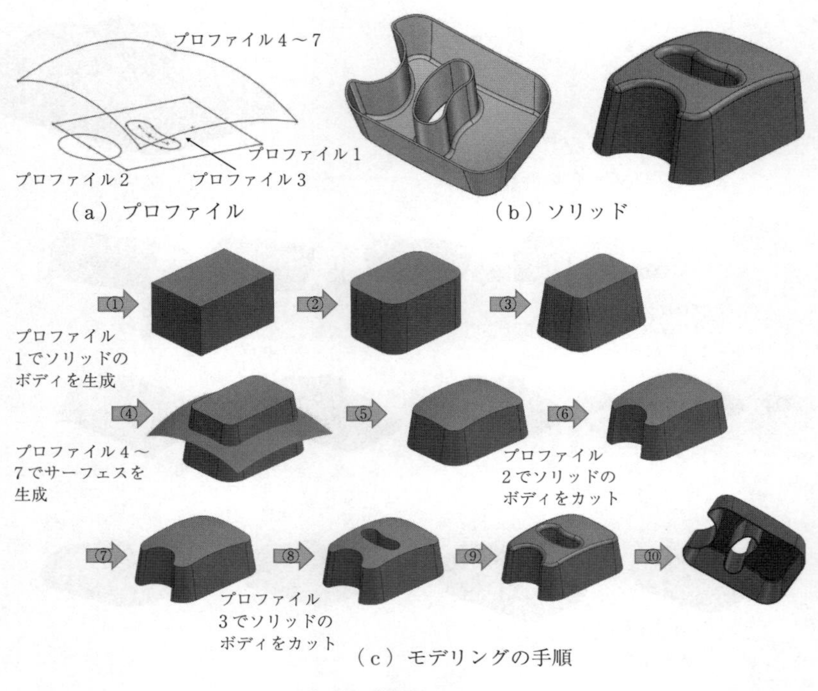
プロファイル4～7
プロファイル1
プロファイル2
プロファイル3
（a）プロファイル
（b）ソリッド
①
②
③
プロファイル
1でソリッドの
ボディを生成
④
⑤
⑥
プロファイル4～
7でサーフェスを
生成
プロファイル
2でソリッドの
ボディをカット
⑦
⑧
⑨
⑩
プロファイル
3でソリッドの
ボディをカット
（c）モデリングの手順

問図 *2.2*

3

機械部品のモデリング

機械部品の形状は多種多様である。それらの形状をCADでモデリングするために，本章では，はじめに，図形のトポロジー，幾何拘束，ジオメトリーを説明し，プロファイルの作図技法を示す。次に，三面図で表現する機械部品，補助投影が必要な機械部品，および回転部品に分けて，フィーチャによるモデリングをそれぞれ学ぶ。

3.1 プロファイルとデータ構造

ソリッドやサーフェスの生成にはプロファイルの図形が必要である。はじめに，プロファイルとそのデータ構造について説明する。**図 *3.1*** に示す図形は三つの直線（E1，E2，E3）と一つの円弧（E4）で作図したもので，一巡するループである。3D-CADでは，この図形を**図 *3.2*** に示すデータ構造で表現している。データ構造には図形のトポロジーとジオメトリーがある。トポロジー

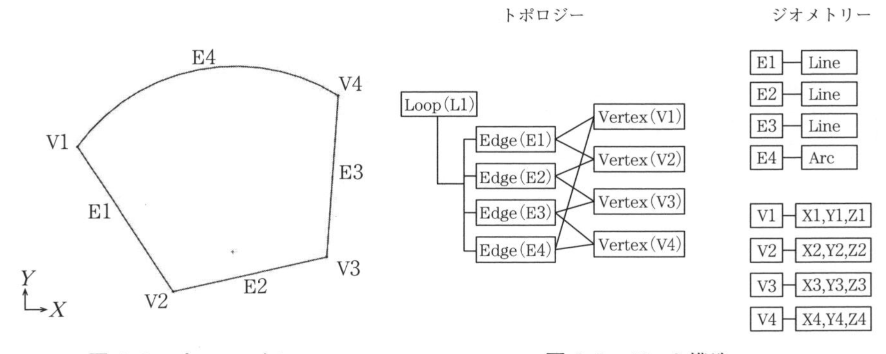

図 *3.1* プロファイル　　**図 *3.2*** データ構造

は，ループ（L1）を形成する四つのエッジ（E1，E2，E3，E4）と，それぞれのエッジの始点と終点で定義している。ジオメトリーは，各エッジの数式（直線や円弧）と頂点の座標値で定義している。**図 *3.1*** の図形には直線や円弧の寸法を定義していないので，ジオメトリーは図形の要素（Line や Arc）のみ定義している。

図 *3.3* に示すように，幾何学的な拘束を図形の要素に定義すると，**図 *3.1*** の図形はトポロジーを維持して幾何拘束を満たすものに更新される。図のように幾何拘束を定義すると，**図 *3.4*** に示す二つの寸法で図形を定義することができる。この図形のデータ構造を**図 *3.5*** に示す。ジオメトリーの各エッジには数式が，頂点には座標値がそれぞれ定義される。

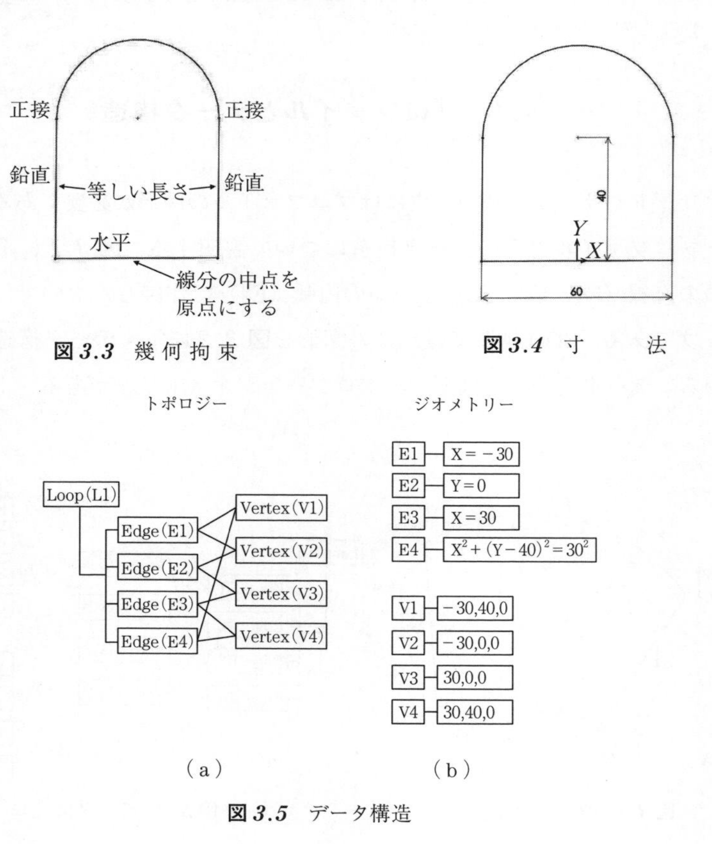

図 *3.3*　幾 何 拘 束

図 *3.4*　寸　　法

図 *3.5*　データ構造

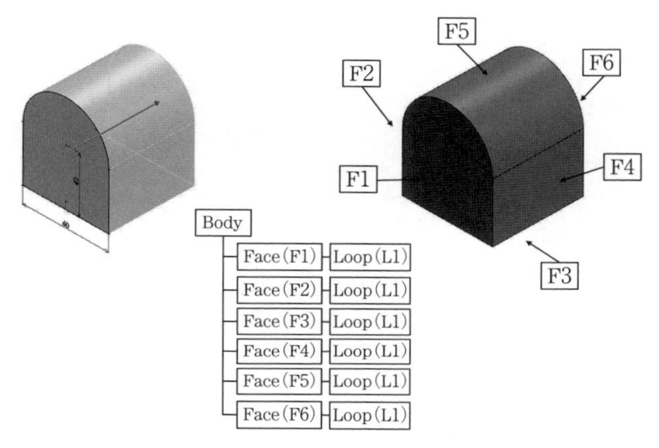

図 *3.6* ソリッド（フィーチャ，押出し）

図 3.4 に示すプロファイルを押し出すことで，**図 *3.6*** に示すソリッドが生成される。このソリッドは六つの Face で構成され，それぞれの Face にはループが一つ，ループはそれを形成するエッジでそれぞれ定義される。プロファイルの作図は，まず，図形のトポロジーを描くことである。次に，幾何拘束を定義し，最後に必要な部位に寸法を定義することである。

3.2 プロファイルの作図

プロファイルの作図では，まず，図形のトポロジーを描き，次に幾何拘束を定義し，最後に寸法を定義することが基本である。プロファイルの形状が複雑になると，この順では作図が煩雑になる。そこで，ここでは，作図線を用いてプロファイルを描く練習をする。**図 *3.7*** に，プロファイルと寸法（図(a)）およびフィーチャ（押出し）で定義したソリッド（押出し 5 mm，図(b)）をそれぞれ示す。

中心線と作図線を用いると，**図 *3.7*** に示すプロファイルを容易に描くことができる。**図 *3.8*** に作図線を示す。この作図線をトレースするように円弧を描く。そして，二つの円弧が交差する点に 10 mm のフィレットを設定すると，

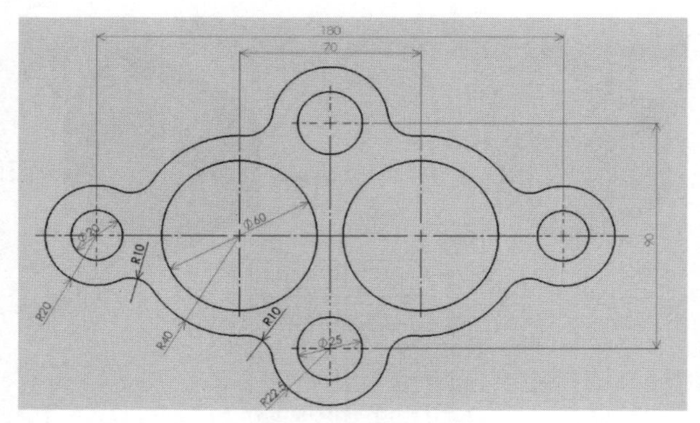

（a）プロファイルと寸法

（b）ソリッド（押出し 5 mm）

図 3.7　プロファイルの作図

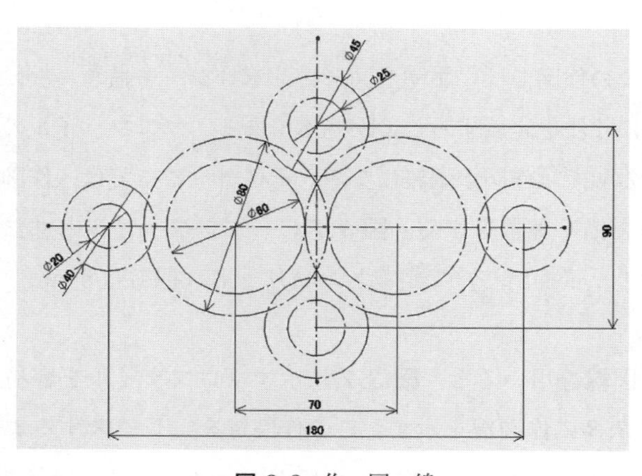

図 3.8　作　図　線

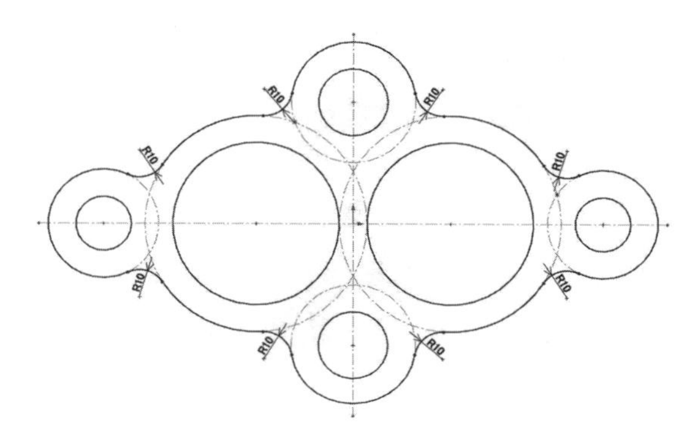

図 ***3.9***　プロファイル

図 *3.9* に示すプロファイルを描くことができる。図中の一点鎖線が作図の補助線，実線がプロファイルである。

3.3　三面図と立体のモデリング

機械部品には，第三角法の三面図（正面図，平面図，右側面図）で描くことができるものと，補助投影が必要なものがある。ここでは，三面図で描くことができる立体のモデリングについて説明する。**図 *3.10*** に部品の図面と立体を示す。この立体のモデリングの履歴を**図 *3.11*** に示す。機械製図では正面図に

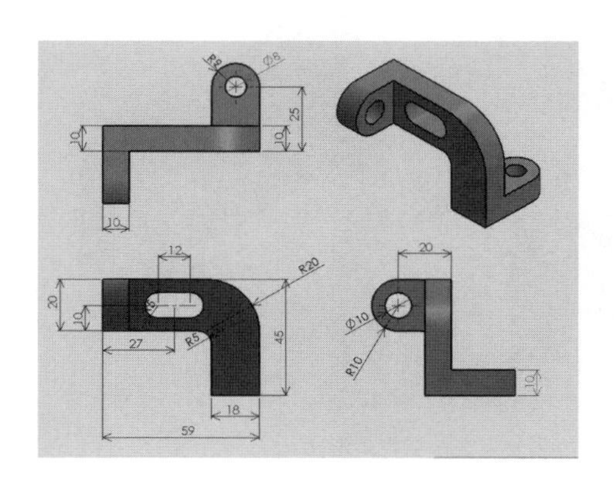

図 ***3.10***　部品の図面と立体

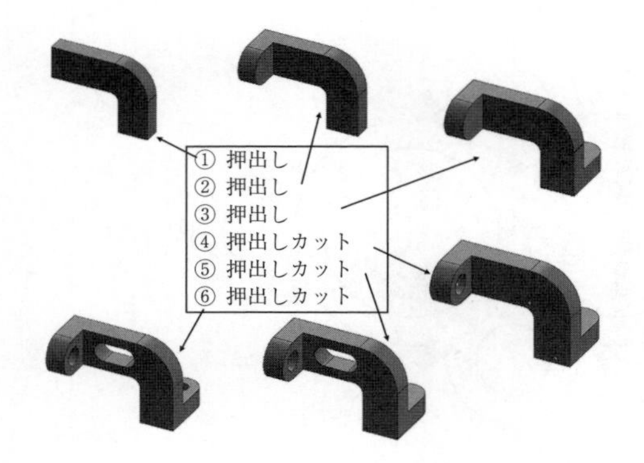

図 *3.11*　モデリングの履歴

形状の特徴を描くので，正面図の外形をプロファイルとして作図する。そして10 mm 押し出してソリッドを生成する。次に，右側面図の特徴をプロファイルに描き 10 mm 押し出す。同様に，平面図の特徴をプロファイルに描き 10 mm 押し出す。ここまでのプロセスで穴以外の形状が定義される。押出しカットで二つの穴と一つのスロットを定義するとソリッドが完成する。

図 *3.12* にベアリングサドルの形状を，**図 *3.13*** にモデリングの履歴をそれぞれ示す。はじめに正面図に描かれている外形をプロファイルに描き，50 mm 押し出してソリッドを生成する。次に，正面から削除する部位のプロファイルを描き 40 mm 押出しカットする。それから，平面図に残された特徴をプロフ

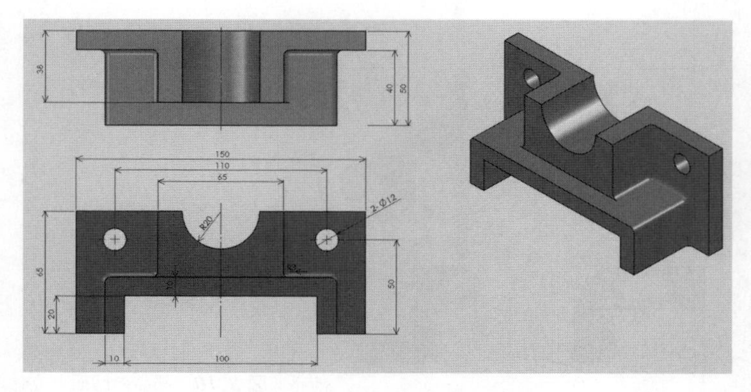

図 *3.12*　ベアリングサドルの形状

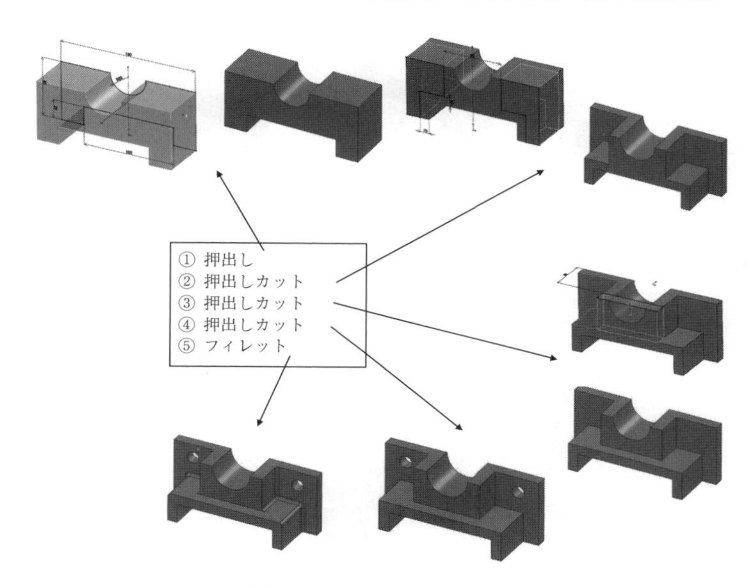

図 3.13　モデリングの履歴

ァイルに描き指定する面まで削除する。さらに，二つの穴を押出しカットで削除し，エッジにフィレットを定義するとソリッドが完成する。ブロックのような形状は，このような履歴でモデリングするとソリッドが容易に生成できる。

図 3.14 にコネクティングロッドの形状を，**図 3.15** にモデリングの履歴を

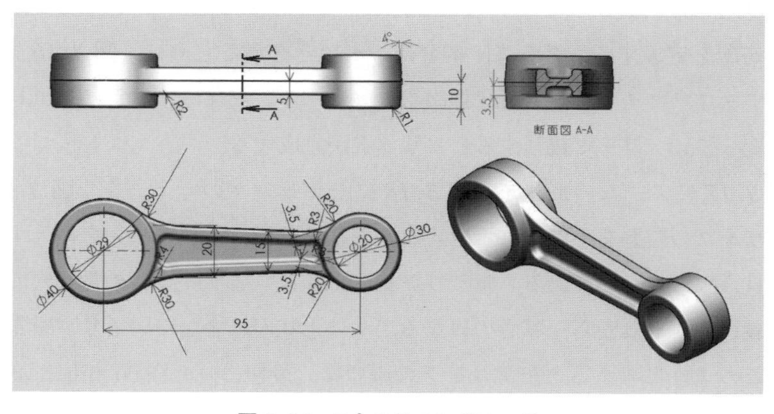

図 3.14　コネクティングロッド

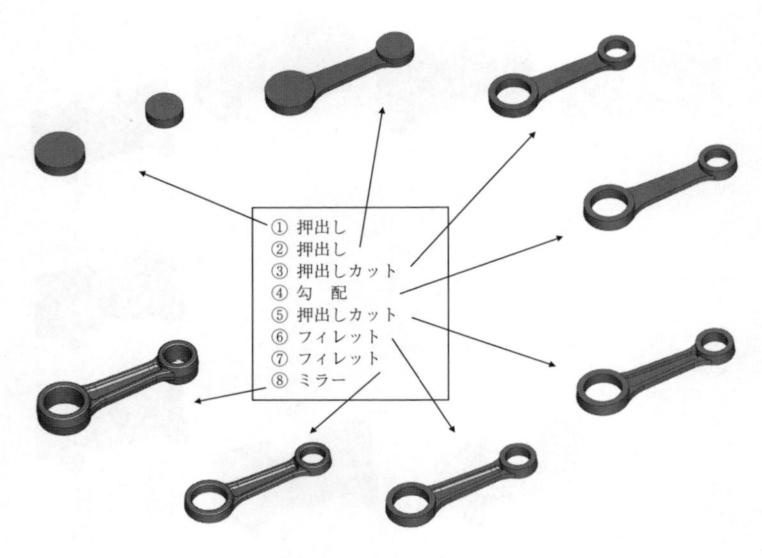

図 *3.15* モデリングの履歴

それぞれ示す。この形状では，二つの穴の位置が重要である。したがって，モデリングでは直径 40 mm と 30 mm の円を 95 mm の間隔で押し出し，二つの円柱を最初に定義する。次に，二つの円柱を結合する部位のプロファイルを**図 *3.16***（a）に示すように描き，5 mm 押し出す。そして，直径 29 mm と 20 mm の円を押出しカットで貫通穴を定義する。それから，ソリッドの側面に 4° の勾配を定義する。さらに，結合部の肉抜きをするために，**図 *3.16***（b）に示すプロファイルを 3.5 mm 押出しカットする。最後にエッジにフィレットを定義して，ミラーで複写するとソリッドが完成する。

図 *3.17* にアームの形状を，**図 *3.18*** にモデリングの考え方を，**図 *3.19*** にモデリングの履歴をそれぞれ示す。この形状の特徴は，軸やピンを挿入する三つの貫通穴と，リブである。モデリングの手順は，まず，三つの貫通穴の部位を定義する。それから，厚さの異なる二つの形状が結合しているリブを定義する。このように考えるとモデリングの履歴は，最初に，直径 60 mm と 45 mm の同心円を 50 mm 押し出す。次に，直径 40 mm と 25 mm の同心円を，40

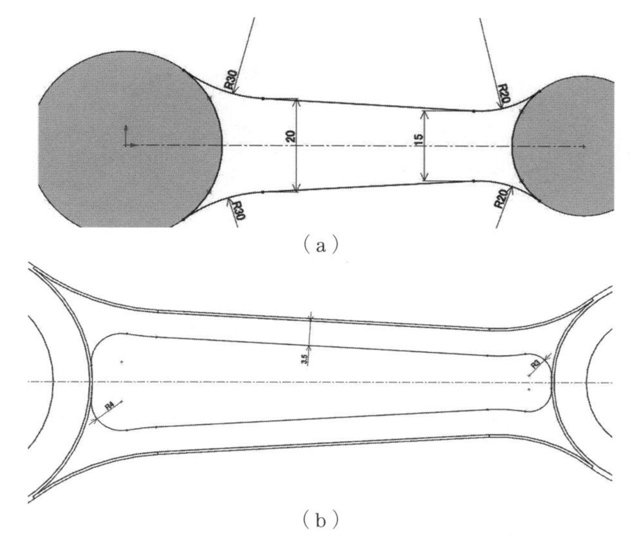

図 3.16　プロファイル

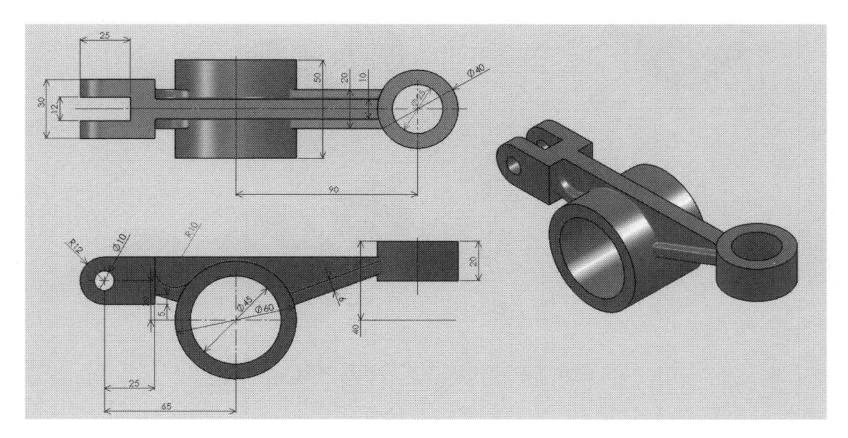

図 3.17　アームの形状

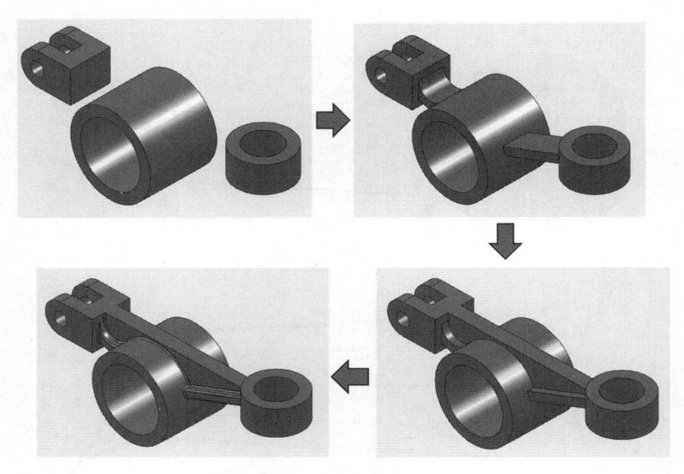

図 3.18　モデリングの考え方

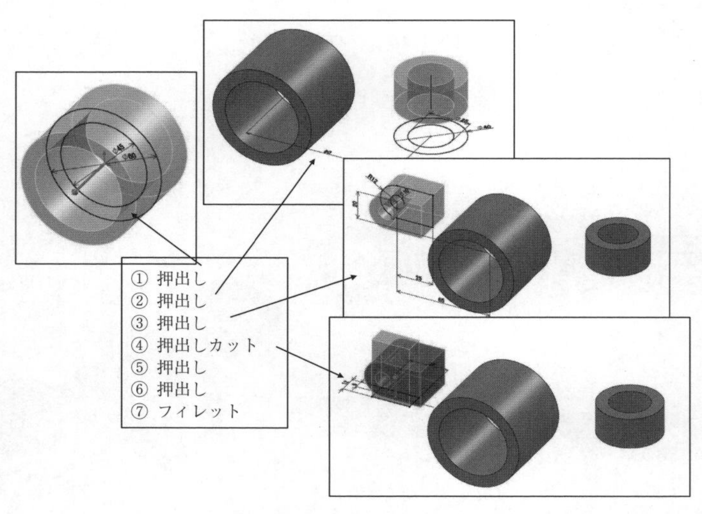

図 3.19　モデリングの履歴（続く）

mm オフセットした面から 20 mm 押し出す。それから，直径 10 mm の貫通穴の部位を 30 mm 押し出し，切欠きの部位を押出しカットする。ここまでの履歴で三つの貫通穴の部位がそれぞれソリッドで生成される。リブは厚みが異なる二つの形状なので，プロファイルを 20 mm，10 mm それぞれ押し出す。

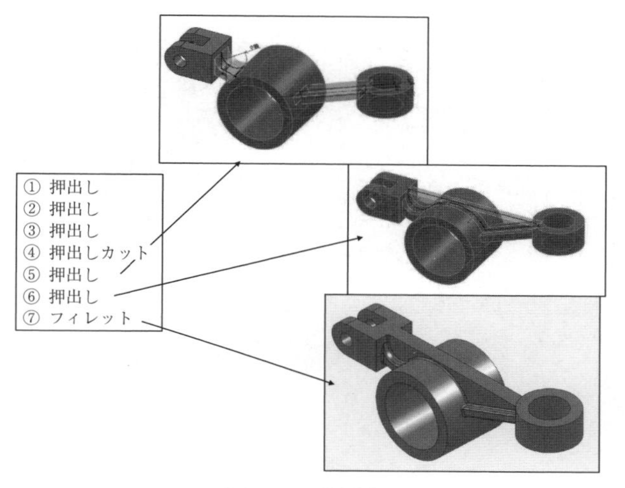

図 *3.19*（続き）

3.4　補助投影が必要な立体のモデリング

機械部品を製図するとき，補助投影図が必要な立体のモデリングについて説明する。**図 *3.20*** に示すコラムベースは，45°傾斜した面に直径15 mmの穴が貫通している。**図 *3.21*** にモデリングの履歴を示す。以下①～⑤に，その定義内容を示す。

① 直径12 mmの穴を含むベースのプロファイルを5 mm押し出す。

② 傾斜面を定義するための軸を参照ジオメトリーで定義する。

③ 軸を回転中心に面を45°回転させ，新しい平面を参照ジオメトリーで定義する。

④ 45°回転した面にプロファイルを描いてベースのソリッドまで押し出す。

⑤ 貫通穴は，45°回転した面に直径15 mmの円を描き押出しカットする。

図 *3.22* にシャフトヨークの形状を，**図 *3.23*** にモデリングの履歴をそれぞれ示す。この形状も補助投影が必要なものである。以下①～⑧に，その定義

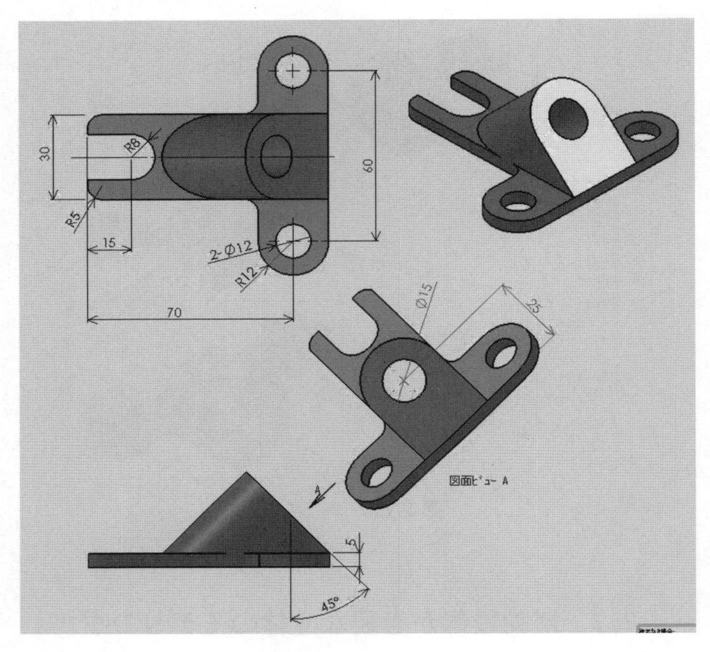

図 3.20　コラムベース

内容を示す。

① 直径が 50 mm と 35 mm の同心円を 90 mm 押し出す。

② 大きいスロット形状の部位をプロファイルに描き，15 mm オフセットした位置から 15 mm 押し出す。

③ 二つのソリッドを結合するためにプロファイルを円筒の面まで押し出す。

④ 30° 傾いた平面を定義するために，円筒の中心に軸を参照ジオメトリーで定義する。

⑤ 軸を回転中心に面を 30° 回転させて新しい平面を参照ジオメトリーで定義する。

⑥ 30° 回転した面にプロファイルを描き，15 mm オフセットした位置から 15 mm 押し出す。

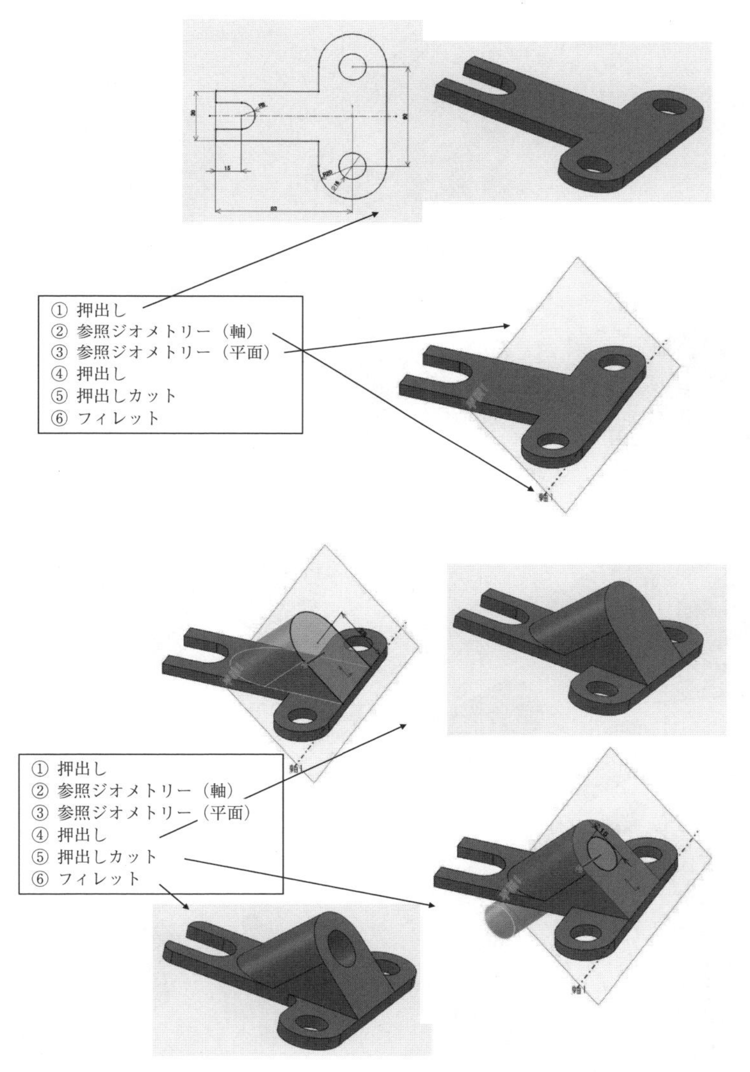

図 3.21　モデリングの履歴

⑦　二つのソリッドを結合するためにプロファイルを円筒面まで押し出す。

⑧　ミラーで複写する

図 3.24 にジグの形状を，**図 3.25** にモデリングの考え方を，**図 3.26** にモ

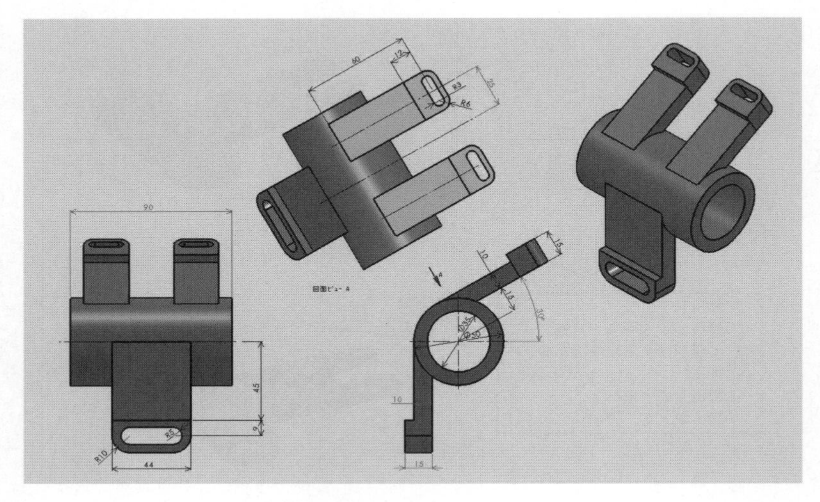

図 *3.22*　シャフトヨーク

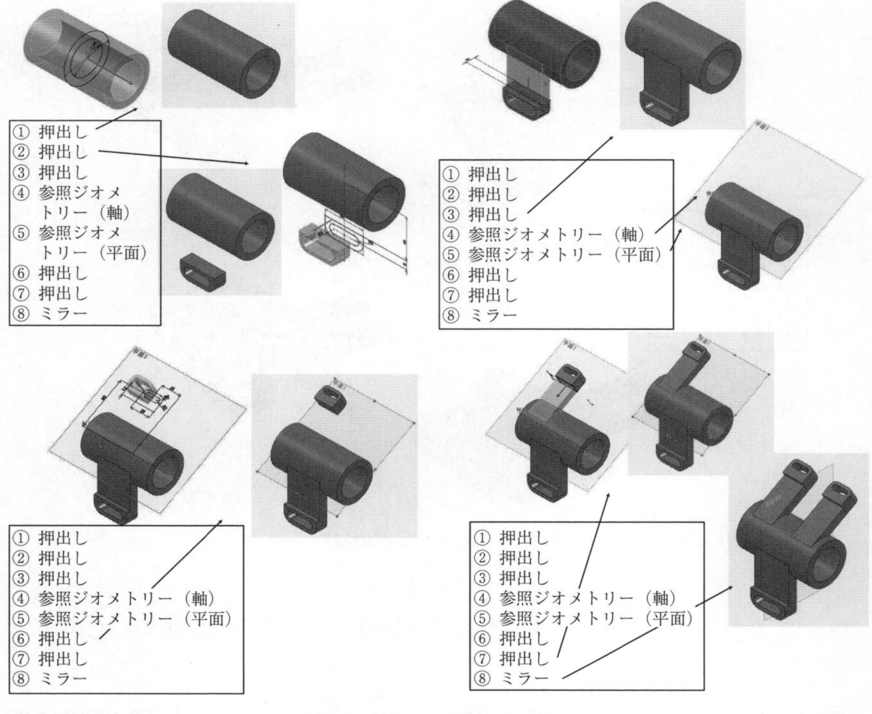

図 *3.23*　モデリングの履歴

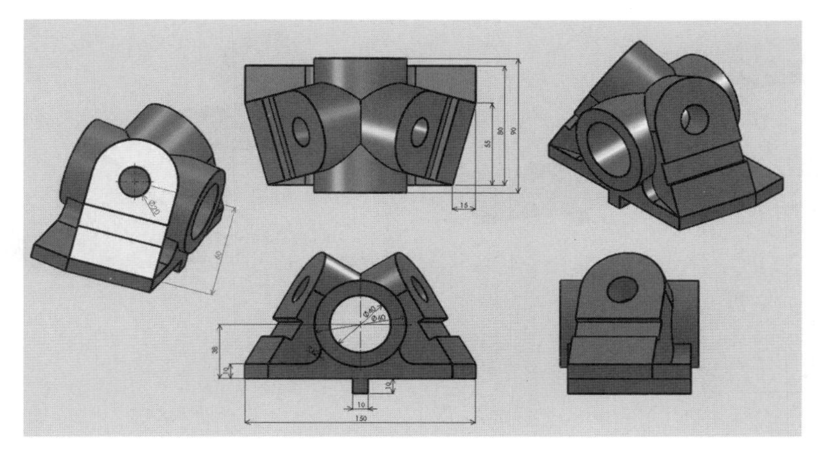

図 3.24　ジグの形状

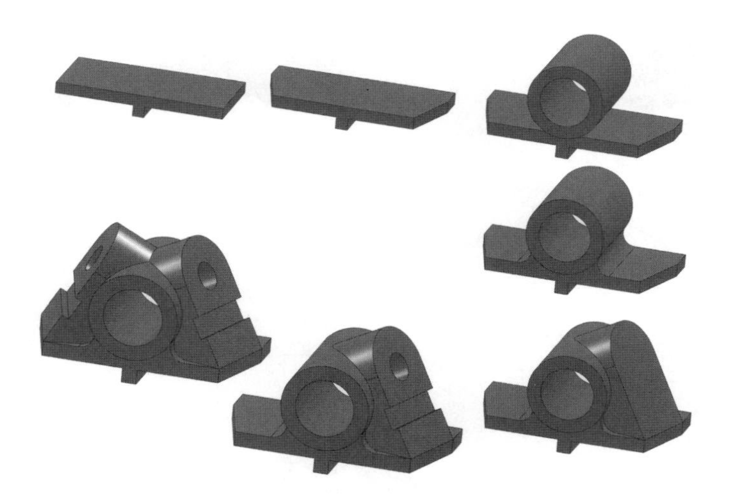

図 3.25　モデリングの考え方

デリングの履歴をそれぞれ示す。形状は複雑であるがその特徴を考えてみると，図 3.25 に示すように，ベース，コーナ削除，円筒，フィレット，傾斜面から押し出し，溝，貫通穴，ミラー複写で，ジグをモデリングすることができる。**図 3.26** に示す履歴はこの手順でモデリングしたものである。以下 ①～⑨ に，その定義内容を示す。

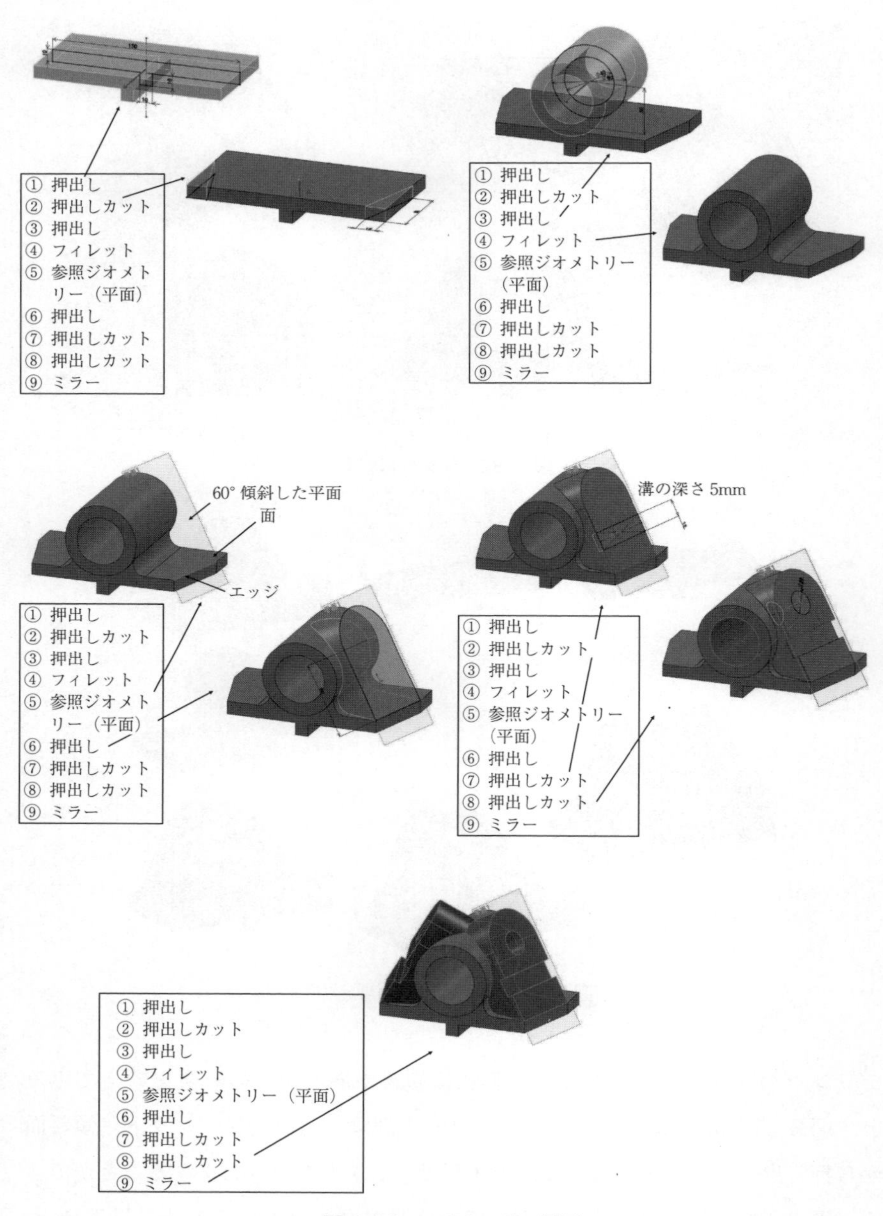

図 ***3.26***　モデリングの履歴

① ベースのプロファイルを 80 mm 押し出す（片側 40 mm）。

② ベースのコーナを 15 mm，55 mm の直角三角形で押出しカットする。

③ 直径 60 mm と 40 mm の同心円を 90 mm 押し出す。

④ ベースと円筒の交線に R10 mm のフィレットを定義する。

⑤ 図に示すエッジ，面，角度を指示して傾斜の平面を参照ジオメトリーで定義する。

⑥ 傾斜の平面にプロファイルを描き，ソリッドの面まで押し出す。

⑦ 溝のプロファイルを 5 mm 押出しカットする。

⑧ 直径 20 mm の円を円筒の内面まで押出しカットする。

⑨ ミラーで複写する。

3.5 回転体のモデリング

機械部品には回転運動するものが多くある。それらは，軸対称である。軸対称な立体は，回転押出しや回転複写でモデリングする。ここでは，軸対称な立体のモデリングについて説明する。

図 3.27 に多段の円筒を示す。このモデルのプロファイルは断面の半分だけを描く。そして，回転押出しで回転軸とプロファイルを指定すると，図に示すソリッドが生成される。

図 3.28 に回転ブレードの形状を，**図 3.29** にモデリングの履歴を示す。以下 ①～④ に，その定義内容を示す。

① 直径 200 mm と 30 mm の同心円を 10 mm 押し出す。

② ブレードのプロファイルを半径 105 mm，95 mm，3 mm，2 mm の円弧で描き，1° の勾配をつけて 50 mm 押し出す。

③ 円盤とブレードの交線エッジに 2 mm のフィレットを定義する。

④ 回転軸を中心にブレードを円盤状に均等に 6 枚複写する。

図 3.30 にタービンブレードの形状を，**図 3.31** にモデリングの履歴を示す。以下 ①～④ に，その定義内容を示す。

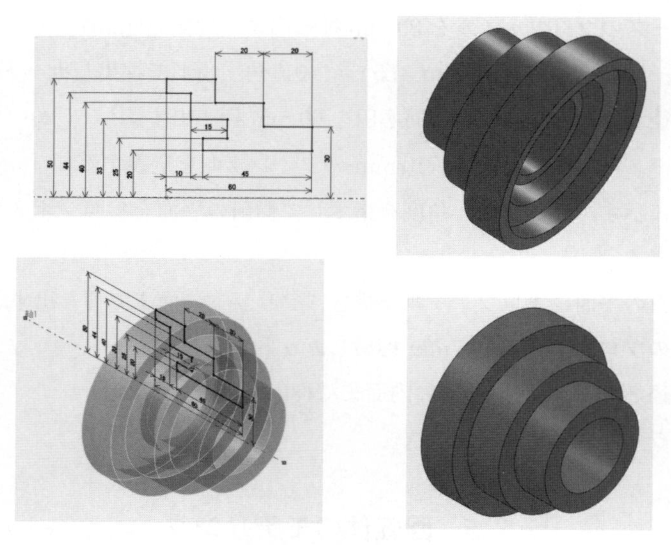

図 3.27　多段の円筒

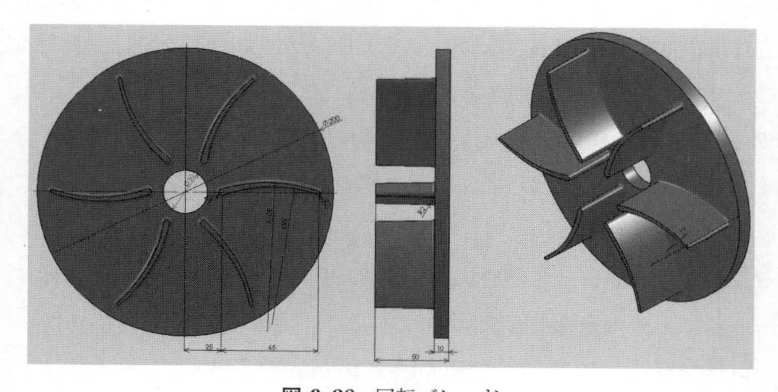

図 3.28　回転ブレード

① 図に示すプロファイルを描き回転押出しする。

② ブレードのプロファイルを半径 140 mm，180 mm，3 mm，2 mm の円弧で描き，1° の勾配をつけて 70 mm オフセットした位置からソリッドの面に押し出す。

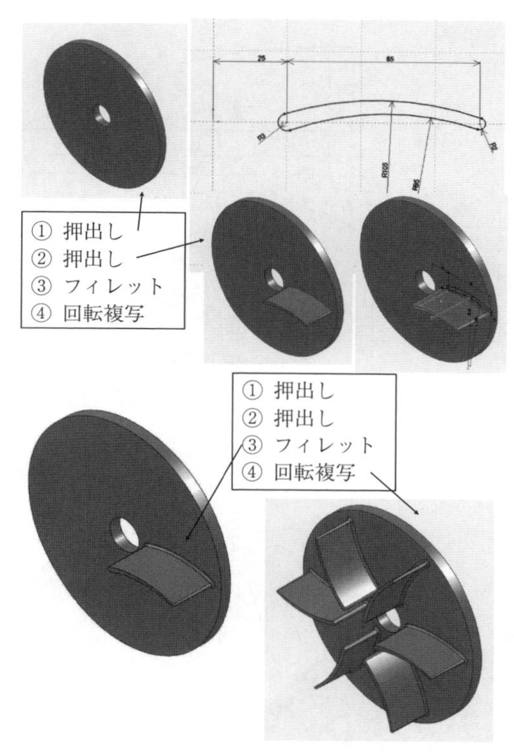

図 3.29　モデリングの履歴

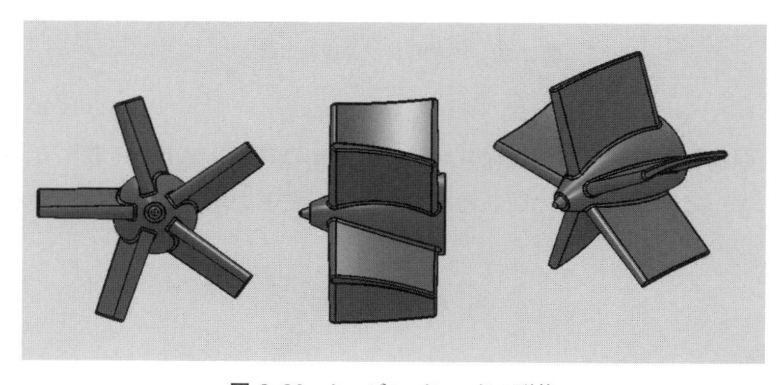

図 3.30　タービンブレードの形状

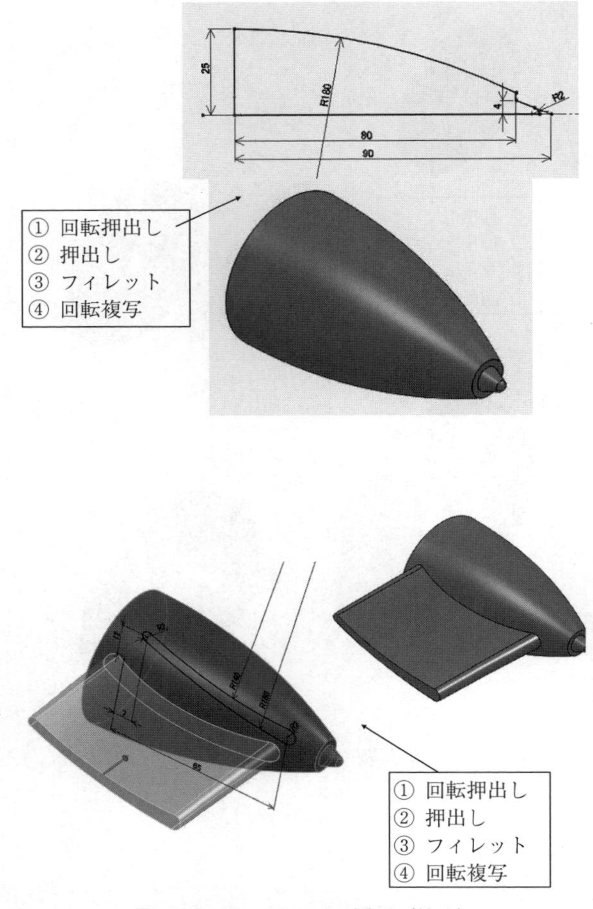

図 3.31　モデリングの履歴（続く）

③　回転体とブレードの交線エッジに 2 mm のフィレットを定義する。

④　タービンブレードの回転軸を中心にブレードを均等に 5 枚複写する。

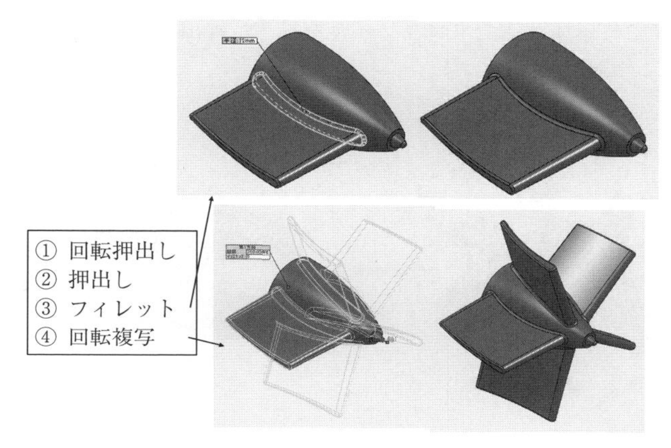

図 *3.31*　（続き）

演　習　問　題

【1】 **問図 *3.1*** に示す寸法でプロファイルを描き，押出し（20 mm）でソリッドをモデリングせよ。

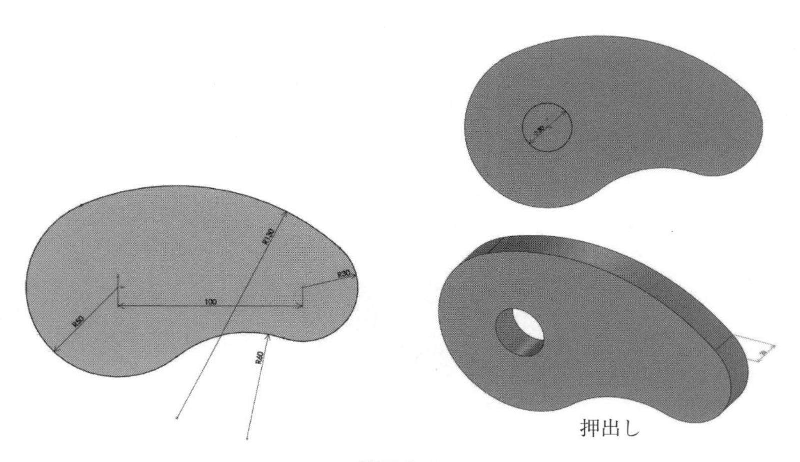

問図 *3.1*

【2】 **問図 *3.2*** に示す寸法でプロファイルを描き，押出し（10 mm）でソリッドをモデリングせよ。

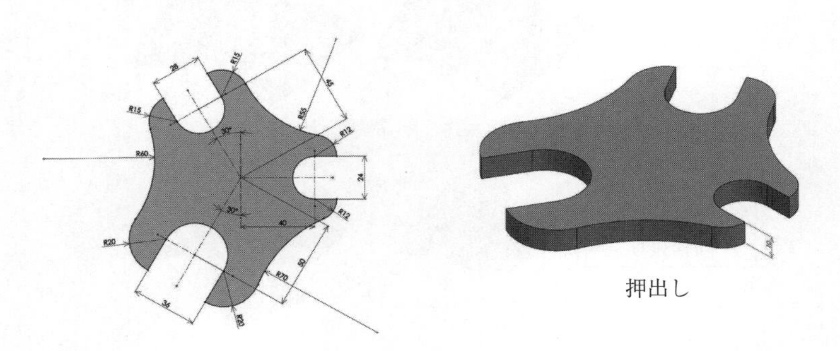

問図 *3.2*

【3】 **問図 *3.3*** に示す寸法でプロファイルを描き，そのプロファイルを押出し（片側に 15 mm，両側で 30 mm）で 4° の勾配をつけてソリッドを生成せよ。そし

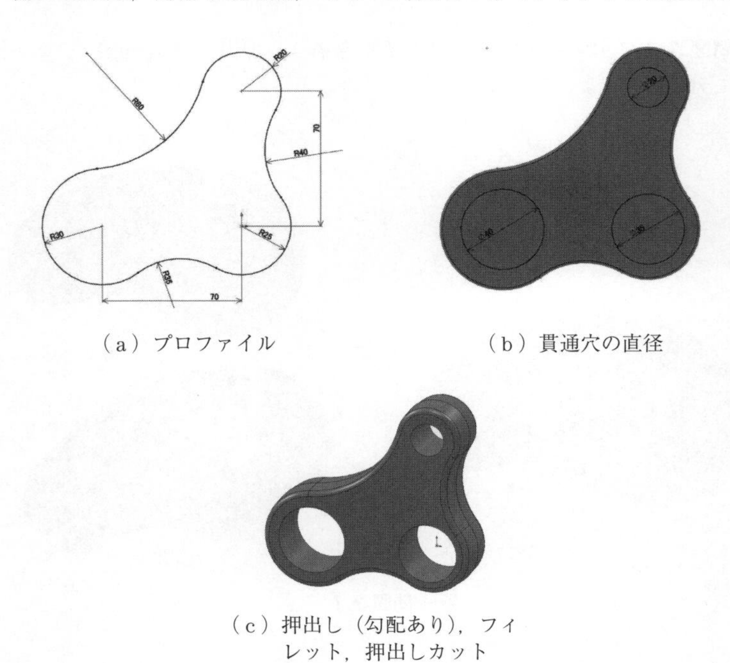

（a）プロファイル　　（b）貫通穴の直径

（c）押出し（勾配あり），フィレット，押出しカット

問図 *3.3*

て，エッジに3mmのフィレットを定義せよ。最後に，三つの貫通穴を定義して図に示すソリッドを完成せよ。

【4】 **問図 *3.4*** に示す寸法のみを使ってソリッドをモデリングせよ。

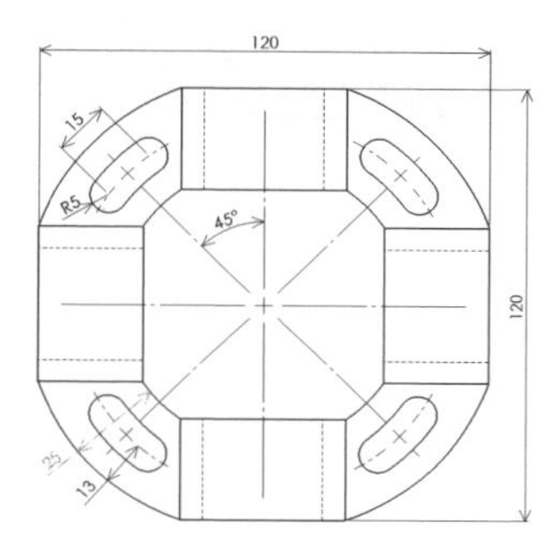

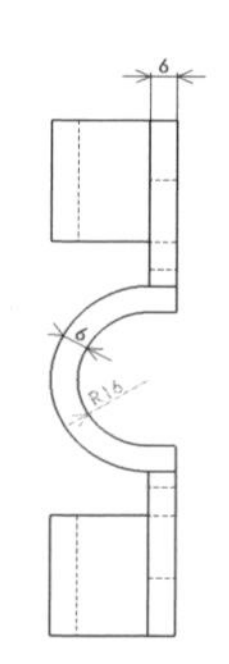

問図 *3.4*

【5】 **問図 *3.5*** に示す機械部品をモデリングせよ。

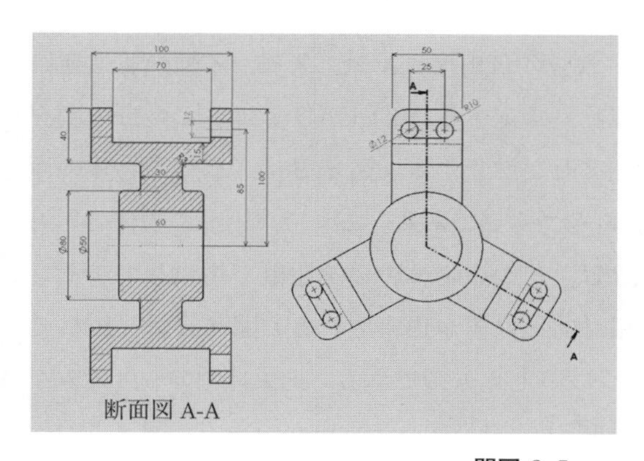

問図 *3.5*

4

機械要素とアセンブリ

機械要素は設計や製図の基本である。本章では，はじめに，3D-CAD によるアセンブリについて説明する。次に，締結部品のボルト，ナット，座金によるアセンブリ，軸と軸受によるアセンブリ，こま形自在軸継手とフランジ形軸継手のアセンブリ，および歯車，カム，ばねのアセンブリについてそれぞれ学ぶ。

4.1 自由度と合致の拘束

剛体の動きは，**図 *4.1*** に示す六つの自由度（X 軸，Y 軸，Z 軸の並進運動とそれぞれの軸まわりの回転運動）で定まる。3D-CAD では，この自由度を拘束することで，複数の部品をアセンブリする。**図 *4.2*** は，二つの物体の面をそれぞれ一致させてアセンブリしたものである。これで，二つの物体の相対的な位置が拘束される。**図 *4.3*** は，二つの物体の面を距離で拘束してアセンブリしたものである。これも相対的な位置が拘束される。**図 *4.4*** は，円柱の軸と円筒の軸を一致させてアセンブリしたものである。拘束は軸の一致のみなので，円柱と円筒は軸まわりの回転と，軸方向への移動ができる。**図 *4.5*** は，円筒面と平面を正接で拘束したものである。二つの平面に接しながら円筒は回転することができる。

アセンブリでは部品の面や軸を拘束して，部品の動きと空間的な配置を定義している。**図 *4.6*** にアセンブリファイルと部品ファイルの関係を示す。部品ファイル 1 と 2 に円筒と円柱の形状を，アセンブリファイル 1 に円筒と円柱の空間的な配置（部品の原点位置と部品の姿勢）と合致の拘束をそれぞれ保存し

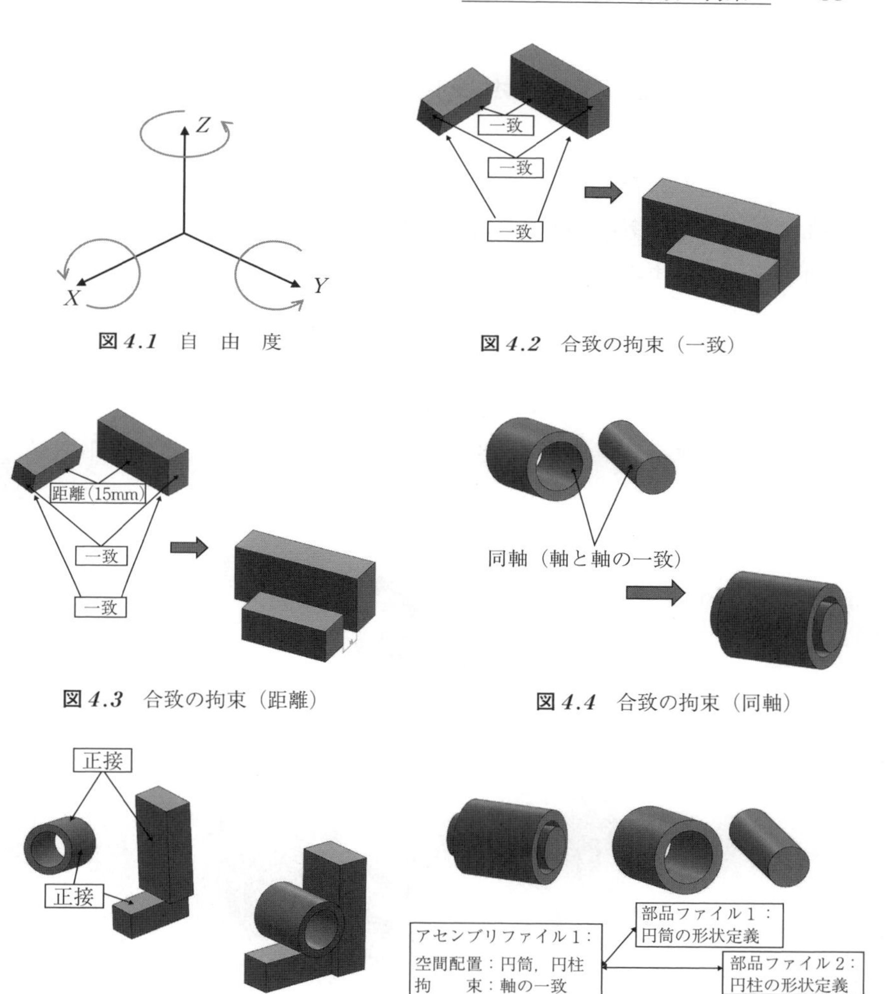

図 4.1　自　由　度

図 4.2　合致の拘束（一致）

図 4.3　合致の拘束（距離）

図 4.4　合致の拘束（同軸）

図 4.5　合致の拘束（正接）

図 4.6　アセンブリファイルと部品ファイル

ている。3D-CAD では，アセンブリファイル 1 と部品ファイル 1，2 は相互にリンクしているので，そのリンクを削除したり，部品ファイルの名称を変更したりすると，アセンブリファイルを開くときにエラーが表示される。

4.2　締結（ボルト，ナット，座金）

六角ボルト，六角ナット，平座金はJIS B 1180，B 1181，B 1256でそれぞれ規定しているものである。**図4.7**に，2枚の機械部品を六角ボルト，六角ナット，平座金で締結するアセンブリを示す。まず，アセンブリ空間に六角ボルトを2本，六角ナットを二つ，平座金を二つそれぞれ挿入する。次に，六角ボルトの軸と穴の軸を一致させる。同様に，六角ナットと平座金の軸も穴の軸に一致させる。それから，六角ボルトの座面と機械部品の面を一致させ，同様に，平座金の面と機械部品の面を一致させる。最後に，六角ナットの面と平座金の面を一致させる。これで，ボルト，平座金，ナットによる締結が定義される。

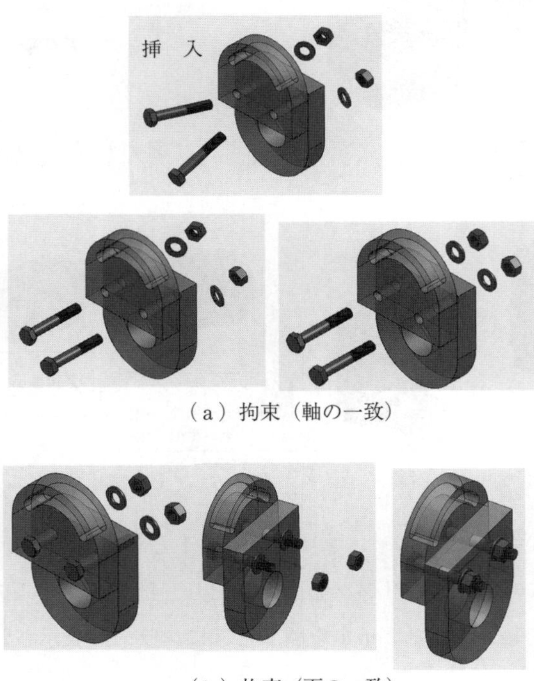

（a）拘束（軸の一致）

（b）拘束（面の一致）

図4.7　アセンブリ（ボルト，座金，ナット）

このアセンブリでは軸の一致と軸方向の移動を拘束しているので，六角ボルト，六角ナット，平座金は軸まわりに回転することができる。

4.3 軸 と 軸 受

軸受は JIS B 1521 で規定しているものである。**図 *4.8*** にクランク軸と軸受のアセンブリを示す。まず，アセンブリ空間にクランク軸と，軸受を二つ挿入する。合致の拘束は，はじめに，クランクの軸に軸受の軸を一致させる。それから，距離で軸受の位置を拘束する。クランク軸の回転は拘束していないので，自由に回転することができる。

（a）クランクの軸と軸受の軸：一致　　（b）クランク軸の端面と軸受：距離

図 *4.8* クランク軸と軸受けのアセンブリ

4.4 軸　　継　　手

図 *4.9* に，こま形自在軸継手の部品を，**図 *4.10*** にアセンブリを，それぞれ示す。こま形自在軸継手は JIS B 1454 で規定しているものである。ここでは，合致の拘束を**図 *4.11*** に示す手順で説明する。

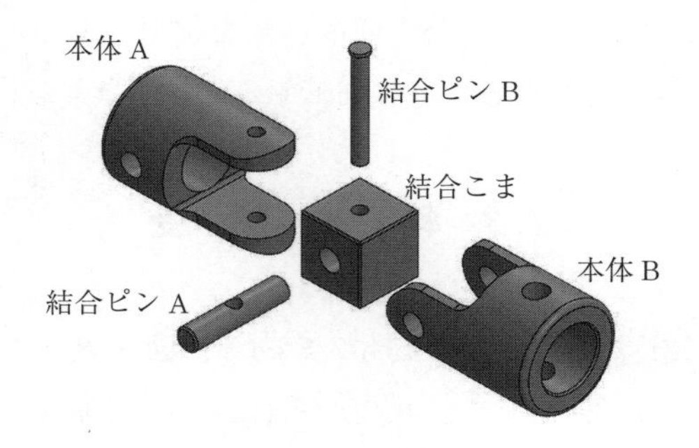

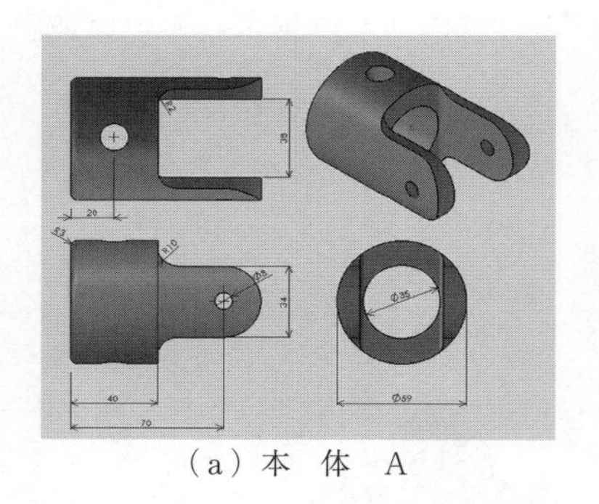

（a）本　体　A

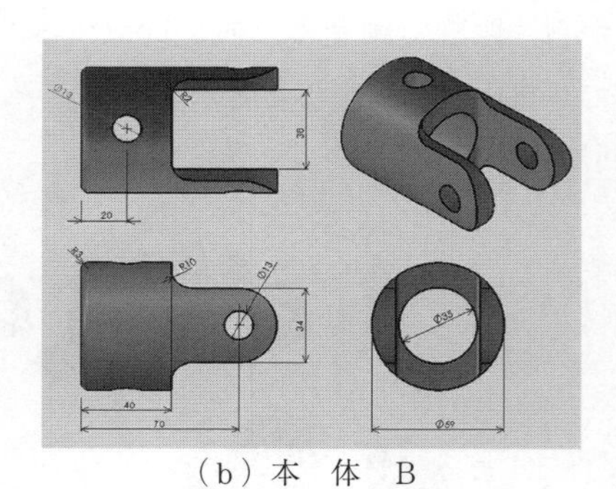

（b）本　体　B

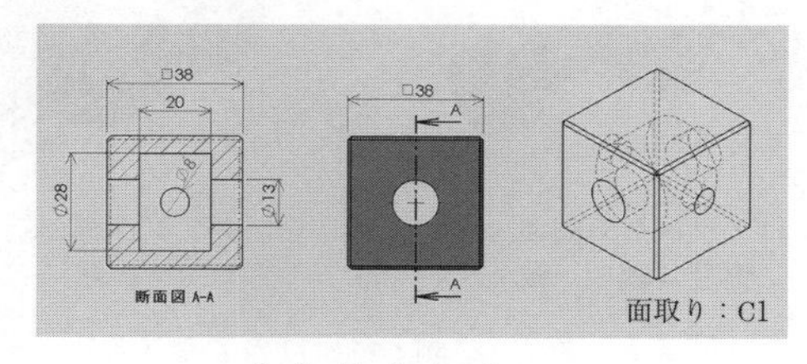

（c）結 合 こ ま

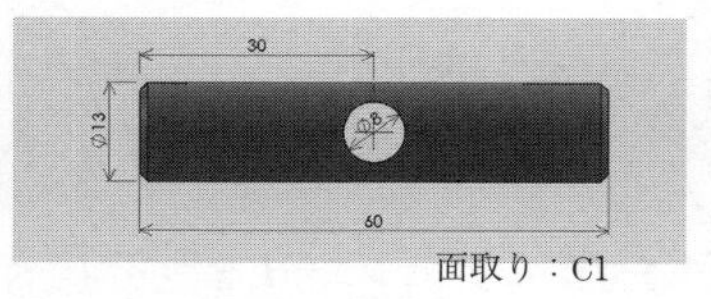

（d）結合ピンA

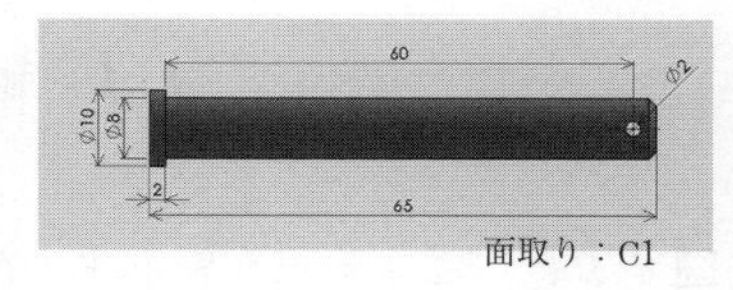

（e）結合ピンB

図 *4.9*　こま形自在軸継手の部品

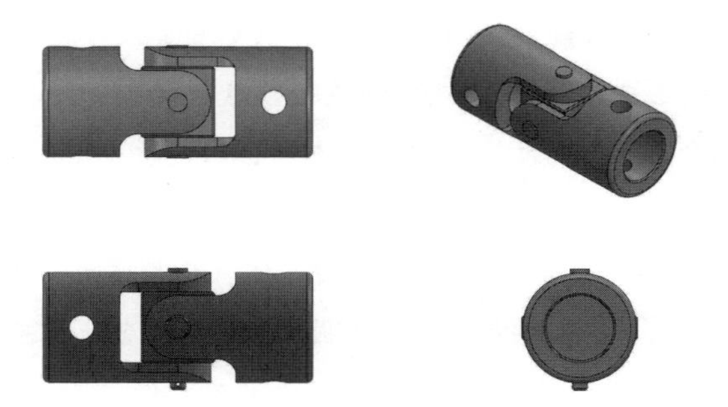

図 4.10　こま形自在軸継手のアセンブリ

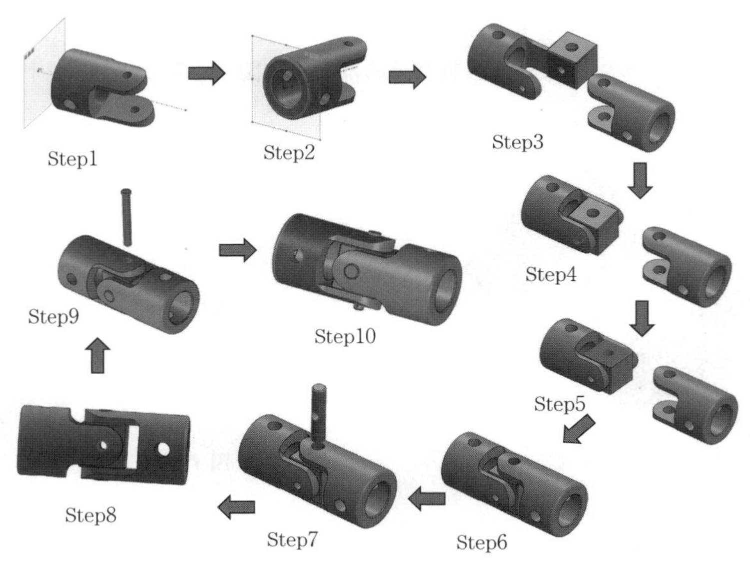

図 4.11　合致の拘束

Step 1　アセンブリ空間での位置を決めるために，アセンブリ空間の軸と本体 A の中心軸を一致させる

Step 2　アセンブリ空間での位置を決めるために，アセンブリ空間の面（ここでは右側面）と本体 A の面を一致させる

Step 3　結合こまの面と本体 A の面を一致させる

Step 4　結合こまの貫通穴（ϕ8）と本体 A の貫通穴（ϕ8）を一致させる

Step 5　結合こまの面と本体 B の面を一致させる

Step 6　結合こまの貫通穴（ϕ13）と本体 B の貫通穴（ϕ13）を一致させる

Step 7　本体 B の貫通穴（ϕ13）と結合ピン A の軸を一致させる

Step 8　結合ピン A の貫通穴（ϕ8）と本体 A の貫通穴（ϕ8）を一致させる

Step 9　結合ピン B の軸と本体 A の貫通穴（ϕ8）を一致させる

Step 10　結合ピン B の座面と本体 A の側面を正接

図 *4.12* にこま形自在軸継手の回転を示す。回転による部品の干渉は，3D-CAD の干渉計算機能で確認することができる。**図 *4.13*** に干渉計算の結果を示す。継手を回転しても部品は干渉しないことがわかる。

図 *4.14* にフランジ形たわみ軸継手の部品を，**図 *4.15*** にフランジ形たわみ

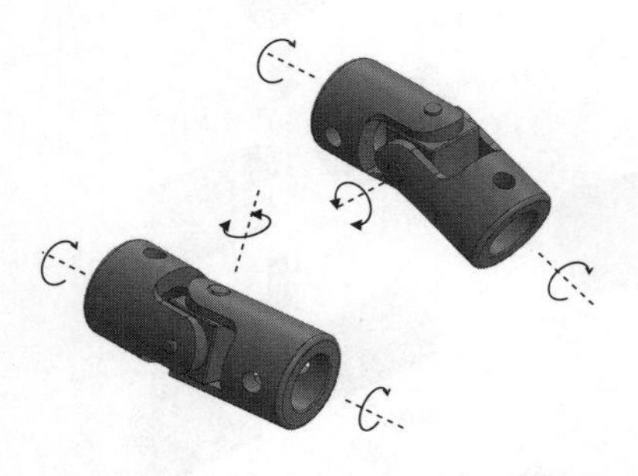

図 *4.12*　こま形自在軸継手の回転

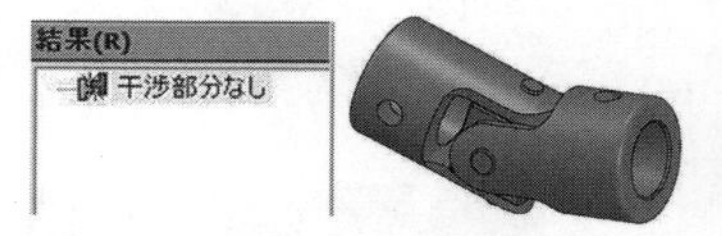

図 *4.13*　干渉計算の結果

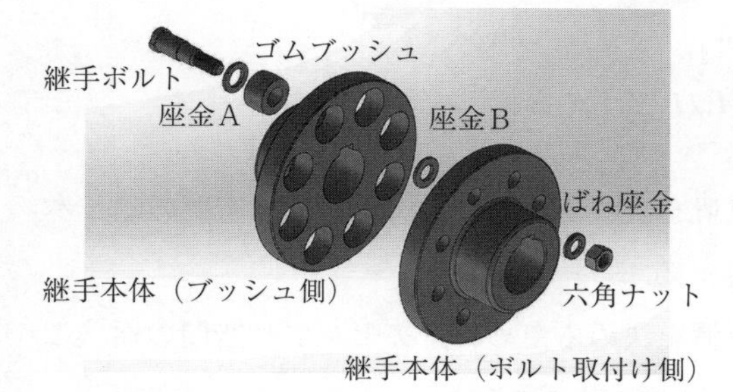

図 *4.14*　フランジ形たわみ軸継手の部品

図 *4.15*　フランジ形たわみ軸継手のアセンブリ

軸継手のアセンブリをそれぞれ示す。この軸継手は，JIS B 1452 で規定しているもので，継手本体（ブッシュ側とボルト取付け側），継手ボルト，座金 A，ゴムブッシュ，座金 B，ばね座金，ナットで構成しているものである。継手外径は 160 mm である。以下に，合致の拘束を示す。

Step 1　アセンブリ空間での位置を決めるために，アセンブリ空間の軸と継手本体（ブッシュ側）の中心軸を一致させる

Step 2　アセンブリ空間での位置を決めるために，アセンブリ空間の面（ここでは右側面）と継手本体（ブッシュ側）の面を一致させる

Step 3　二つの継手本体の中心軸を一致させる

Step 4　二つの継手本体のボルト穴を一致させる

Step 5　継手本体のボルト穴にボルト，座金 A，ブッシュ，座金 B，ばね座金，ナットの軸を一致させる

Step 6　構成部品の面をそれぞれ一致させると，**図 *4.16*** に示すアセンブリになる

Step 7　ボルト，座金 A，ゴムブッシュ，座金 B，ばね座金，ナットを継手本体の中心軸で回転複写するとアセンブリが定義できる

図 *4.16*　Step 6 までの合致の拘束

図 *4.17* に，かみ合いクラッチの合致の拘束を示す。まず，原動側のフランジの軸と従動側のフランジの軸を一致する。次に，原動側のつめの面と従動側

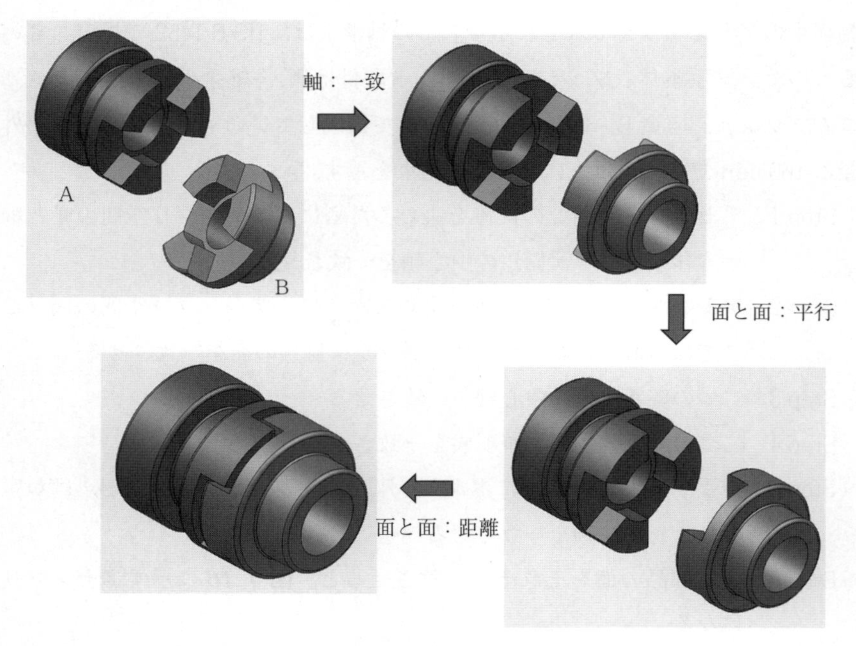

図 4.17　かみ合いクラッチの合致の拘束

のつめの面を平行にする。最後に，原動側のフランジと従動側のフランジを距離で拘束する。

4.5 歯　　　車

図 4.18 に平歯車を示す。歯車のピッチ円直径 d は，モジュール m と歯数 z の積である（式 (4.1)）。

$$d = m \cdot z \tag{4.1}$$

図 4.18　平　歯　車

大歯車のピッチ円直径を d_1，小歯車のピッチ円直径を d_2 とすると，歯車軸の中心距離 a は式（4.2）となる。

$$a = \frac{d_1 + d_2}{2} \tag{4.2}$$

例えば，モジュールが 4，歯数が 30 の歯車のピッチ円直径は 120 mm，モジュールが 4，歯数が 17 の歯車はピッチ円直径が 68 mm になる。大歯車のピッチ円直径が 120 mm，小歯車のピッチ円直径が 68 mm なので，歯車軸の中心距離 a は 94 mm になる。

3D-CAD で平歯車をアセンブリするときは，まず，a の値を求めておく。**図 4.19** に平歯車のアセンブリを示す。アセンブリでは，二つの歯車を平行に，かつ歯幅の中心を一致させる。そして，二つの歯車軸の距離を a の値にする。次に，**図 4.20** に示す歯車比を歯数（図では 30：17）あるいはピッチ円

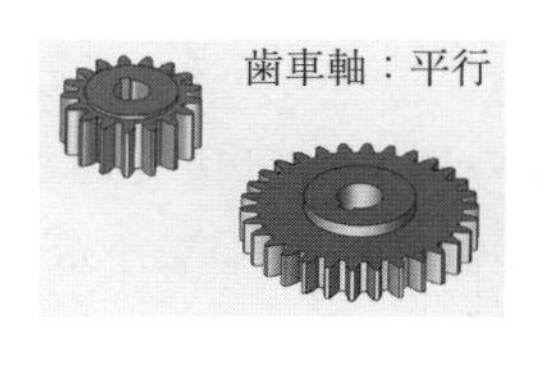

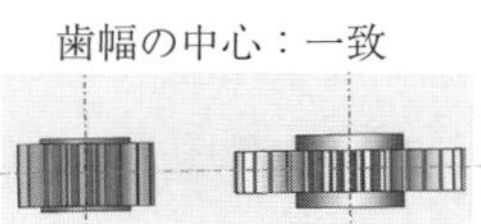

図 4.19　平歯車のアセンブリ

歯数（大）：歯数（小）
＝ 30：17

図 4.20　歯　車　比

図 4.21　歯車の回転

直径（120：68）で入力する。これで歯車のアセンブリが定義される。**図 4.21** に，小歯車を回転したとき，それに追従する大歯車の回転を示す。

図 4.22 にラックと小歯車を示す。モジュールが 4 のラックと小歯車がかみ合っている。小歯車の歯数は 12，ピッチ円直径は 48 mm である。

ラックのモジュールを m とすると，ラックの基準ピッチ p は式（4.3）と

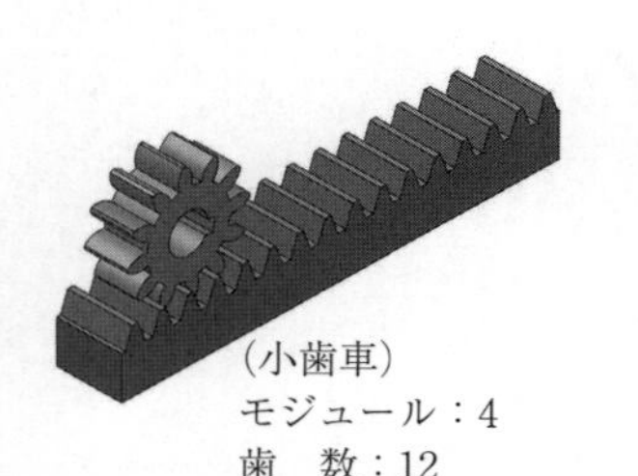

（小歯車）
モジュール：4
歯　数：12
ピッチ円直径：48 mm
（ラック）
モジュール：4
基準ピッチ線の位置：下から 25 mm

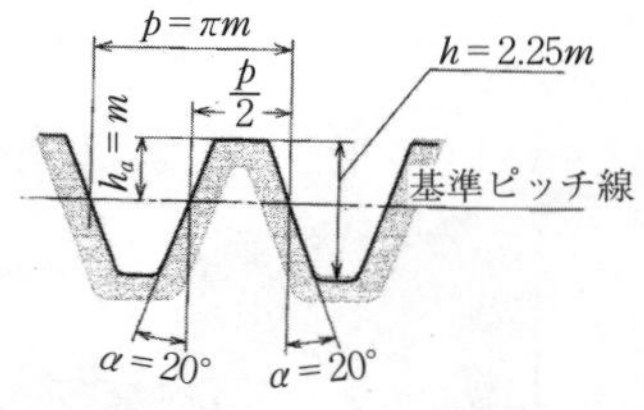

m：基準モジュール　h：全歯たけ
α：基準圧力角　$p/2$：正面円弧歯厚
p：基準ピッチ　h_a：歯末のたけ

インボリュート歯車歯形の基準ラック

図 4.22　ラックと小歯車

なる。

$$p = \pi \cdot m \tag{4.3}$$

式（4.1）からモジュール m は

$$m = \frac{d}{z} \tag{4.4}$$

なので，これを式（4.3）に代入すると

$$p = \pi \cdot \frac{d}{z} \tag{4.5}$$

となる。小歯車が1回転すると，ラックの移動量 L は

$$L = p \cdot z = \left(\pi \cdot \frac{d}{z}\right) \cdot z = \pi d \tag{4.6}$$

となり，小歯車のピッチ円の円周に等しい。

したがって，ラックと小歯車のアセンブリでは，**図 4.23** に示すように，ピッチ円をラックの基準ピッチ線に正接させる。基準ピッチ線はラックの底面から 25 mm の位置なので，小歯車の軸中心は，ラックの底面から 49 mm（=25 mm+48 mm/2）の位置になる。

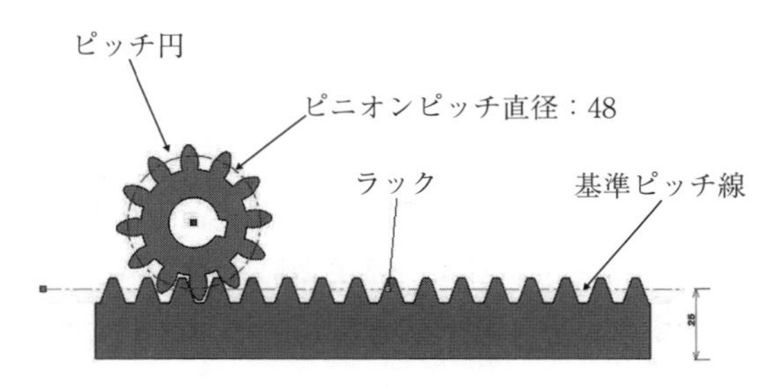

図 4.23　合致の拘束（ラックと小歯車）

ラックと小歯車の位置が決まれば，ラックと小歯車の拘束は，小歯車のピッチ円直径に 48 mm を入力し，ラックの基準ピッチ線を指示するのみである。**図 4.24** に，小歯車の回転とラックの移動量を示す。

図 4.25 に，すぐばかさ歯車とその要目表を示す。すぐばかさ歯車のアセンブリでは軸角が必要である。大歯車のピッチ角（円すい角）を δ_1，小歯車のピ

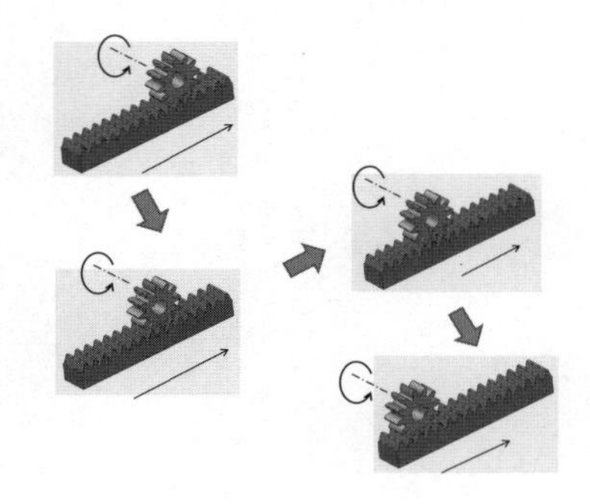

図 4.24　小歯車の回転とラックの移動

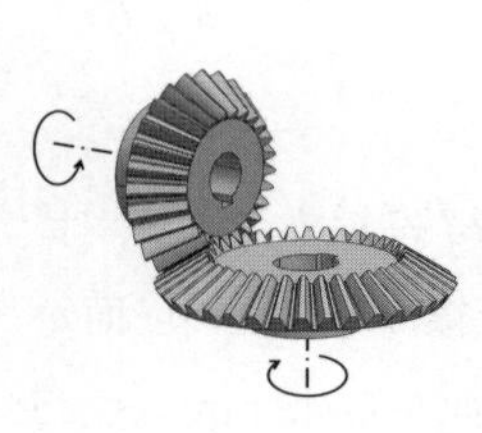

すぐばかさ歯車の要目表

	小歯車	大歯車
歯　形	グリーソン式	
モジュール	4	
圧力角	20°	
歯　数	25	36
軸　角	90°	
基準円直径	100	144
ピッチ角	34.777 8°	55.222 2°

図 4.25　すぐばかさ歯車

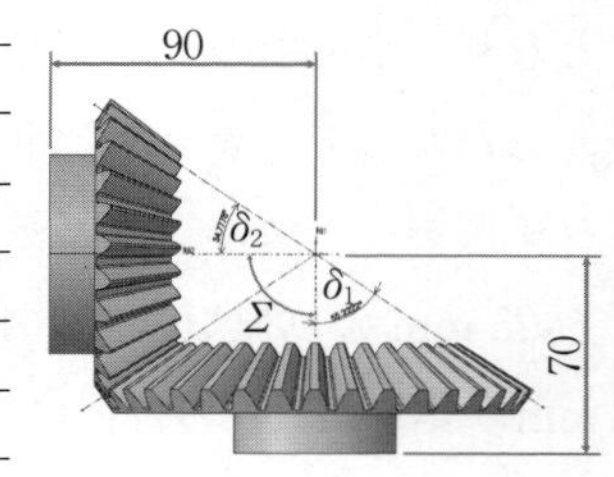

図 4.26　軸　角 Σ

ッチ角（円すい角）を δ_2 とすると，軸角 Σ は式（4.7）となる。

$$\Sigma = \delta_1 + \delta_2 \tag{4.7}$$

すぐばかさ歯車のアセンブリでは，**図 4.26** に示すように，軸角を 90° にして，ピッチ角 δ_1 が 55.222 2° の大歯車の頂点と，δ_2 が 34.777 8° の小歯車の頂点が一致するように組立距離で拘束する。そして，大歯車と小歯車の歯車比を入力する。これで，すぐばかさ歯車のアセンブリが完了する。

図 4.27 に歯数が 11 のスプロケットと 20 のスプロケットを示す。二つのスプロケットの中心距離は 60 mm である。スプロケットの拘束は歯車の拘束と同様に，歯数あるいはピッチ円直径で指定する。歯車の拘束と異なるものは，二つのスプロケットが同じ方向に回転することである。歯数 11 のスプロケットの回転に追従する歯数 20 のスプロケットの動きを**図 4.28** に示す。

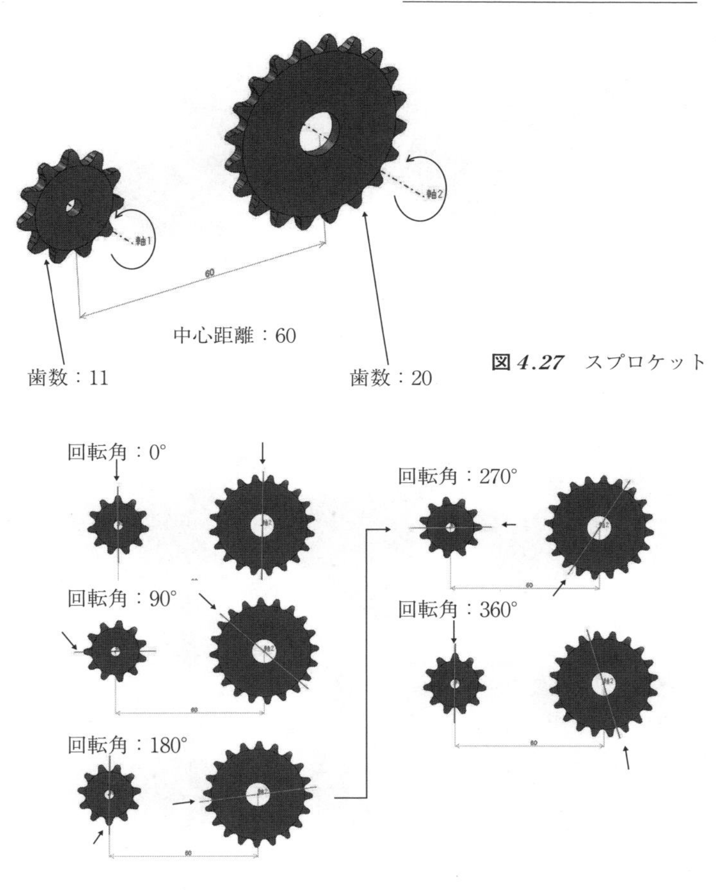

図 *4.27* スプロケット

図 *4.28* スプロケットの動き（回転）

4.6 カ　　　ム

図 *4.29* にカムとフォロワのアセンブリを示す。まず，直交する二つの軸（軸 1 と軸 2）をアセンブリの座標系に定義する。軸 1 にカムシャフトを，軸 2 にフォロワをそれぞれ一致させる。次に，図に示すようにカムの曲面とフォロワの平面を指定する。これで，カムとフォロワの定義が完了する。**図 *4.30*** にカムとフォロワの動きを示す。カムの曲面とフォロワの平面は接した状態を維

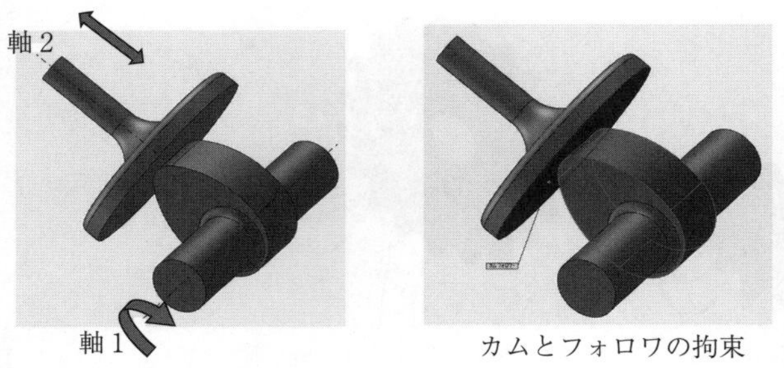

カムシャフトと軸 1 ：一致，　フォロワと軸 2 : 一致

図 *4.29*　カムとフォロワのアセンブリ

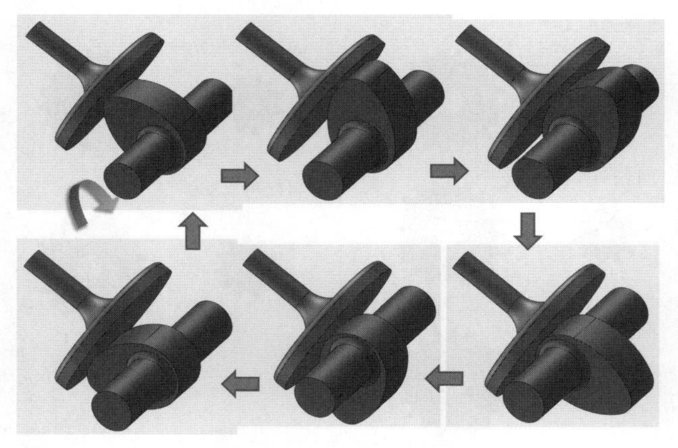

図 *4.30*　カムとフォロワの動き

持しているので，カムの回転に伴いフォロワは上下に移動する。

4.7　ば　　　　ね

図 *4.31* にコイルばねのモデリングを示す。図に示すばねの仕様は，材料の直径が 4 mm，コイルの平均径が 26 mm，総巻き数が 11.5，有効巻き数が 9.5，自由高さが 80 mm である。コイルばねのモデリングでは，まず，コイル平均径の円をプロファイルに描く。そのプロファイルを基礎円に，ヘリカルカ

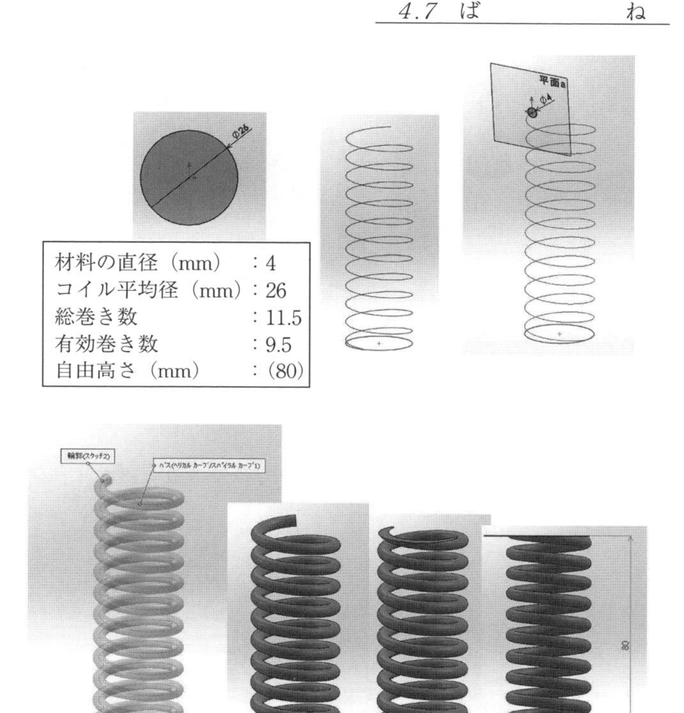

図 *4.31* コイルばねのモデリング

ーブを定義する。ヘリカルカーブの定義には，高さと回転数，ピッチと回数などがある。次に，ヘリカルカーブの終点に参照ジオメトリーで平面（図中の平面 a）を定義する。この面の法線はヘリカルカーブの接線に一致している。そして，平面 a に直径 4 mm のプロファイルを描く。それから，直径 4 mm の円を輪郭に，ヘリカルカーブをパスに，スイープで押し出す。最後に，ばねの両端を自由高さでカットすると図に示すコイルばねが定義される。

図 *4.32* にコイルばねのアセンブリを示す。ここでは，円柱にコイルばねを挿入する。合致の拘束は，まず，コイルばねの中心軸と円柱の中心軸を一致させる。次に，円柱のフランジ面とコイルばねの底面を一致させる。これで，アセンブリが定義される。

図 *4.32*　コイルばねのアセンブリ

演　習　問　題

【1】　問図 *4.1* に示す板カムとフォロワをそれぞれモデリングして，アセンブリでカムの拘束を定義せよ。

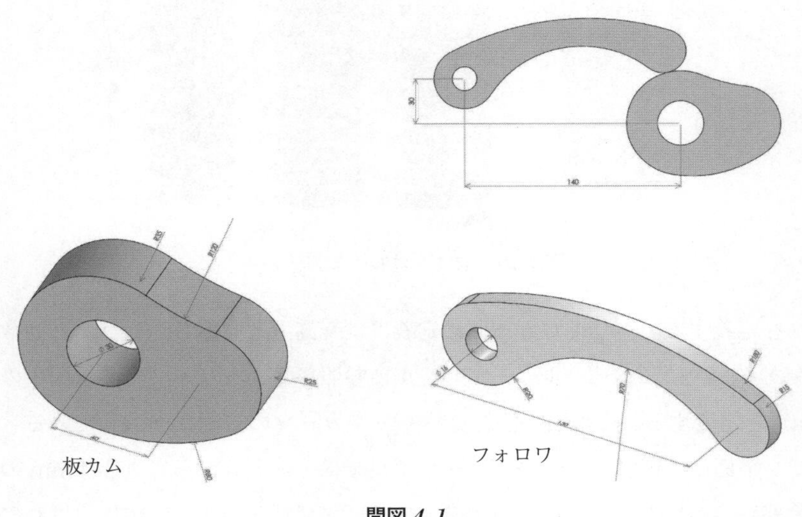

問図 *4.1*

【2】　問図 *4.2* に示す板カムとフォロワをそれぞれモデリングして，アセンブリでカムの拘束を定義せよ。なお，アセンブリでは，直交する二つの軸（軸 1 と軸 2）を定義し，軸 1 に板カムの貫通穴を，軸 2 にフォロワの直径 12 mm の円柱の中心軸を合致させること。

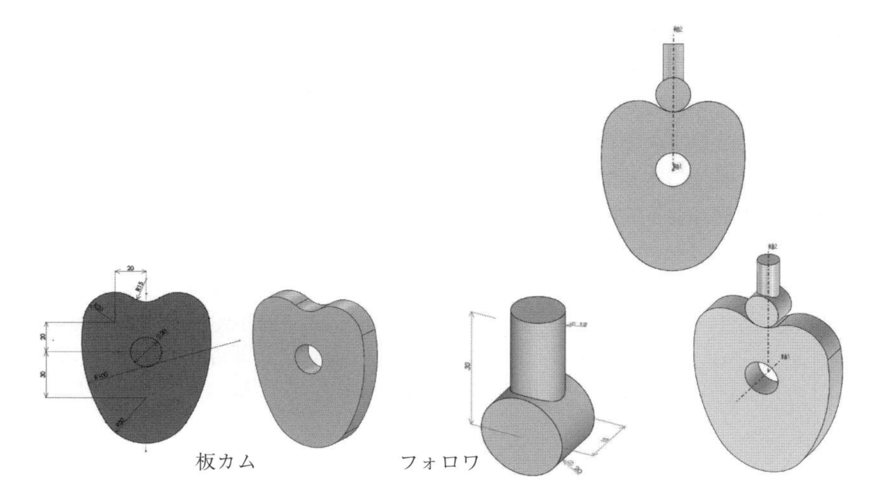

問図 *4.2*

【3】 **問図 *4.3*** に示すこま形自在軸継手と **問図 *4.4*** に示すフランジ形たわみ軸継手をそれぞれアセンブリせよ。

（備考） アセンブリに必要な部品は，コロナ社のホームページからダウンロードできる。部品の CAD データは STEP または Parasolid 形式なので，3D-CAD で開き，ネイティブファイル（例えば，Solidworks ではファイルの拡張子が .prt や .sldprt）で保存すること。保存したネイティブファイルの CAD データを使用してアセンブリを解答せよ。

問図 *4.3*　　**問図 *4.4***

【4】 **問図 *4.5*** に減速歯車装置のアセンブリを示す。入力軸の歯車のモジュールは 3，歯数は 17 である。中間軸に取り付ける大歯車のモジュールは 3，歯数は 91 である。中間軸の小歯車のモジュールは 4，歯数は 17 である。出力軸に取り付ける大歯車のモジュールは 4，歯数は 64 である。

（1） 減速歯車装置の速度伝達比と歯車軸の中心距離を求めよ。

（2） 減速歯車装置をアセンブリせよ。

（備考） アセンブリに必要な部品は，コロナ社のホームページからダウンロードできる。部品の CAD データは STEP または Parasolid 形式なので，3D-CAD で開き，ネイティブファイル（例えば，Solidworks ではファイルの拡張子が .prt や .sldprt）で保存すること。保存したネイティブファイルの CAD データを使用してアセンブリを解答せよ。

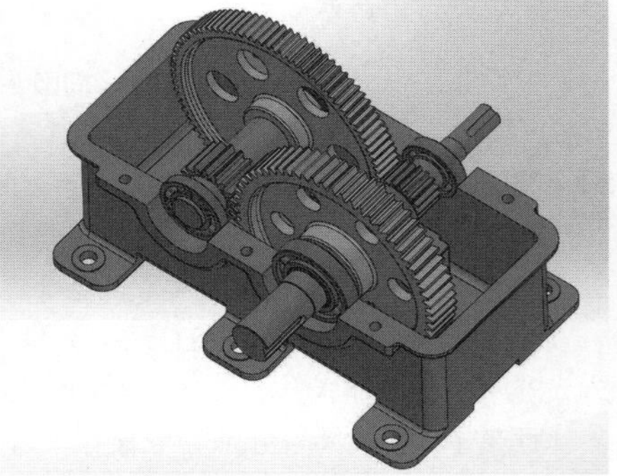

問図 *4.5*

5

3D-CAD と力学

機械設計では，立体の質量特性や断面特性，外力・熱・外乱などへの力学的な解析が必要である。そこで，本章では，3D-CAD による慣性モーメントや断面二次モーメントの計算と，CAE による機械部品の応力解析，リンク機構の運動解析，振動の固有値解析，流体の定常解析について学ぶ。

5.1 質　量　特　性

機械設計では，物体の質量，材料の断面二次モーメント，回転体の慣性モーメントを計算する必要がある。機械工学では，材料力学で断面二次モーメントを，機械力学で慣性モーメントをそれぞれ学習する。**図 *5.1*** に示す円盤を例に，3D-CAD による質量特性の計算結果について説明する。この円盤は直径 200 mm，板厚 5 mm，密度 7.8×10^{-3} g/mm^3（鋼材）である。計算結果を図（b）に示す。ここで，体積は 1.571×10^5 mm^3，表面積は 6.597×10^4 mm^{2}である。体積に密度を乗じると質量 1.225×10^3 g が得られる。物体の重心位置（$(x, y, z) = (0, 0, 0)$）は，原点と一致している。これは，原点を中心に円盤をモデリングしたからである。

次に，慣性主軸と主慣性モーメントについて説明する。慣性主軸は図中の I_x, I_y, I_z の記号で表されるもので，円盤では I_x が $(x, y, z) = (0, 0, 1)$ なので CAD 座標系の z 軸のプラス方向を，I_y が $(x, y, z) = (1, 0, 0)$ なので CAD 座標系の x 軸のプラス方向を，I_z が $(x, y, z) = (0, 1, 0)$ なので CAD 座標系の y 軸のプラス方向をそれぞれ示している。主慣性モーメントは P_x,

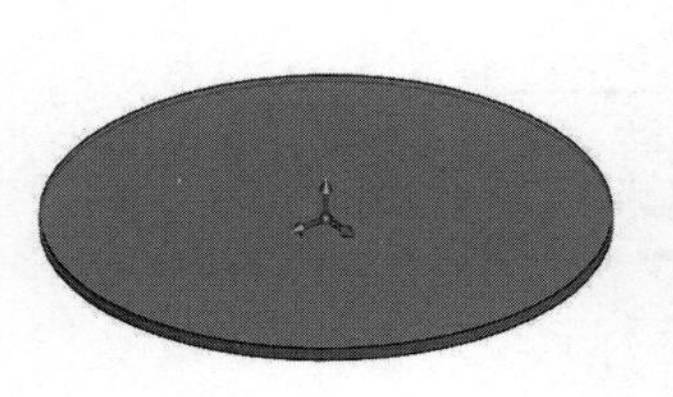

直　径：200 mm
板　厚：　5 mm
密　度：7.8×10^{-3} g/mm^3

（a）

質量特性1の質量特性:
コンフィギュレーション: デフォルト
座標系: -- デフォルト --

密度 = 0.00780 grams per cubic millimeter

質量 = 1225.22113 grams

体積 = 157079.63268 cubic millimeters

表面積 = 65973.44573 square millimeters

重心: (ミリメータ)
X = 0.00000
Y = 0.00000
Z = 0.00000

慣性主要軸と慣性主モーメント: (grams * square millimeters)
重心:
Ix = (0.00000, 0.00000, 1.00000)　Px = 3065605.38128
Iy = (1.00000, 0.00000, 0.00000)　Py = 3065605.38128
Iz = (0.00000, 1.00000, 0.00000)　Pz = 6126105.67450

慣性モーメント: (grams * square millimeters)
重心で計算、そして出力座標系と整列します。
Lxx = 3065605.38128　Lxy = 0.00000　Lxz = 0.00000
Lyx = 0.00000　Lyy = 6126105.67450　Lyz = 0.00000
Lzx = 0.00000　Lzy = 0.00000　Lzz = 3065605.38128

慣性モーメント: (grams * square millimeters)
(出力座標系で計算)
Ixx = 3065605.38128　Ixy = 0.00000　Ixz = 0.00000
Iyx = 0.00000　Iyy = 6126105.67450　Iyz = 0.00000
Izx = 0.00000　Izy = 0.00000　Izz = 3065605.38128

（b）

図 *5.1* 円盤の質量特性（直径 20 mm，板厚 5 mm）

P_y, P_z の記号で表示している。図の円盤では $P_x = P_y = 3.066 \times 10^6$ g・mm^2, $P_z = 6.126 \times 10^6$ g・mm^2 である。

機械力学では，半径が a，質量が M の円板の中心軸まわりの慣性モーメントは式（*5.1*）となる。

$$I = \frac{1}{2}a^2M \tag{5.1}$$

式（*5.1*）に a=100 mm，M = 1 225.2 g を代入すると，$I = 6.126 \times 10^6$ g・mm^2 となり，3D-CAD で計算した値と一致することがわかる。この例では，円盤の重心が CAD の座標系の原点と一致しているので，重心で計算した慣性モーメントを CAD の座標系で表示した L_{xx} から L_{zz} までの 9 個の値と，CAD の座標系原点で計算した慣性モーメント I_{xx} から I_{zz} までの 9 個の値はすべて一致している。

剛体の慣性モーメントは，剛体の質量に比例し，質量が軸から離れるほど大きくなることを機械力学で学ぶ。このことを 3D-CAD で検証する。**図 *5.2*** に質量が同じで，直径 20 mm の 8 個の円柱の配置が異なる三つの立体を示す。**図 *5.3*** に三つの立体の慣性モーメントを計算した結果を示す。8 個の円柱が回

中心から半径 55 mm の
円周上に配置

中心から半径 80 mm の
円周上に配置

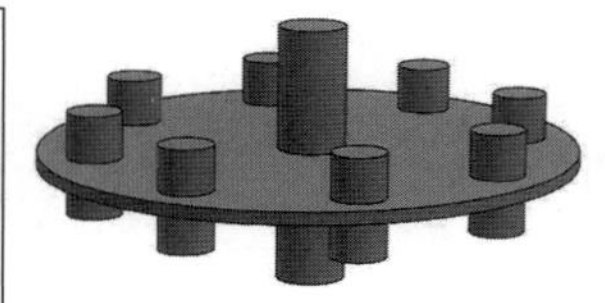

部品の構成
円盤（直径 200 mm，板厚 5 mm）　：1 枚
円柱（直径 25 mm，　長さ 100 mm）：1 個
円柱（直径 20 mm，　長さ 40 mm）　：8 個

密度：7.8×10^{-3} g/mm^3（7.8 g/cm^3）
質量：2 275.082 g

図 5.2　質量特性の比較

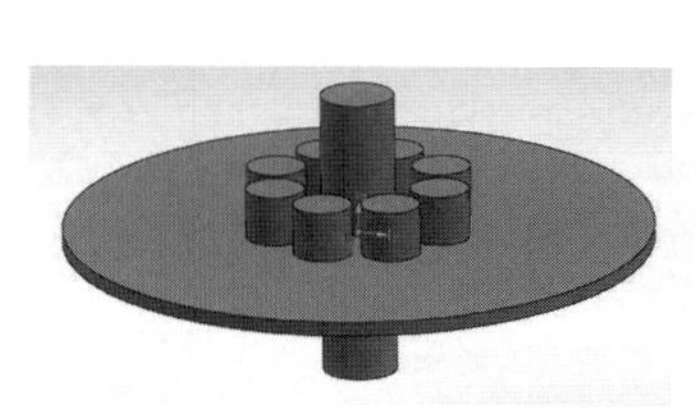

中心から 30 mm

$P_z = L_{yy} = I_{yy} = 6.806\times10^6$ g·mm^2

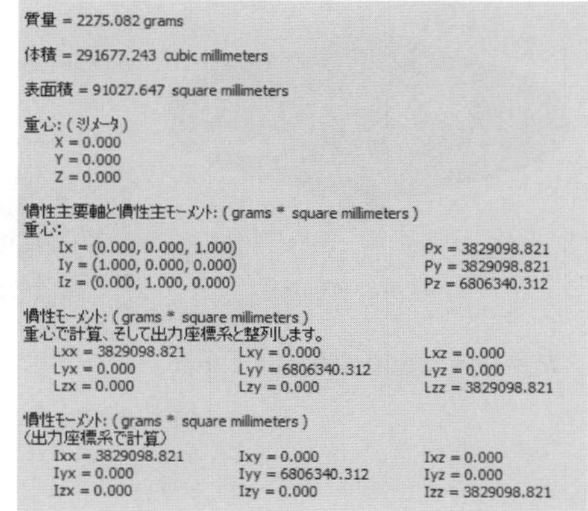

質量 = 2275.082 grams

体積 = 291677.243 cubic millimeters

表面積 = 91027.647 square millimeters

重心: (ﾐﾘﾒｰﾀ)
X = 0.000
Y = 0.000
Z = 0.000

慣性主要軸と慣性主ﾓｰﾒﾝﾄ: (grams * square millimeters)
重心:
Ix = (0.000, 0.000, 1.000)　　Px = 3829098.821
Iy = (1.000, 0.000, 0.000)　　Py = 3829098.821
Iz = (0.000, 1.000, 0.000)　　Pz = 6806340.312

慣性ﾓｰﾒﾝﾄ: (grams * square millimeters)
重心で計算、そして出力座標系と整列します。

Lxx = 3829098.821	Lxy = 0.000	Lxz = 0.000
Lyx = 0.000	Lyy = 6806340.312	Lyz = 0.000
Lzx = 0.000	Lzy = 0.000	Lzz = 3829098.821

慣性ﾓｰﾒﾝﾄ: (grams * square millimeters)
(出力座標系で計算)

Ixx = 3829098.821	Ixy = 0.000	Ixz = 0.000
Iyx = 0.000	Iyy = 6806340.312	Iyz = 0.000
Izx = 0.000	Izy = 0.000	Izz = 3829098.821

図 5.3　質量特性の計算結果（続く：1，2）

転軸から離れるほど慣性モーメントが大きくなることがわかる。

30 mm の位置に配置の場合　$P_z = L_{yy} = I_{yy} = 6.806 \times 10^6$ g・mm^2

55 mm の位置に配置の場合　$P_z = L_{yy} = I_{yy} = 8.264 \times 10^6$ g・mm^2

80 mm の位置に配置の場合　$P_z = L_{yy} = I_{yy} = 10.580 \times 10^6$ g・mm^2

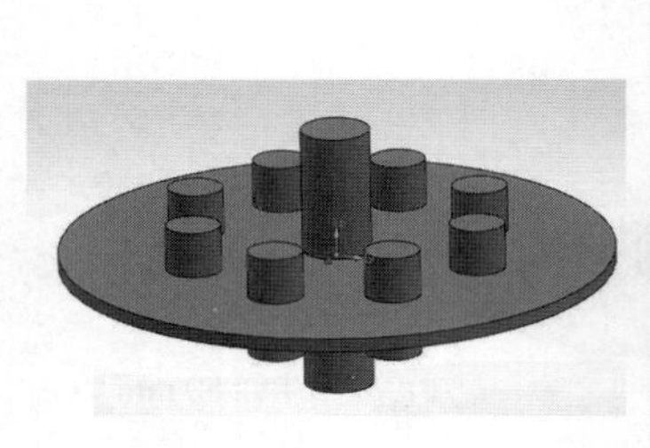

中心から 55 mm

$$P_z = L_{yy} = I_{yy} = 8.264 \times 10^6 \text{ g}\cdot\text{mm}^2$$

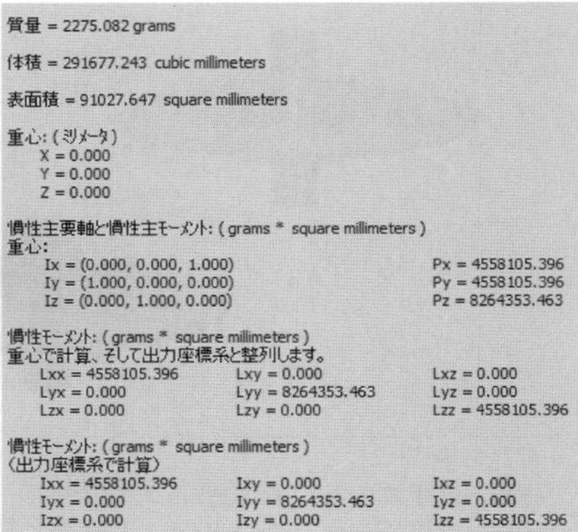

図 ***5.3***　（続き：1）

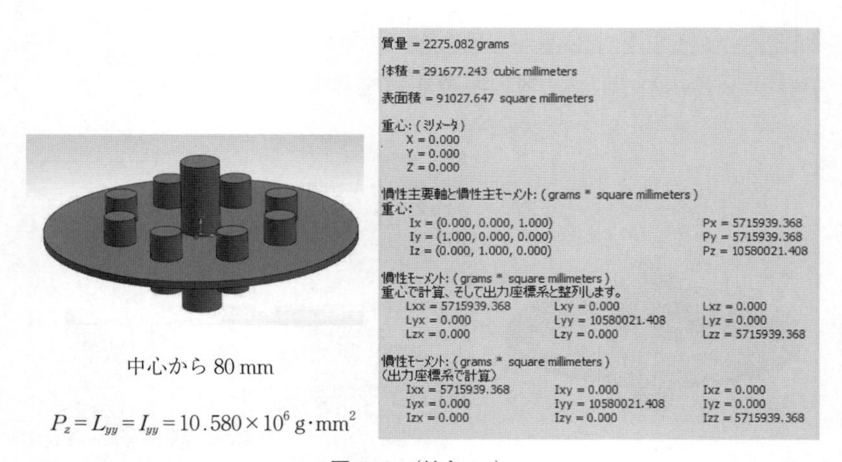

中心から 80 mm

$$P_z = L_{yy} = I_{yy} = 10.580 \times 10^6 \text{ g}\cdot\text{mm}^2$$

図 ***5.3***　（続き：2）

5.2 断　面　特　性

材料力学では梁の曲げやねじりについて学ぶ。曲げでは断面二次モーメント，ねじりでは断面二次極モーメントを断面形状から求める必要がある。図 ***5.4*** に示す断面が「I」形状の梁を例に，3D-CAD による断面特性の計算結果

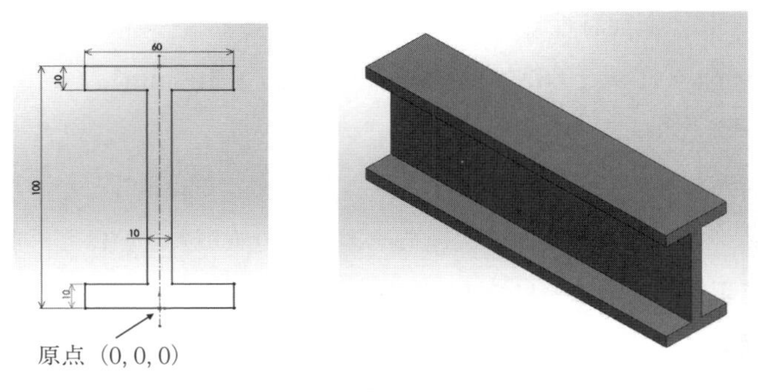

図 5.4　「I」形状の梁

について説明する。**図 5.5** に計算結果を示す。断面積は $2.0 \times 10^3\,\mathrm{mm}^2$，図心の位置は $(x,\ y,\ z) = (0,\ 50,\ 0)$，図心における CAD 座標系で表示する断面二次モーメントは，$L_{xx} = 3.233 \times 10^6\,\mathrm{mm}^4$，$L_{yy} = 3.667 \times 10^5\,\mathrm{mm}^4$，$L_{zz} = 2.867 \times 10^6\,\mathrm{mm}^4$ である。断面二次極モーメントは $3.233 \times 10^6\,\mathrm{mm}^4$ である。主軸の角度が 0° なので，主軸は CAD の座標系と平行である。図心における断面二次主モーメントは，$I_x = 3.667 \times 10^5\,\mathrm{mm}^4$，$I_y = 2.866 \times 10^6\,\mathrm{mm}^4$ である。CAD の座標系の原点で計算した断面二次モーメントは，$L_{xx} = 8.233 \times 10^6\,\mathrm{mm}^4$，$L_{yy} = 3.666 \times 10^5\,\mathrm{mm}^4$，$L_{zz} = 7.867 \times 10^6\,\mathrm{mm}^4$ である。

材料力学では，断面二次極モーメント（I_p）は式（5.2）となる。

$$I_p = I_x + I_y \tag{5.2}$$

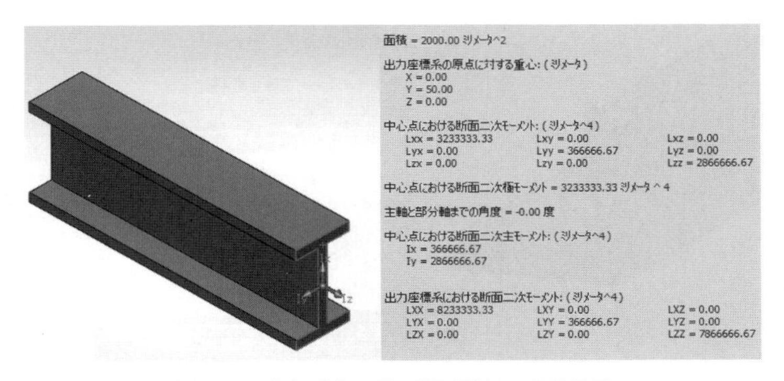

図 5.5　「I」形状の梁の断面特性の計算結果

式（5.2）に，断面特性で計算した値を代入すると

$$I_p = I_x + I_y = 3.667 \times 10^5\,\mathrm{mm}^4 + 2.866 \times 10^6\,\mathrm{mm}^4$$
$$= 3.233 \times 10^6\,\mathrm{mm}^4$$

となり，断面特性の断面二次極モーメントと一致していることがわかる。断面二次モーメント，および断面二次極モーメントの値が大きいほど，曲げやねじりに対して剛性が高いことになる。

次に，**図 *5.6*** に断面が「L」形状の梁を，**図 *5.7*** に 3D-CAD による断面特性の計算結果をそれぞれ示す。断面積は $9.0 \times 10^2\,\mathrm{mm}^2$，図心の位置は $(x, y, z) = (16.11, 16.11, 0)$，図心における CAD 座標系で表示する断面二次

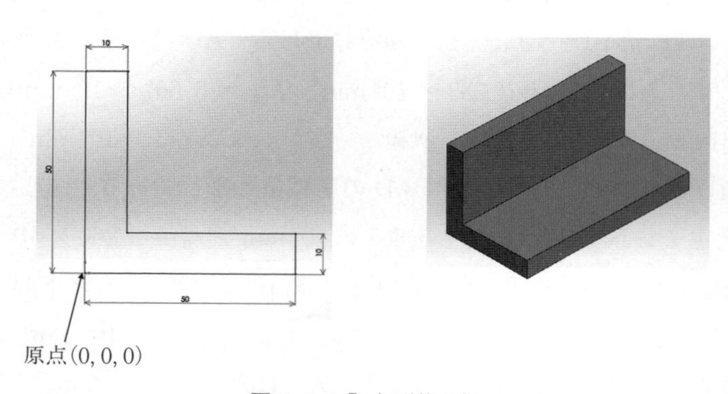

図 *5.6* 「L」形状の梁

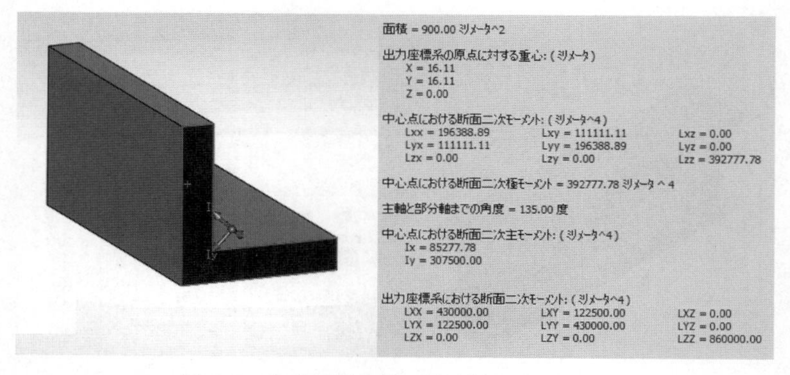

図 *5.7* 「L」形状の梁の断面特性の計算結果

モーメントは，$L_{xx} = 1.964 \times 10^5\,\mathrm{mm}^4$，$L_{yy} = 1.964 \times 10^5\,\mathrm{mm}^4$，$L_{zz} = 3.928 \times 10^5\,\mathrm{mm}^4$，$L_{xy} = L_{yx} = 1.111 \times 10^5\,\mathrm{mm}^4$ である。断面二次極モーメントは $3.928 \times 10^5\,\mathrm{mm}^4$ である。

主軸の角度が 135° なので，図に示すように，CAD の座標系の X 軸（Y 軸）と I_x 軸（I_y 軸）の角度が 135° になる。これは，L_{xy} と L_{yx} の値を 0 にする方向である。したがって，図心における断面二次主モーメントは，$I_x = 8.528 \times 10^4\,\mathrm{mm}^4$，$I_y = 3.075 \times 10^5\,\mathrm{mm}^4$ となり，断面二次極モーメントは I_x と I_y の値を加えたものと一致している。

CAD の座標系の原点で計算した断面二次モーメントは，$L_{xx} = 4.300 \times 10^5\,\mathrm{mm}^4$，$L_{yy} = 4.300 \times 10^5\,\mathrm{mm}^4$，$L_{zz} = 8.600 \times 10^5\,\mathrm{mm}^4$，$L_{xy} = L_{yx} = 1.225 \times 10^5\,\mathrm{mm}^4$ である。

5.3 応　力　解　析

図 5.8 に応力解析の【例題 1】を示す。この例題は，JIS 4 号試験片に 10 000 N の力を加えたとき，試験片に作用する引張応力を解析するものである。試験片の形状は，標点距離が 50 mm，直径が 14 mm である。解析条件

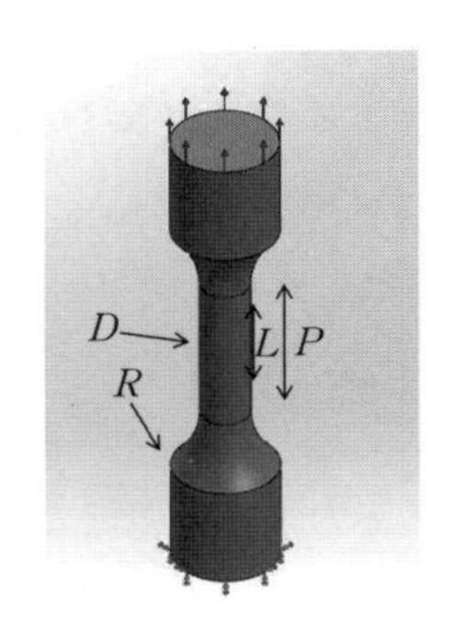

解析条件

材　料：炭素鋼
　　縦弾性係数（ヤング率）：$2.1 \times 10^5\,\mathrm{N/mm^2}$
　　ポアソン比：0.28
材料モデル：等方性材料
拘束条件：底面を完全固定
荷重条件：上面に力 10 000 N（方向：上）

直　径（D）　：ϕ 14 mm　　平行部の長さ（P）：約 60 mm
標点距離（L）：50 mm　　肩部の半径（R）　：15 mm

図 5.8　【例題 1】JIS 4 号試験片

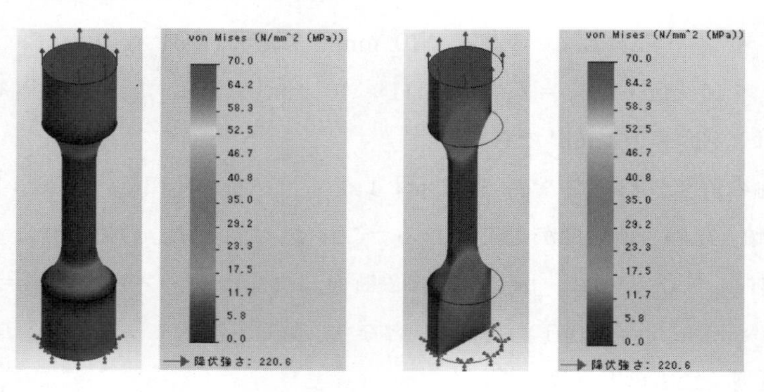

引張応力　65 MPa　(力 10 000 N/ 断面積 153.86 mm^2)

図 *5.9* 解析結果（ミーゼス応力）

は，図に示すように，材料に炭素鋼を，材料モデルに等方性材料を，底面に完全拘束を，荷重に力をそれぞれ定義している。**図 *5.9*** に，線形静解析を実行した結果を示す。この図はミーゼス応力で表示したものである。標点距離の部位に一様な引張応力が生じていることがわかる。

材料力学では，材料の断面積（A）に荷重（W）が作用すると，引張応力（σ）は，式（*5.3*）となる。

$$\sigma = \frac{W}{A} \tag{5.3}$$

式（*5. 3*）に $a=153.86\ \mathrm{mm}^2$，$W=10\,000\ \mathrm{N}$ を代入すると $\sigma=65\ \mathrm{N/mm}^2$（MPa）となり，図に示す解析結果と一致していることがわかる。

ミーゼス応力（σ_{Mises}）は，主応力 σ_1，σ_2，σ_3 を用いると，式（*5.4*）となる。

$$(\sigma_{\mathrm{Mises}})^2 = \frac{(\sigma_1 - \sigma_2)^2 + (\sigma_2 - \sigma_3)^2 + (\sigma_3 - \sigma_1)^2}{2} \tag{5.4}$$

ミーゼス応力は相当応力であり，物体の内部に生じる応力を一つの値で示すものである。絶対値の大きい応力が生じる部位を容易に見つけることができるので，ミーゼス応力は解析結果を評価する指標の一つになっている。

次に，**図 *5.10*** に【例題 2】を示す。例題の形状は，縦が 150 mm，横が 100

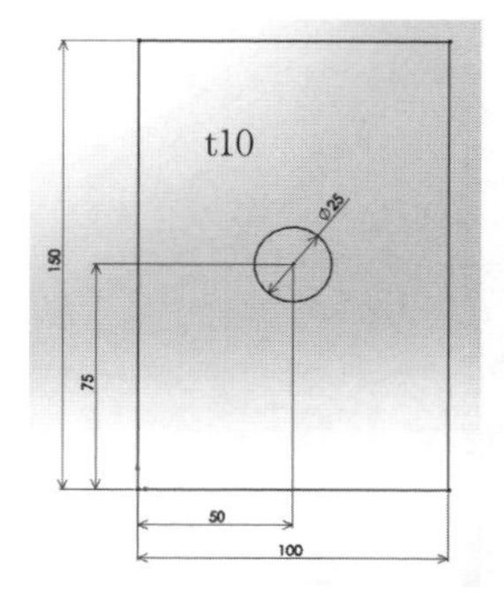

材　料　　：炭素鋼
弾性係数　：2.1×10^5 N/mm^2
ポアソン比：0.28
材料モデル：等方性材料

上面に上向きに 50 000 N の
力を作用させる

底面を固定

図 *5.10* 【例題 2】円孔のある平板

mm，厚さが 10 mm の鋼板の中央に直径 25 mm の穴が貫通しているものである。解析では，この鋼板に 50 000 N の力を鉛直方向に加えたとき，円孔のまわりに生じる応力を求める。解析条件は，材料に炭素鋼を，材料モデルに等方性材料を，底面に完全拘束を，荷重に力をそれぞれ定義する。**図 *5.11*** に線形静解析を実行した結果を示す。図はミーゼス応力で表示したものである。円孔の縁に応力集中が生じていることがわかる。応力集中の理論的な値は，円孔のない応力（$\sigma_0 = W/A = 50\,000/1\,000 = 50$ N/mm^2）の 3 倍である。応力集中の位置と値は，理論値と一致していることがわかる。

図 *5.12* に【例題 3】を示す。図には，断面積が同じで，断面二次モーメントが異なる長さ 600 mm の二つの片持ち梁（a）と（b）を示す。荷重は梁の先端に 1 000 N の集中荷重が作用している。材料力学では曲げの理論で解法するが，3D-CAD では有限要素解析になる。

解析条件は，材料に炭素鋼を，材料モデルに等方性材料を，梁の左側面に完全拘束を，梁の右側面に集中荷重をそれぞれ定義する。**図 *5.13*** に線形静解析を実行した解析結果（Y 方向の変位）を示す。この図は，Y 方向の変位で表示したものである。梁の中立面における Y 方向の変位は，梁の曲げ理論のた

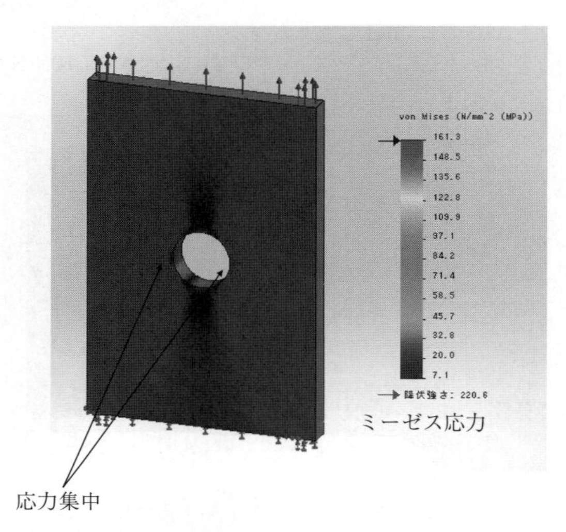

図 *5.11*　解析結果（ミーゼス応力）

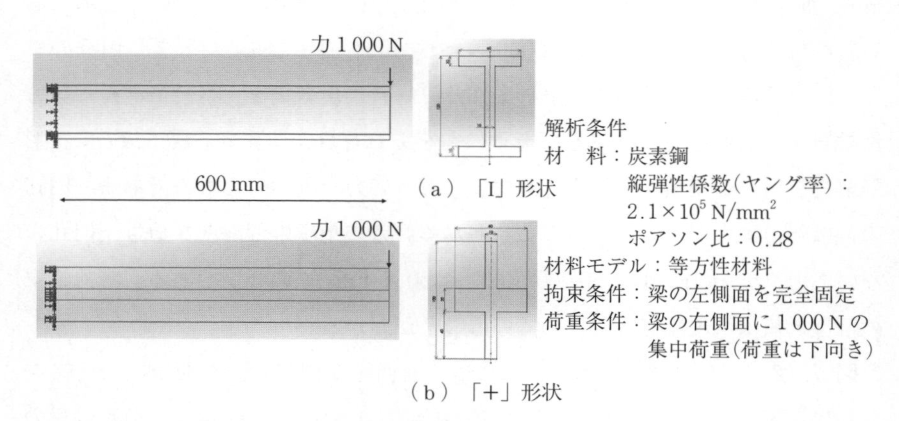

図 *5.12*　【例題 3】断面二次モーメントの比較

わみの値と一致している。解析から断面二次モーメントが大きいほど Y 方向の変位は小さくなることがわかる。

長さ（L）の片持ち梁の先端に集中荷重（W）が作用するとき，梁のたわみ（δ）は式（*5.5*）となる。

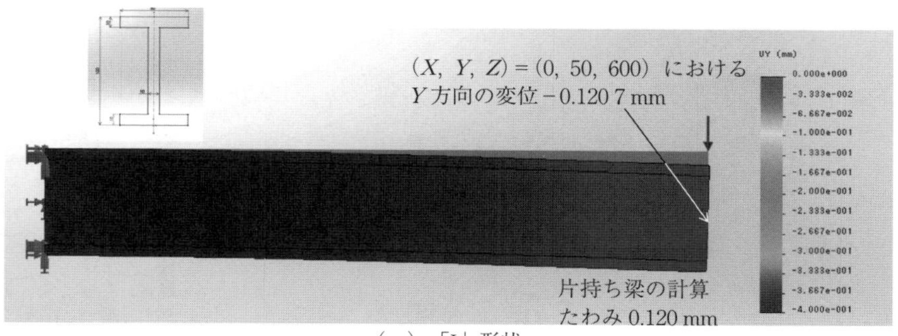

（a）「I」形状

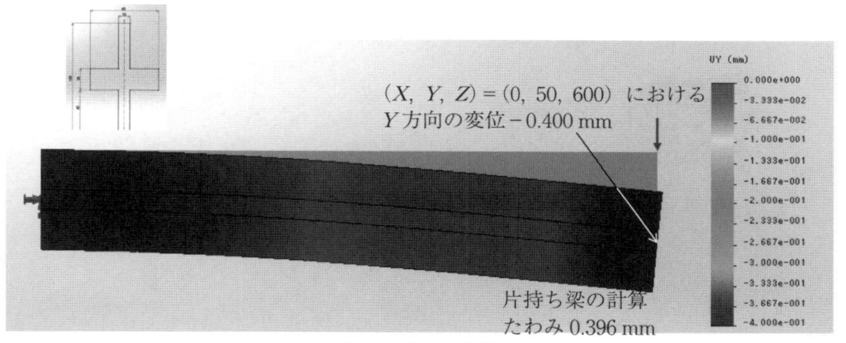

（b）「+」形状

図 5.13　線形静解析を実行した解析結果（Y 方向の変位）

$$\delta = \frac{W \cdot L^3}{3 \cdot E \cdot I} \tag{5.5}$$

E は縦弾性係数（ヤング率），I は断面二次モーメントである。

式（5.5）からもわかるように，荷重，梁の長さ，材料が同じならば，断面二次モーメントの値が大きいほど，たわみの値は小さくなる。**図 5.14** にミーゼス応力を示す。梁の上面に引張応力が，下面に圧縮応力がそれぞれ作用していることがわかる。そして，梁の中立面には応力が作用していないこともわかる。

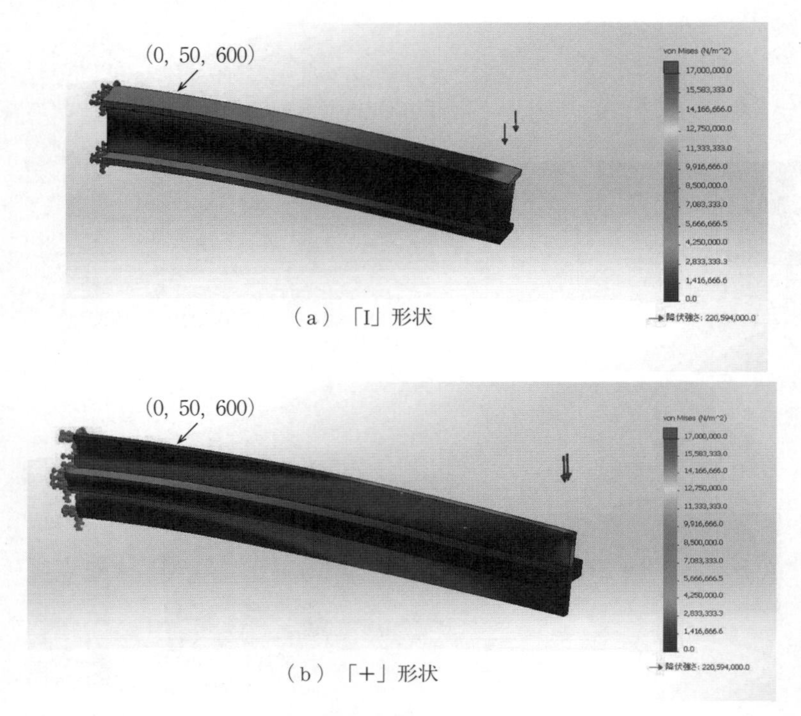

（a）「I」形状

（b）「+」形状

図 *5.14* 解析結果（ミーゼス応力）

5.4 機 構 解 析

ロボット，建設機械，産業機械など各種の機械にリンク機構が使われている。ここでは，4 節リンクを例題に機構解析を説明する。**図 *5.15*** に 4 節リンクの形状を示す。まず，四つのリンクをそれぞれモデリングする。次に，四つのリンクをアセンブリする。リンク a は固定している。それから，**図 *5.16*** に示すようにリンク b の穴の軸にモータを定義する。モータの回転速度は 60 rpm，回転方向は反時計まわりである。この条件で機構解析の実行結果を**図 *5.17*** に示す。

モータの回転数が 60 rpm なので，1 秒に 1 回転する。図には 0.1 秒刻みで

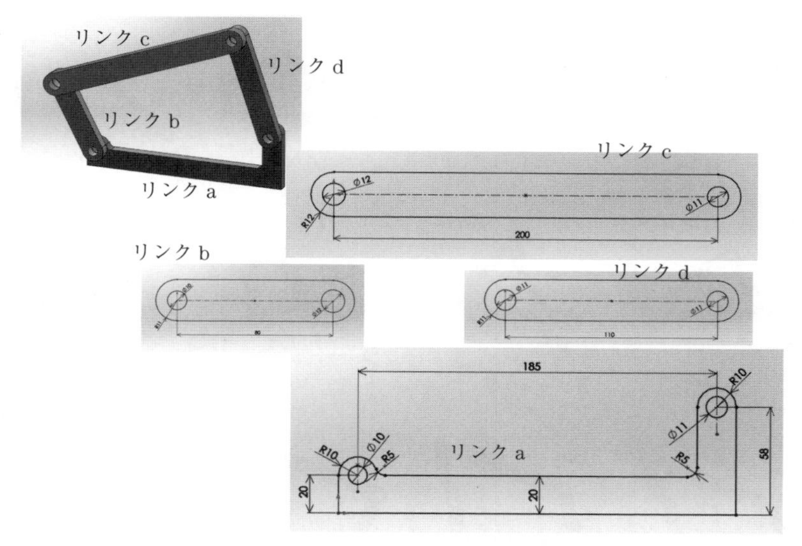

図 ***5.15***　4 節リンクの形状（例 1）

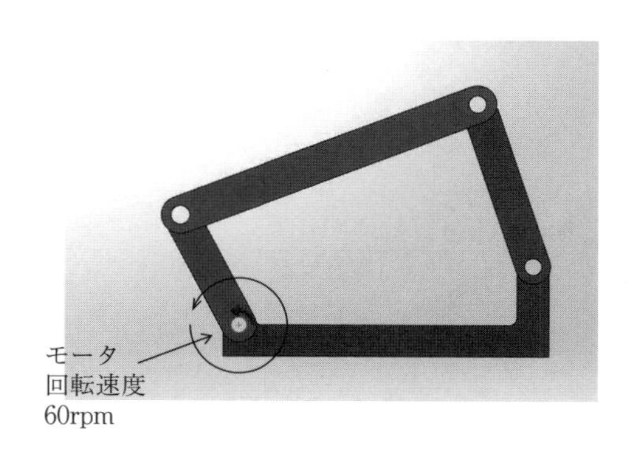

図 ***5.16***　モータの定義

リンクの位置を表示してある。さらに，リンク c と d の共有する穴の中心位置の軌跡も同時に表示してある。**図 *5.18*** は，リンク c の重心位置の移動を X 方向と Y 方向の二つのグラフで表示したものである。**図 *5.19*** は，リンク d の角度，角速度，角加速度の変化をグラフで表示したものである。

図 *5.20* に示す機構も 4 節リンクで，円盤をリンクとして用いている。**図 *5.21*** に，4 節リンクの各部品の形状を示す。まず，これらの部品を 3D-CAD

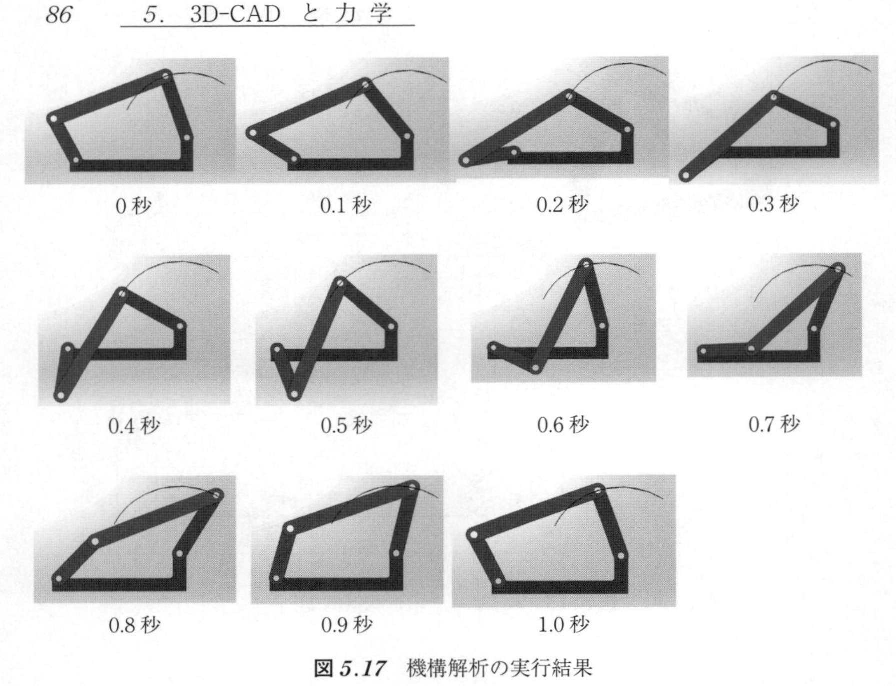

図 5.17　機構解析の実行結果

リンク c の重心の移動

リンク c（重心位置　X 方向）

重心位置X (mm)

250
200
150
100
50
0

0.00　0.83　1.67　2.50　3.00

時間 (sec)

リンク c（重心位置　Y 方向）

重心位置Y (mm)

150
100
50
0
-50
-100

0.00　0.83　1.67　2.50　3.00

時間 (sec)

図 5.18　リンク c の重心位置の移動

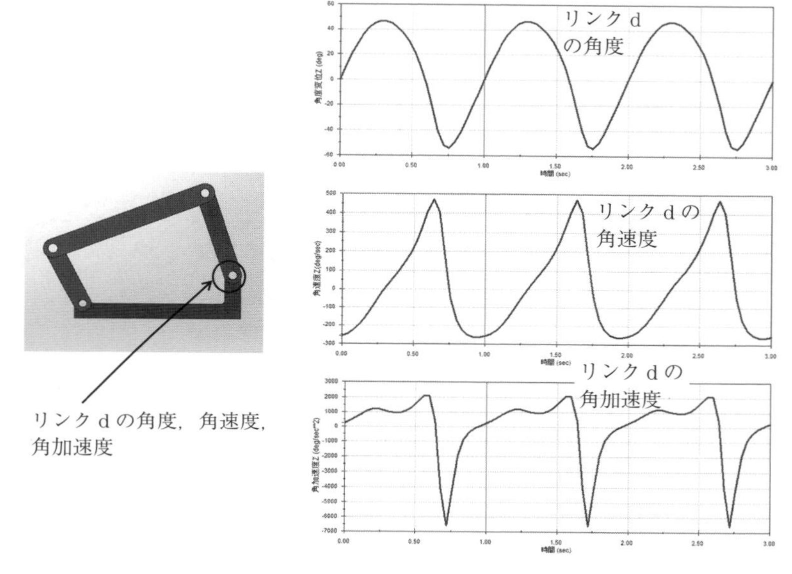

図 5.19 リンク d の角度，角速度，角加速度の変化

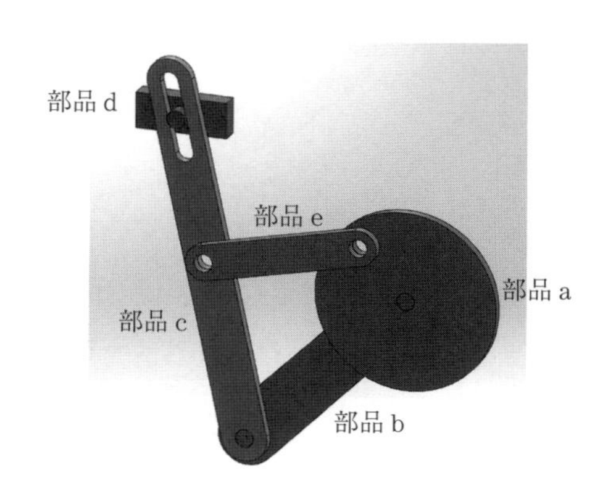

図 5.20 4 節リンクの形状（例 2）

でモデリングする。次に，部品 b が水平から 45° 傾いた位置でアセンブリする。部品 b は固定である。部品 d は**図 5.22** に示すように，330 mm の位置を水平に移動する。モータは部品 a の中心に定義する。モータの回転数は 60 rpm，回転方向は時計まわりである。この条件で機構解析を実行する。**図**

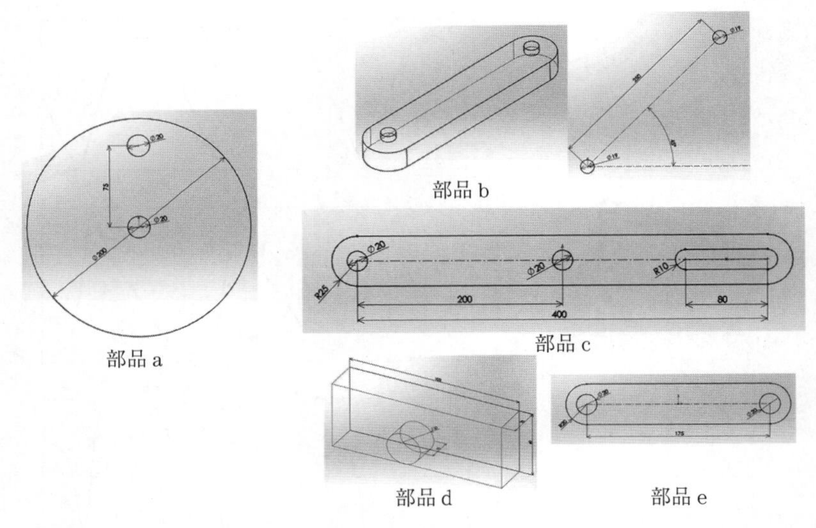

図 *5.21*　4 節リンクの各部品の形状と寸法

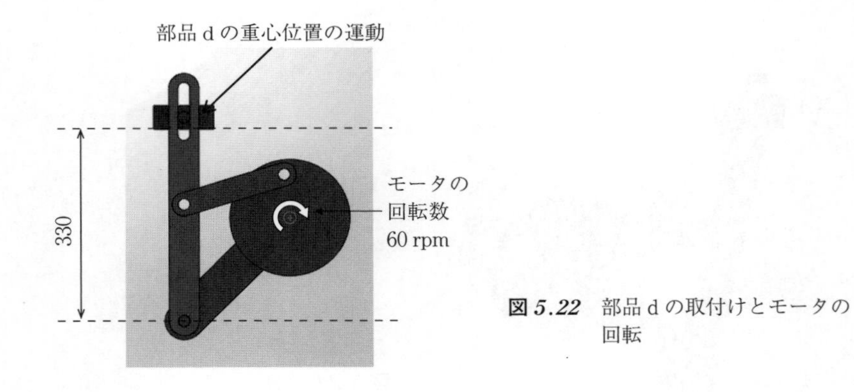

図 *5.22*　部品 d の取付けとモータの回転

5.23 にリンク機構の動きを示す。部品 d は 330 mm の位置で水平方向に往復運動していることがわかる。**図 *5.24*** に部品 d の重心位置の動きを示す。図のグラフは，上から X 方向の変位，速度，加速度である。モータは 1 秒で 1 回転する。グラフは 0 秒から 3 秒までの動きを示している。

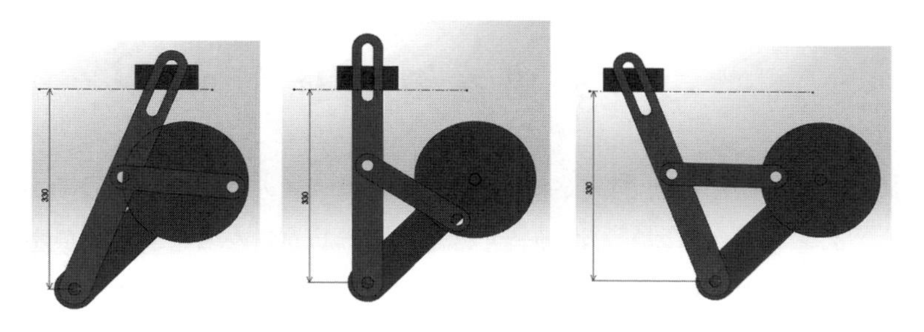

図 *5.23*　リンク機構の動き

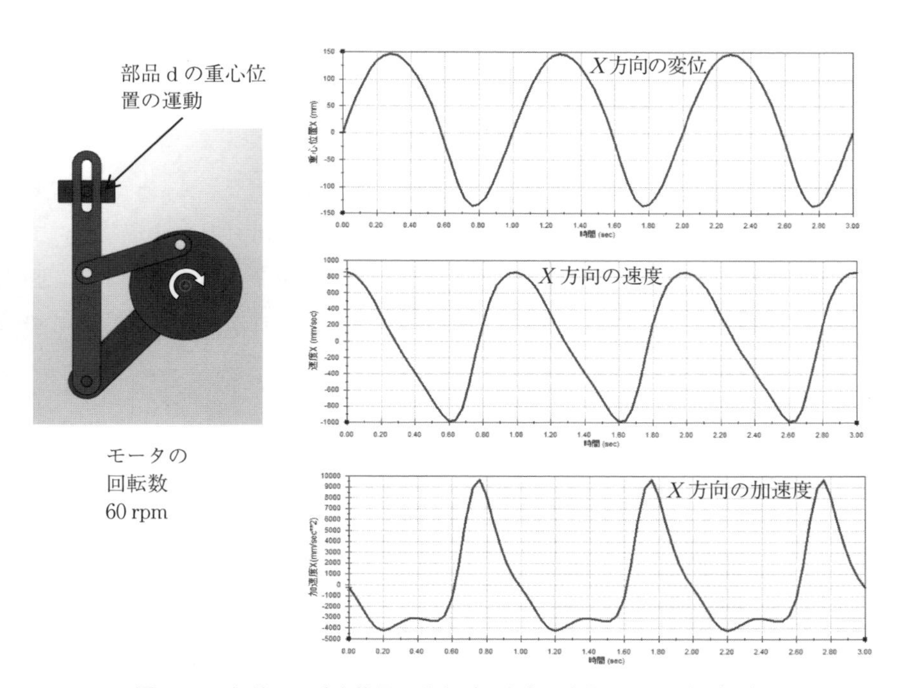

図 *5.24*　部品 d の重心位置の動き（X 方向の変位，速度，加速度）

5.5 固 有 値 解 析

並進や回転を伴う運動では，速度の急激な変化や軸の振れにより振動が発生する。このとき，部品の固有振動数と外乱の振動数が重なると共振現象を引き起こす。そのため，機械設計では，部品の固有振動数を解析する必要がある。ここでは，**図 *5.25*** に示すＬ字のスタンドを例に，固有振動数を計算する。解析の条件は，部品の材料に機械構造用炭素鋼を定義し，拘束条件に**図 *5.26*** に示すＬ字の底面を完全固定している。**図 *5.27*** に解析結果を示す。図（ａ）は1次モードの固有振動数で 210 Hz，図（ｂ）は2次モードの固有振動数で 1 207 Hz，図（ｃ）は3次モードの固有振動数で 1 302 Hz である。

図 *5.28* に，Ｌ字のスタンドをリブで補強する二つの例を示す。一つは中心に板厚 3 mm のリブを，もう一つは両側面に板厚 1.5 mm のリブを取り付けてある。二つの重量は同じである。Ｌ字と同じ条件で固有値解析を実行する。**図 *5.29*** に1次モードを，**図 *5.30*** に2次モードをそれぞれ示す。リブによる補強の効果が認められる。

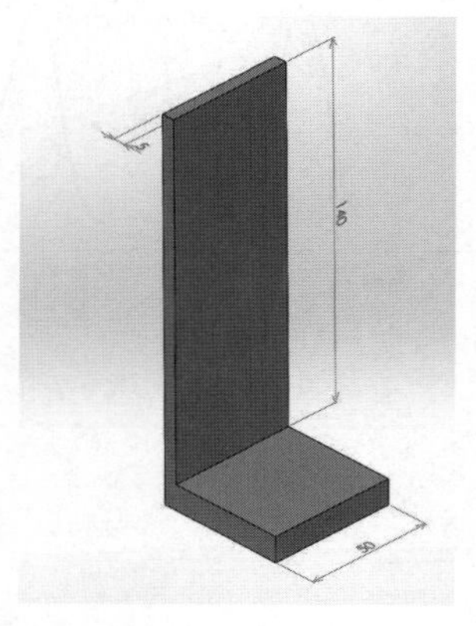

図 *5.25* 解析モデル例（Ｌ字スタンド）

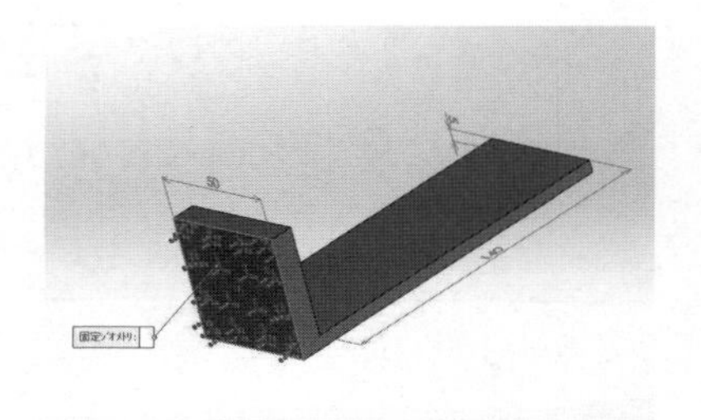

図 *5.26* 拘 束 条 件

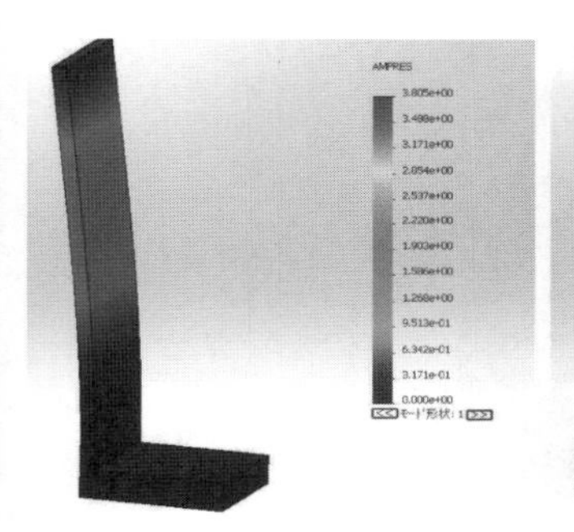

（a）1 次モード(210 Hz)

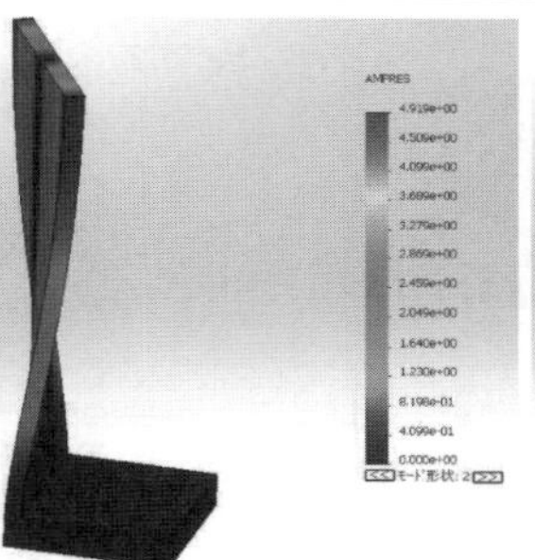

（b）2 次モード(1 207 Hz)

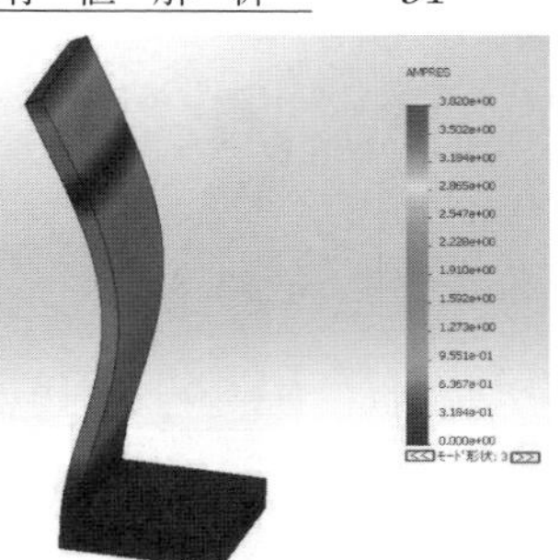

（c）3 次モード(1 302 Hz)

図 *5.27* 固有値解析の結果

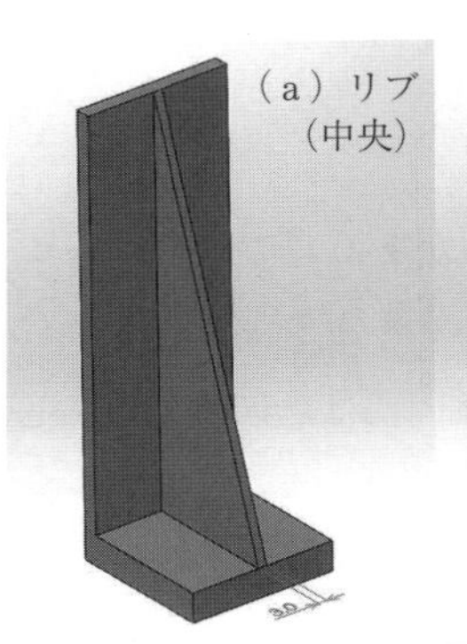

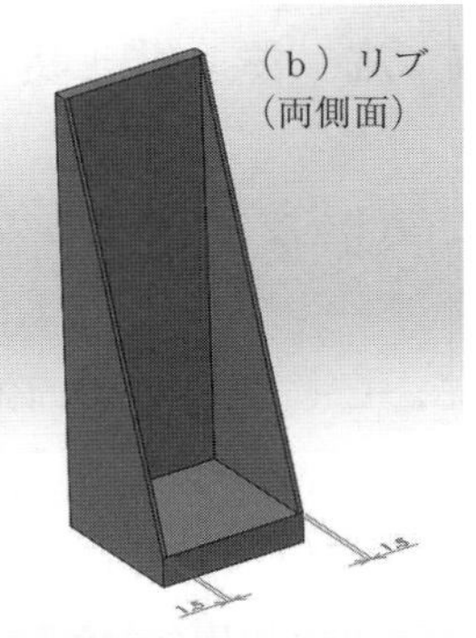

図 *5.28* リブによる補強例

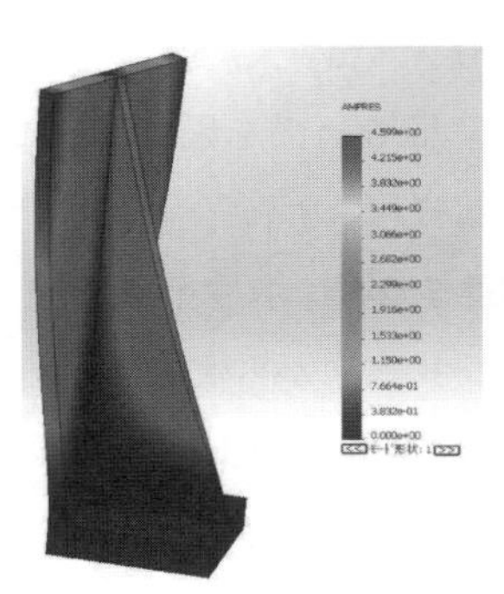

（a）1 234 Hz

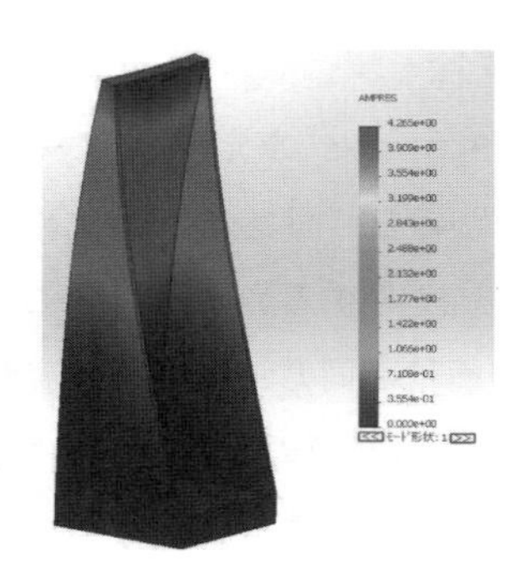

（b）1 378 Hz

図 *5.29* 1 次モード

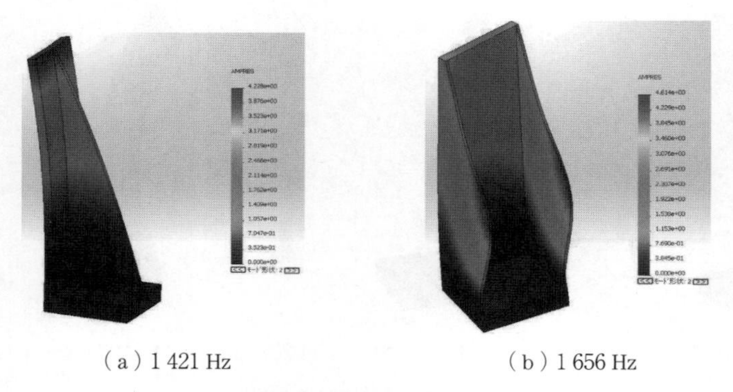

（a）1 421 Hz　　　　　　（b）1 656 Hz

図 *5.30* 2次モード

5.6 流 体 解 析

機械部品には発熱に対応した設計を要求されるものがある。ここでは，ヒートシンクを例に，流体の定常解析を示す。解析では，ヒートシンクの底面に1 W の発熱量を熱源として与える。ヒートシンクの固体内部は熱伝導で伝熱し，固体の表面では空気による自然対流で放熱される。**図 *5.31*** に，ヒートシンクの形状と寸法，計算領域，発熱量，および解析のゴール（ヒートシンクの平均温度）をそれぞれ示す。ヒートシンクの固体材料はアルミニウムである。**図 *5.32*** にアルミニウムの熱伝導率および解析のパラメータを示す。ヒートシンクの底面を除くすべての表面に熱伝達係数 10 W/(m^2・K) を，Z 方向のマイナスに重力 9.81 m/s^2 を定義している。流体解析の結果を**図 *5.33*** に示す。図（a）は流跡線を，図（b）は固体温度をそれぞれ示す。

放熱板を検討するために，ここでは，**図 *5.34*** に示す形状を考える。図（a）は表面積が同じで，空気の流れが X と Y 方向から流入できるものである。図（b）は複数の放熱板の長さを変えて，放熱板の固体温度が同じになることを想定したものである。これらの形状にヒートシンクの例と同じ解析を実行した。その結果を**図 *5.35*** に示す。

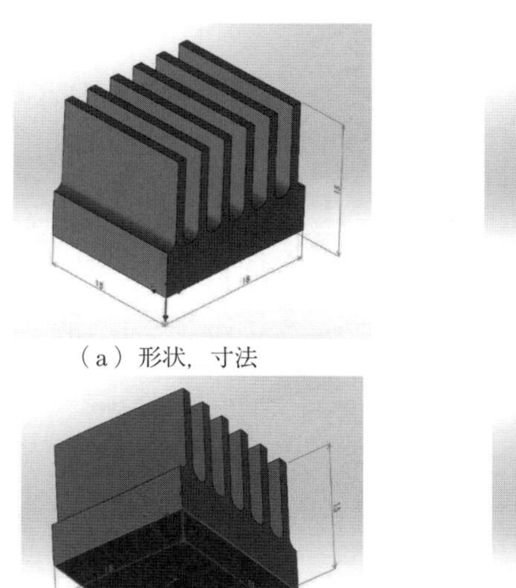

（a）形状，寸法

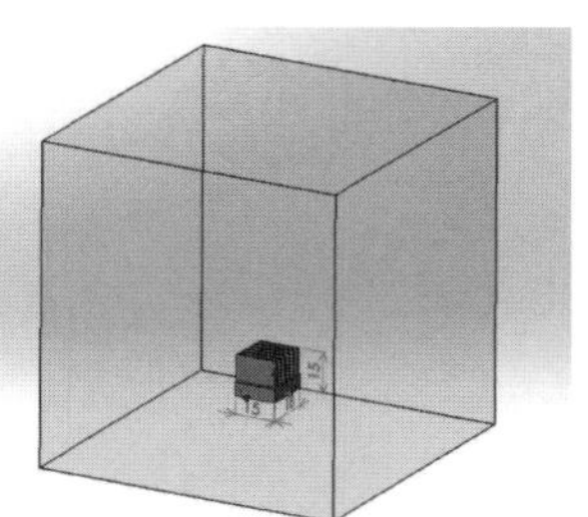

（b）計算領域

（c）発 熱 量

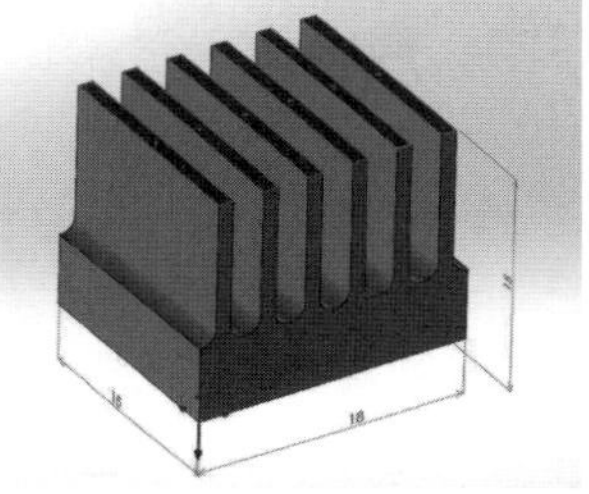

（d）解析のゴール

図 *5.31* ヒートシンクの形状と寸法，計算領域，発熱量，解析のゴール

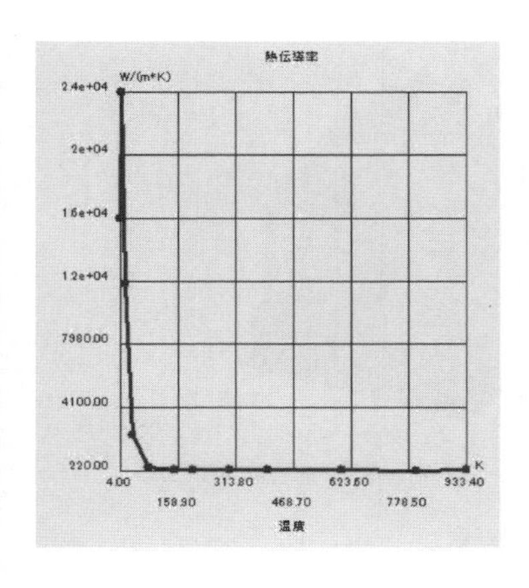

（a）アルミニウムの熱伝導率

ﾊﾟﾗﾒｰﾀ	値
ﾊﾟﾗﾒｰﾀｰ定義	ﾕｰｻﾞ定義
⊟ **熱力学ﾊﾟﾗﾒｰﾀ**	
ﾊﾟﾗﾒｰﾀ	圧力、温度
圧力	101325 Pa
圧力ﾎﾟﾃﾝｼｬﾙ	☑
原点を参照	☐
温度	20.05 °C
⊟ **速度ﾊﾟﾗﾒｰﾀ**	
ﾊﾟﾗﾒｰﾀ	速度
特性評価方法	3D ﾍﾞｸﾄﾙ
X 方向の速度	0 m/s
Y 方向の速度	0 m/s
Z 方向の速度	0 m/s
⊟ **乱流ﾊﾟﾗﾒｰﾀ**	
ﾊﾟﾗﾒｰﾀ	乱流強度および長さ
乱流強度	0.1 %
乱流長さ	0.00015 m
⊟ **固体ﾊﾟﾗﾒｰﾀ**	
初期固体温度	20.05 °C

（b）解析のパラメータ

ヒートシンク底面を除くすべての面（表面積 2 447.9 mm^2）：熱伝達係数 10 W/(m^2・K)
重力加速度 9.81 m/s^2（加速度の方向は Z 方向のマイナス方向）

図 *5.32* アルミニウムの熱伝導率，解析のパラメータ（熱伝達係数，重力加速度）

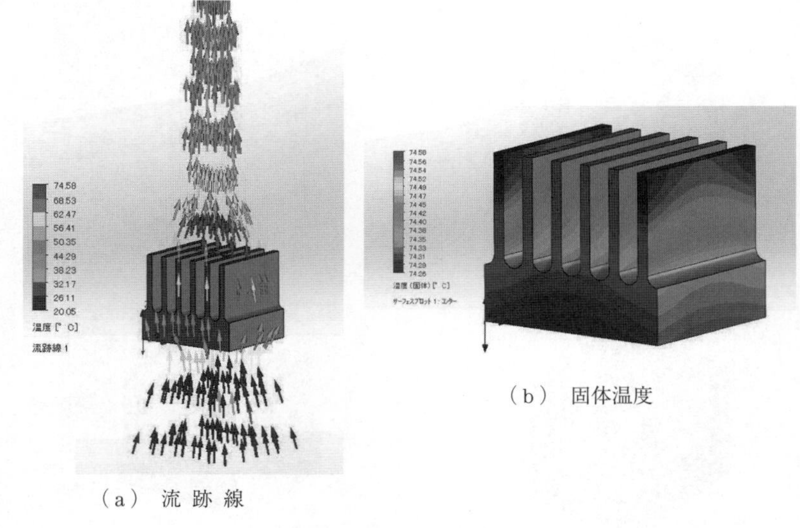

（a） 流 跡 線　　（b） 固体温度

図 *5.33* 流体解析の結果

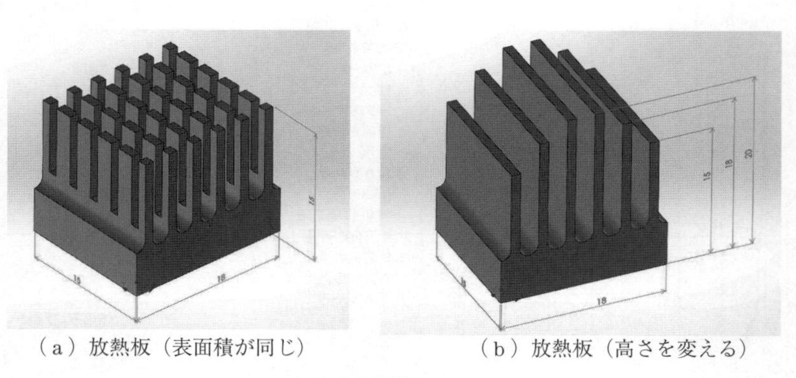

（a）放熱板（表面積が同じ）　　（b）放熱板（高さを変える）

図 *5.34* 放 熱 板 の 形 状

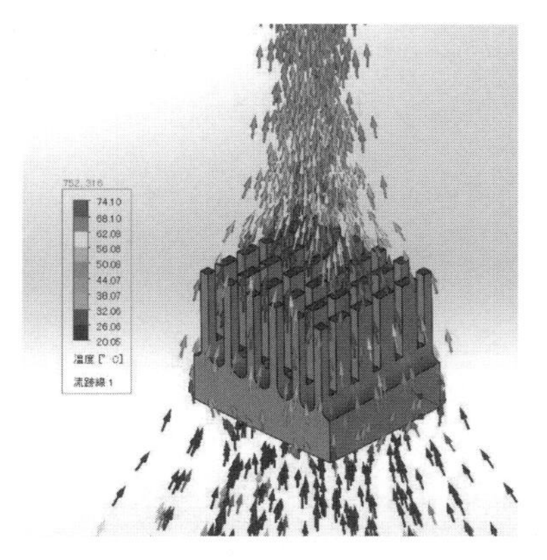

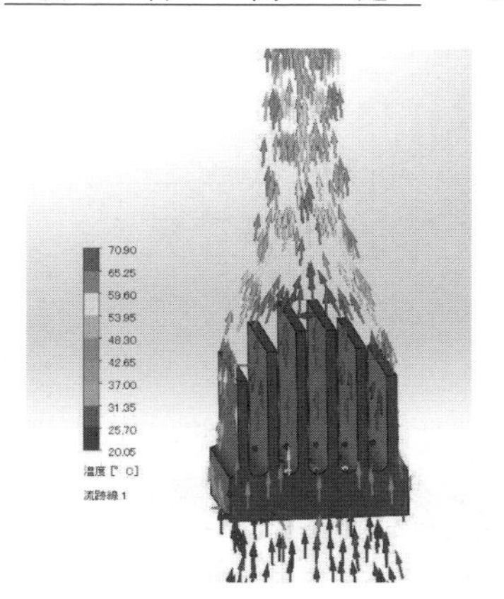

（a）流　跡　線

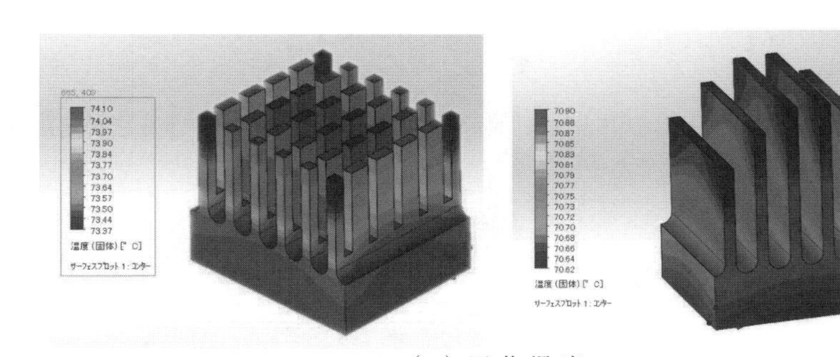

（b）固 体 温 度

図 *5.35*　流体解析の結果

演　習　問　題

【1】　**問図 *5.1*** に示す図形を中心軸で回転した立体の慣性モーメントを求めよ。密度は 0.007 8 g/mm^3 である。

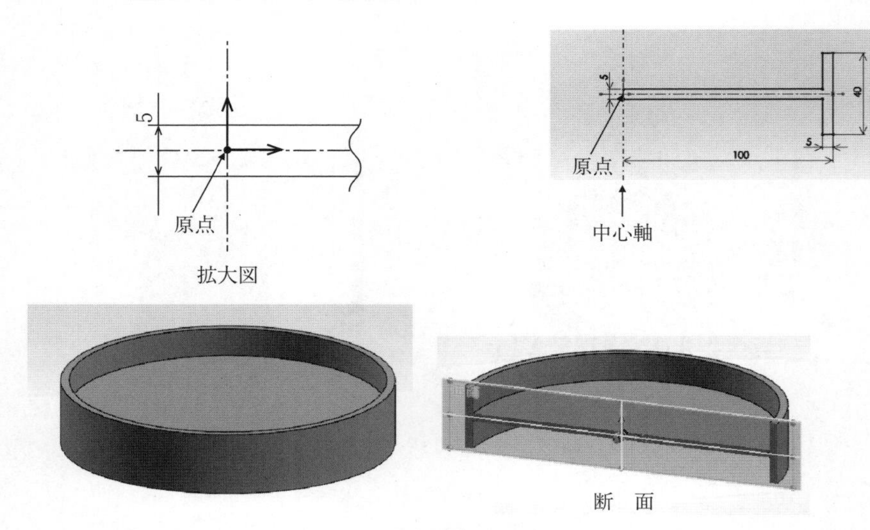

問図 *5.1*

【2】 **問図** ***5.2*** に示す図形を中心軸で回転した立体の慣性モーメントを求めよ。密度は 0.007 8 g/mm^3 である。

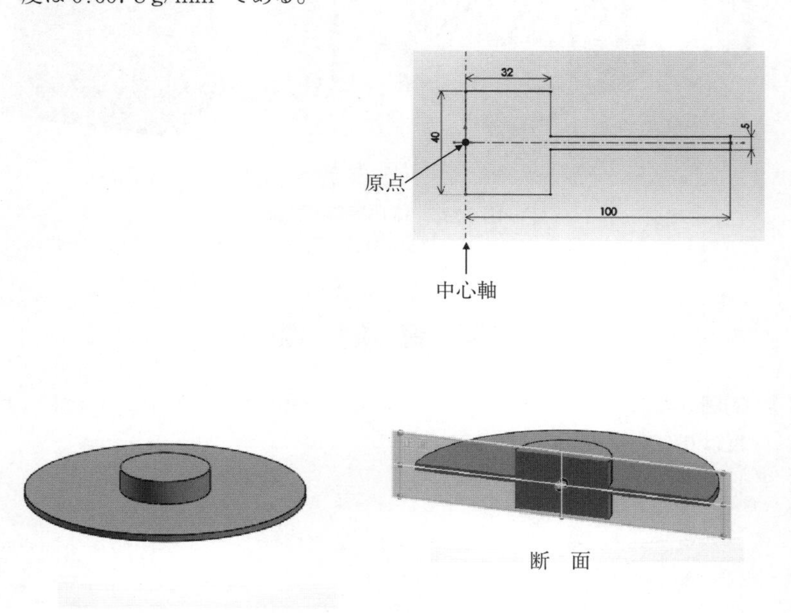

問図 *5.2*

【3】 **問図** ***5.3*** に示す形状の断面二次モーメントを求めよ

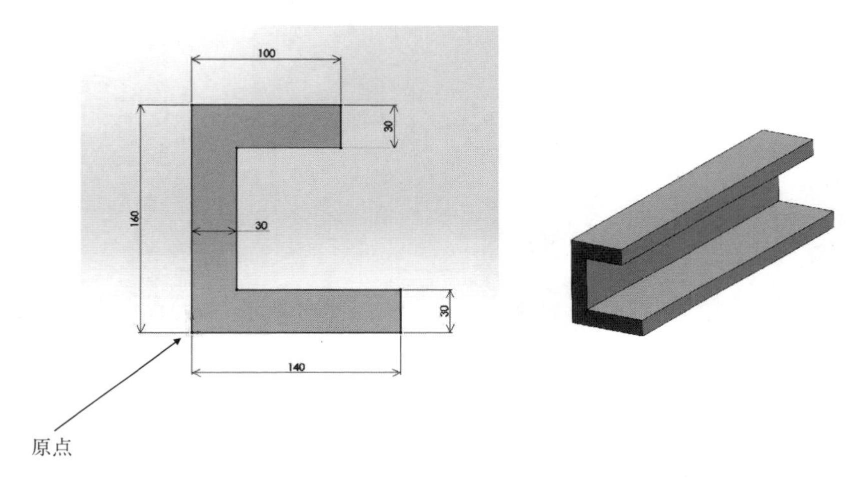

問図 ***5.3***

【4】 **問図** ***5.4*** に示す円管の断面二次モーメントを求めよ。外径は 150 mm，内径は 120 mm である。

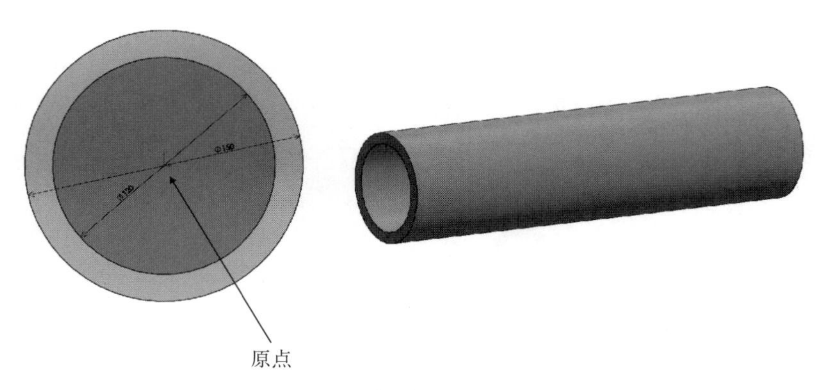

問図 ***5.4***

【5】 **問図** ***5.5***（a）と（b）は，正方形の板に貫通穴があいている形状である。この板の材料は普通炭素鋼である。拘束条件として面 ① と ② を完全固定，外力として面 ③ と ④ に力（5 000 N）を外向きに加えたとき，正方形の板に作用する応力を解析せよ。そして，形状のどの部位に応力集中があるか確認せよ。

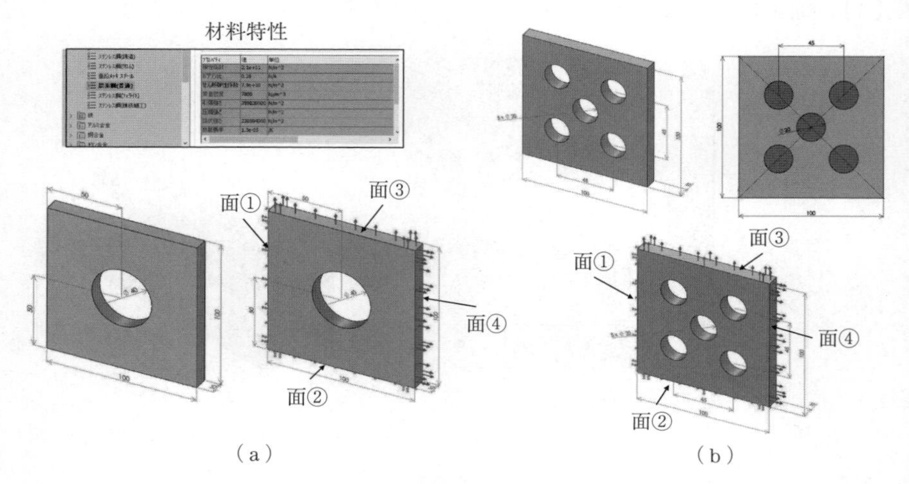

問図 *5.5*

【6】 問図 *5.6*（a）にリンク機構を示す。この機構は，部品 a の点 A と部品 b の点 B を固定した状態で，点 B をモータ軸に，時計まわりに回転させ，リンク機構を折り畳むものである。図（b）は折り畳んだ状態である。点 A と点 B の鉛直方向の距離 140 mm 以内に車輪が収納されるように部品 c の形状を設計せよ。部品 a と b の寸法は図（c）に示す。部品 c の初期位置は，図（a）に示すように，部品 b の中心線と同一線上にあり，かつ車輪側は鉛直である。部品 c の寸法を求めよ。

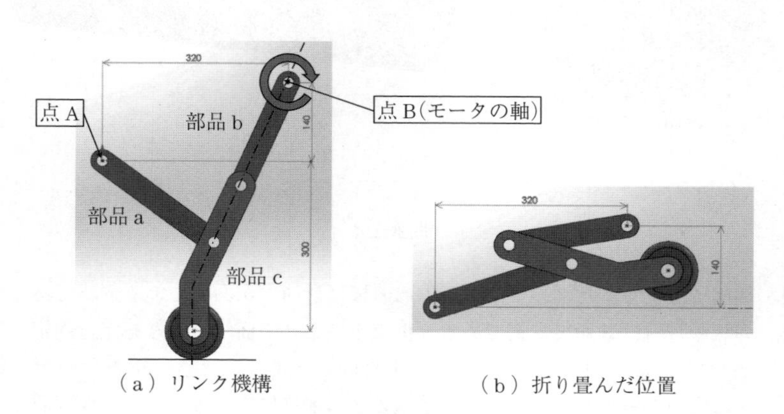

（a）リンク機構　　　（b）折り畳んだ位置

問図 *5.6*（続く）

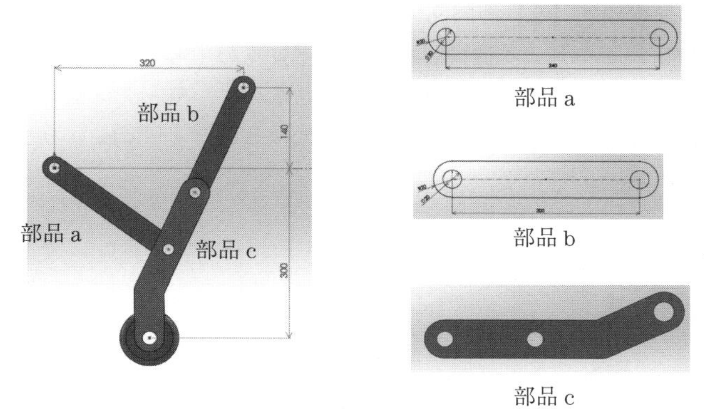

（c）部品の寸法

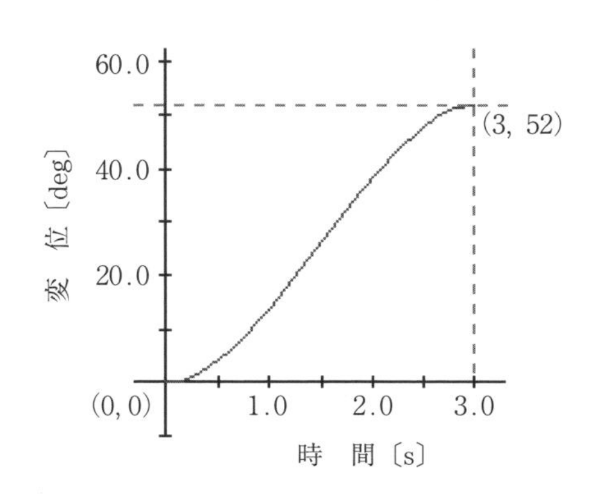

（d）三次多項式

問図 *5.6* （続き）

部品 c の形状を求めた後に，機構解析を実行せよ。部品 a および部品 b の角度，角速度，角加速度をそれぞれ求めよ。初期位置から終了位置まで 3 秒で計算せよ。点 B の回転角度の変化は，開始点から終了点まで，図（d）に示す三次多項式（Solidworks の機構解析では，モータを定義する方程式の中に（STEP（x, x_0, h_0, x_1, h_1）関数がある。この式は（x_0, h_0）から（x_1, h_1）への三次多項式）とする。

【解析のヒント】 Solidworks の機構解析では STEP（TIME, 0, 0, 3, 52）

【7】 *4* 章の演習問題【2】の**問図** ***4.2*** でアセンブリした板カムとフォロワを使って，機構解析をせよ。機構解析ではフォロワの中心（図中の黒色の丸印）の Y 方向の変位，速度，加速度をそれぞれ求めよ。モータは板カムの貫通穴とする。回転数は 60 rpm（モータの方程式は STEP（TIME, 0, 0, 1, 360）を使用してもよい）。

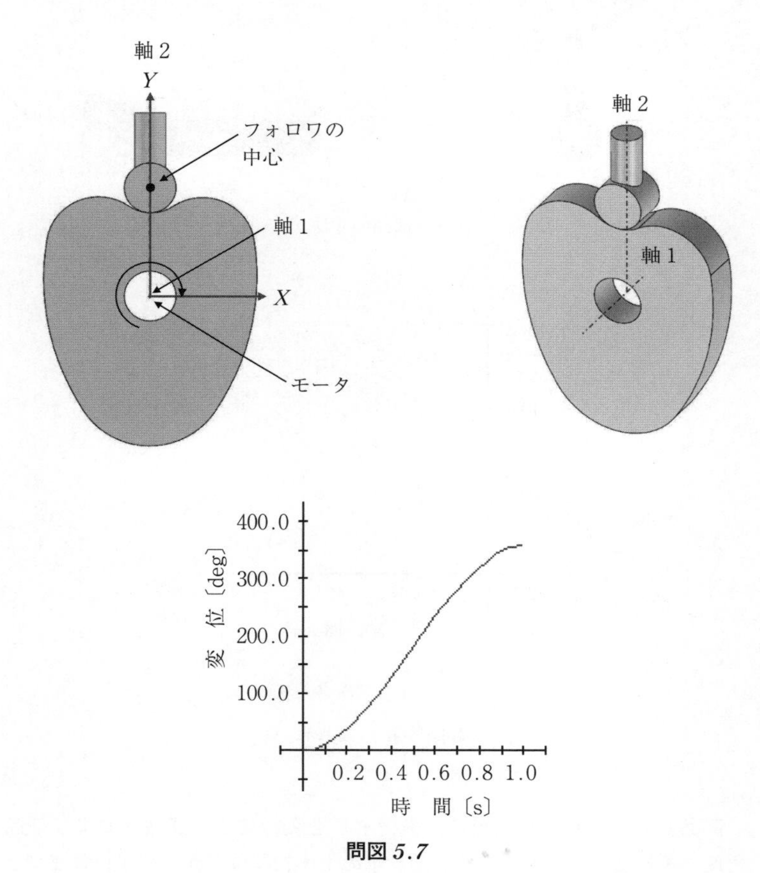

問図 ***5.7***

6

ソリッドと幾何公差

機械図面では，データム，基準寸法，寸法公差，幾何公差などのモノづくりの情報を部品の形状に指示する。3D-CAD でソリッドにモノづくりの情報を指示するために，本章では幾何公差，最大実体状態，幾何公差を検査する機能ゲージについて学ぶ。

6.1 モノづくりの情報

3D-CAD でモデリングした立体のみでは，モノづくりはできない。**図 *6.1*** にソリッドとモデリングを示す。図（a）は，直方体に切り欠きと二つの貫通穴のあるソリッドである。対称性を利用すれば容易に 3D-CAD でモデリングすることができる。図（b）に示すプロファイルを描き，10 mm 押し出した後に対称面でミラー複写すればよい。このプロファイルの寸法と形状だけではモノづくりはできない。その理由は，モノづくりのための基準が明示されていないことである。数学的には対称面が基準になるが，このソリッドを 3 次元測定機で検査するとき，第 1 基準はどの面あるいはどの穴なのか，情報がない。

図 *6.2* にデータム，基準寸法，寸法公差，幾何公差を定義したソリッドを示す。まず，第 1 基準であるデータム A は上面である。この面は基準面なので，当然ではあるが面に平面度を定義する。ここでは，平面度が 0.05 mm である。次に，第 2 基準であるデータム B はソリッドの手前の面である。データム A に対し直角度を定義する。ここでは，直角度が 0.1 mm である。それから，第 3 基準であるデータム C はソリッドの右側面である。データム A と B に対する直角度を定義する。ここでは，0.2 mm である。データム A，B，

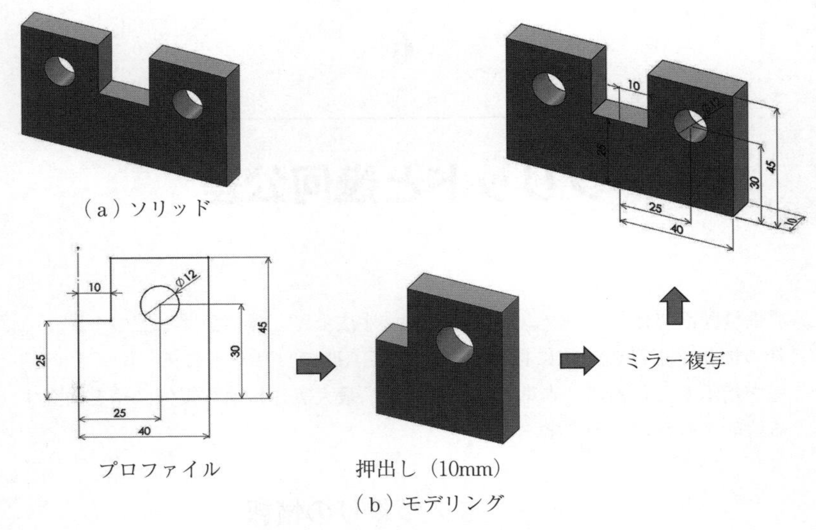

図 6.1　ソリッドとモデリング

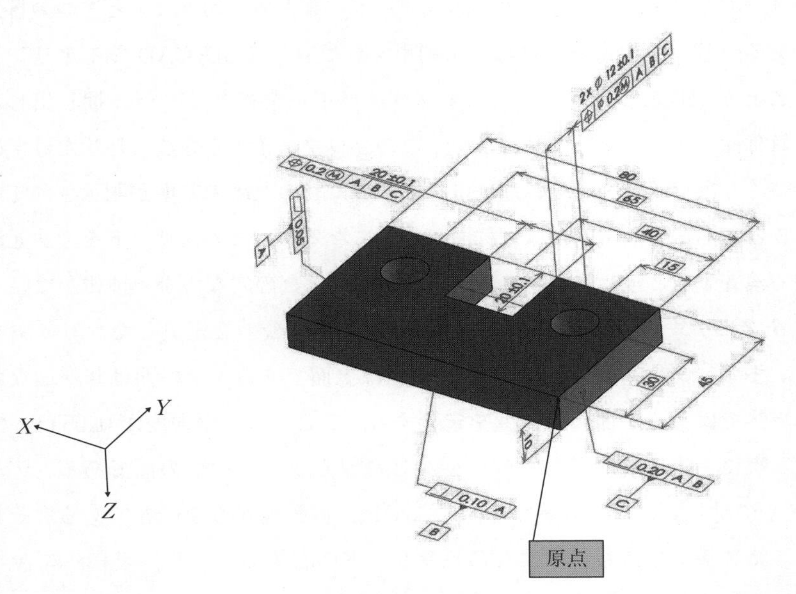

図 6.2　データム，基準寸法，寸法公差，幾何公差

C が交差する点が原点である。原点から，基準寸法で $(X,\ Y)=(15\,\text{mm},\ 30\,\text{mm})$ と $(65\,\text{mm},\ 30\,\text{mm})$ の位置に直径 12 mm，寸法公差が ±0.1 mm の貫通穴がそれぞれあり，貫通穴の中心は位置度で定義してある。位置度は最大実体公差で $\phi\,0.2$ mm である。

切り欠きは，原点から X 方向に 40 mm の位置を中心面に幅 20 mm，公差 ±0.1 mm の長さで，幾何公差は位置度で定義している。位置度は最大実体公差で X 方向に 0.2 mm である。なお，切り欠きの深さは 20 mm±0.1 である。ソリッドの大きさは，X 方向に 80 mm，Y 方向に 45 mm である。このように，データム，基準寸法，寸法公差，幾何公差でモノづくりの情報を定義すると，加工後に 3 次元測定機で検査することができる。換言すると，3 次元測定機で検査できる情報ならば，モノづくりができることになる。

6.2　幾何公差と最大実体公差

JIS では，B 0022 にデータムを，B 0021 に幾何公差表示方式を，B 0023 に最大実体公差方式をそれぞれ規定している。幾何公差には，**表 *6.1*** に示す 14 種類がある。真直度，平面度，真円度，円筒度，および輪郭度は，対象とする形体自体で幾何公差を定義するものである。一方，平行度，直角度，傾斜度，

表 *6.1*　幾何公差の種類と記号

幾何公差の種類		記　号	幾何公差の種類		記　号
形状公差	真直度公差	—	姿勢公差	直角度公差	⊥
	平面度公差	⏥		傾斜度公差	∠
	真円度公差	○	位置公差	位置度公差	⌖
	円筒度公差	⌭		同軸度公差または同心度公差	◎
	線の輪郭度公差	⌒		対称度公差	⌯
	面の輪郭度公差	⌓	振れ公差	円周振れ公差	↗
姿勢公差	平行度公差	//		全振れ公差	⌰

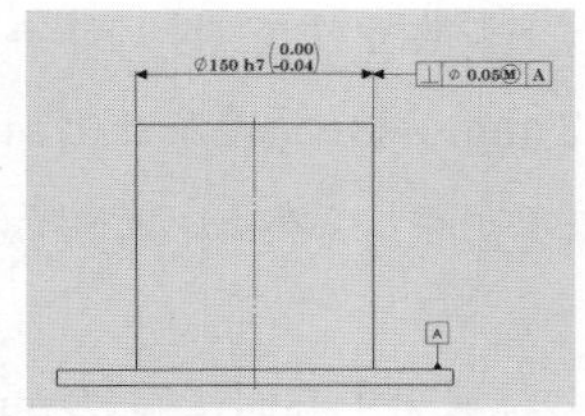

最大実体寸法（MMS）：150.00
最大実体実効寸法（MMVS）：150.05
（a） 軸

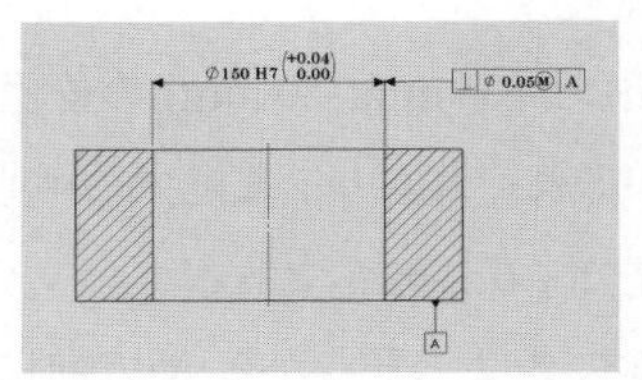

最大実体寸法（MMS）：150.00
最大実体実効寸法（MMVS）：149.95
（b） 穴

図 6.3　最大実体状態

位置度，同軸（同心）度，対称度，および振れは，データム（基準）との関係から対象とする形体の幾何公差を定義するものである。

図 *6.3* に，JIS で定義している**最大実体状態**（maximum material condition, MMC）を示す。**最大実体公差方式**（maximum material requirement, **MMR**）では，軸や穴の直径寸法が最大実体状態のとき，指示した幾何公差の公差値が適用される。ここでは，まず，図中の用語から説明する。

最大実体寸法（maximum material size, **MMS**）は，形体の実体が最大になる寸法である。図中の軸では 150.00 mm，穴では 150.00 mm である。**最大実体実効寸法**（maximum material virtual size, **MMVS**）は形体の最大実体寸法と幾何公差の値で決まるもので，図中の軸では最大実体寸法が ϕ 150.00 mm，幾何公差が ϕ 0.05 mm なので，150.05 mm（＝150.00＋0.05）となる。穴では最大実体寸法が ϕ 150.00 mm，幾何公差が ϕ 0.05 mm なので，149.95 mm（＝150.00－0.05）となる。最大実体実効寸法の値が**機能ゲージ**（functional gauge）の寸法になる。したがって，図中の軸は ϕ 150.05 mm のリングゲージで，穴は ϕ 149.95 mm の棒ゲージで検証することになる。

この定義を言い換えると，部品の体積が最も大きくなる状態が最大実体状態なので，軸では寸法公差の上限値の値，穴では寸法公差の下限値の値が最大実体寸法になる。切り欠きの場合は，穴と同様に考えればよい。

図 *6.4* に，データム A と幾何公差（MMC をつけた直角度）で定義した軸

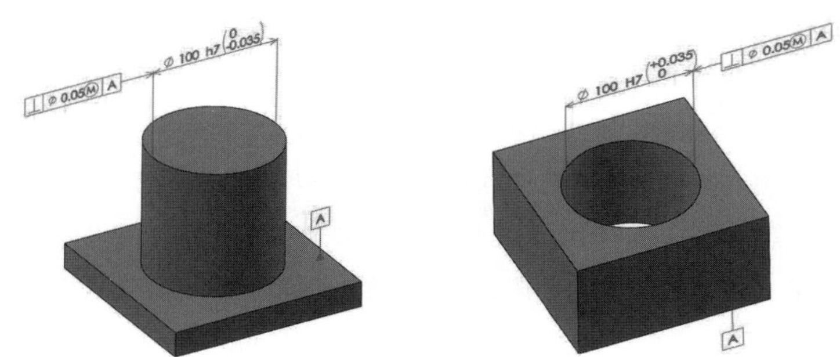

図 *6.4* データム A と幾何公差（MMC をつけた直角度）で定義した軸と穴

と穴を示す。最大実体寸法，最大実体実効寸法および機能ゲージの寸法を求める。軸では，最大実体寸法が 100.000 mm，最大実体実効寸法が 100.050 mm，機能ゲージの寸法が 100.050 mm である。穴では最大実体寸法が 100.000 mm，最大実体実効寸法が 99.950 mm，機能ゲージの寸法が 99.950 mm である。

6.3 MMCのある幾何公差

図 *6.5* は，貫通穴の直径寸法と直角度の公差である。図（a）は公差に MMC がないもの，図（b）は公差に MMC があるものである。貫通穴の直径は 50 mm，寸法公差は H7 のはめ合い公差である。具体的には，軸の直径は，50.000 mm から 50.025 mm まで，直角度の公差の値は ϕ 0.08 mm である。

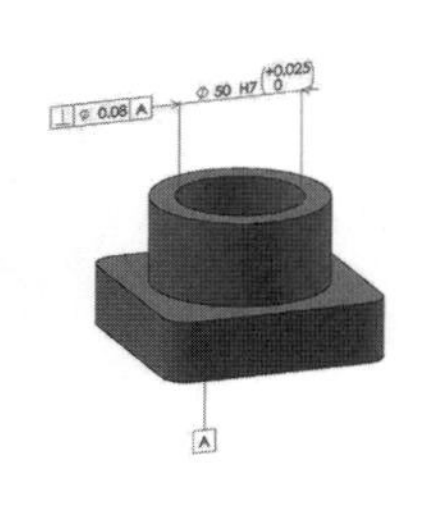

⊥ ϕ0.08

直　径	直角度 ϕ
50.000	0.08
50.005	0.08
50.010	0.08
50.015	0.08
50.020	0.08
50.025	0.08

（a）公差に MMC がないもの

⊥ ϕ0.08 MMC

直　径	直角度 ϕ
50.000	0.08
50.005	0.085
50.010	0.09
50.015	0.095
50.020	0.10
50.025	0.105

（b）公差に MMC があるもの

図 *6.5* 直径寸法と直角度の公差（貫通穴）

MMC のないものは，図（a）に示すように貫通穴のすべての直径の値に対して直角度の公差の値は ϕ0.08 mm である。しかし，MMC がつくと 50.000 mm（この寸法が MMC）のときには直角度の公差の値が ϕ0.08 mm になるが，MMC の状態から離れるとそれに応じて直角度の公差の値は大きくなる。図（b）に，MMC をつけた直角度の公差の値を示す。貫通穴の直径が ϕ50.000 mm のときには直角度の公差の値が ϕ0.08 mm，貫通穴の直径が ϕ50.025 mm のときには直角度の公差の値が ϕ0.105 mm になる。

この貫通穴を削るとき寸法公差の中間値が加工の寸法値になるので，ここでは，直径 50.013 mm が貫通穴の加工寸法になる。直角度に MMC がなければ公差の値は ϕ0.08 mm である。MMC をつけると公差の値は ϕ0.093 mm となる。

図 *6.6* は，軸の直径寸法と直角度の公差である。図（a）は公差に MMC のないもの，図（b）は MMC があるものである。軸の直径は 50 mm，寸法公差は h7 のはめ合い公差である。具体的には，軸の直径は 49.975 mm から 50.000 mm まで，直角度の公差の値は ϕ0.08 mm である。MMC のないものは，図（a）に示すように軸のすべての直径の値に対して直角度の公差の値は ϕ0.08 mm である。しかし，MMC がつくと 50.000 mm（この寸法が MMC）のときには直角度の公差の値が ϕ0.08 mm になるが，MMC の状態から離れるとそれに応じて直角度の公差の値は大きくなる。図（b）に MMC をつけた直角度の公差の値を示す。軸の直径が ϕ50.000 mm のときには直角度の公差の値が ϕ0.08 mm，軸の直径が ϕ49.975 mm のときには直角度の公差の値

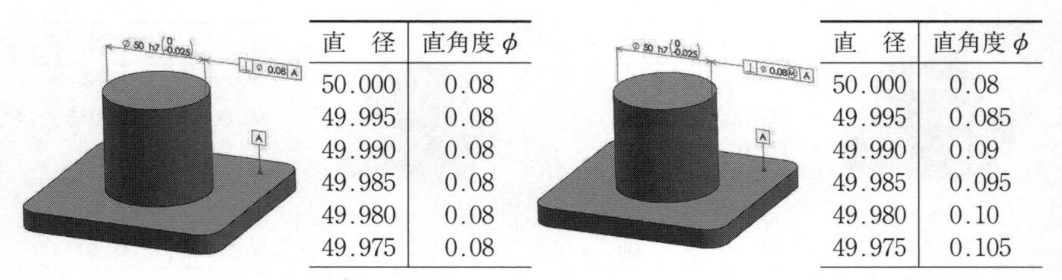

直　径	直角度 ϕ
50.000	0.08
49.995	0.08
49.990	0.08
49.985	0.08
49.980	0.08
49.975	0.08

（a）公差に MMC がないもの

直　径	直角度 ϕ
50.000	0.08
49.995	0.085
49.990	0.09
49.985	0.095
49.980	0.10
49.975	0.105

（b）公差に MMC があるもの

図 *6.6*　直径寸法と直角度の公差（軸）

が ϕ0.105 mm になる。

この軸を削るとき寸法公差の中間値が加工の寸法値になるので，ここでは，直径 49.987 mm が軸の加工寸法になる。直角度に MMC がなければ公差の値は ϕ0.08 mm である。MMC をつけると公差の値は ϕ0.093 mm となる。

6.4　データムに MMC がある幾何公差

MMC はデータムに付加することができる。**図 *6.7*** に，段付きの軸の同軸度を示す。幾何公差は同軸度であり，公差の値とデータム A に MMC がそれぞれ定義してある。データム A は直径 25 mm，寸法公差 0.05 mm の軸直線である。同軸度は直径 15 mm 寸法公差 0.05 mm の軸直線に ϕ0.04 mm と定義してある。この場合，データム A の寸法は 25.00 mm から 24.95 mm まで幅がある。この表記は，データム A が MMC（軸の直径が 25.00 mm）で，かつ，対象とする軸が MMC（直径が 15.00 mm）ならば，同軸度は ϕ0.04 mm であると示している。したがって，同軸度はデータム A の軸の直径と，対象とする軸の直径の値によって，**表 *6.2*** に示す値となる。軸加工では公差の中間値をねらって加工する。つまり，データム A の軸は直径が 24.975 mm，対象と

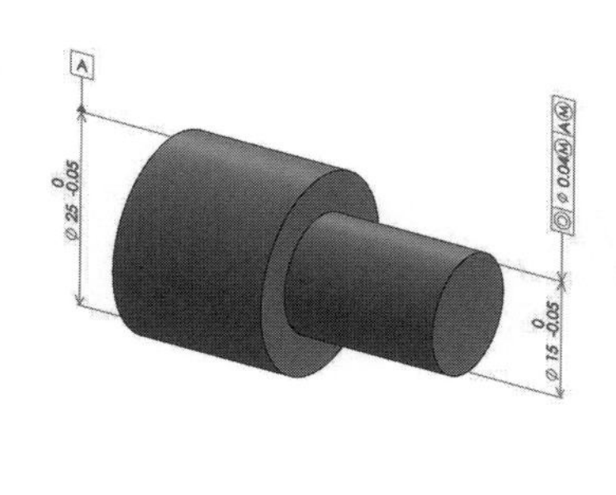

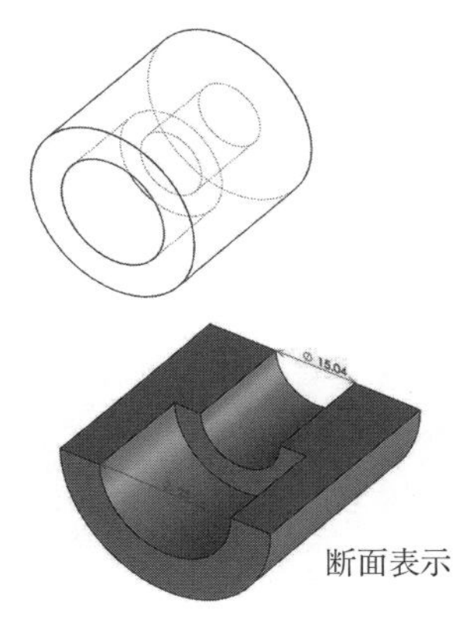

図 *6.7*　段付き軸の同軸度（データムと公差に MMC）

表 ***6.2***　同軸度の値

公差付き軸（直径）	データム A（直径）					
	25.00	24.99	24.98	24.97	24.96	24.95
15.00	ϕ0.04	ϕ0.05	ϕ0.06	ϕ0.07	ϕ0.08	ϕ0.09
14.99	ϕ0.05	ϕ0.06	ϕ0.07	ϕ0.08	ϕ0.09	ϕ0.10
14.98	ϕ0.06	ϕ0.07	ϕ0.08	ϕ0.09	ϕ0.10	ϕ0.11
14.97	ϕ0.07	ϕ0.08	ϕ0.09	ϕ0.10	ϕ0.11	ϕ0.12
14.96	ϕ0.08	ϕ0.09	ϕ0.10	ϕ0.11	ϕ0.12	ϕ0.13
14.95	ϕ0.09	ϕ0.10	ϕ0.11	ϕ0.12	ϕ0.13	ϕ0.14

する軸は直径が 14.975 mm となる。このとき，同軸度の公差は ϕ0.09 mm（=0.04+0.025+0.025）となる。機能ゲージはデータム側が 25.00 mm，対象とする軸側が 15.04 mm となる。

次に，**図 *6.8*** に，段付き穴の同軸度を示す。軸と同様に公差の値とデータム A に MMC がそれぞれ定義してある。データム A は直径 25 mm，寸法公差 0.05 mm の穴の軸直線である。同軸度は直径 15 mm，寸法公差 0.05 mm の穴の軸直線がデータム A に対して ϕ0.04 mm と定義してある。この場合，データム A の寸法は 25.00 mm から 25.05 mm まで幅がある。この表記は，データム A が MMC（穴の直径が 25.00 mm）で，かつ，対象とする穴が MMC（穴の直径が 15.00 mm）ならば，同軸度は ϕ0.04 mm であると示している。

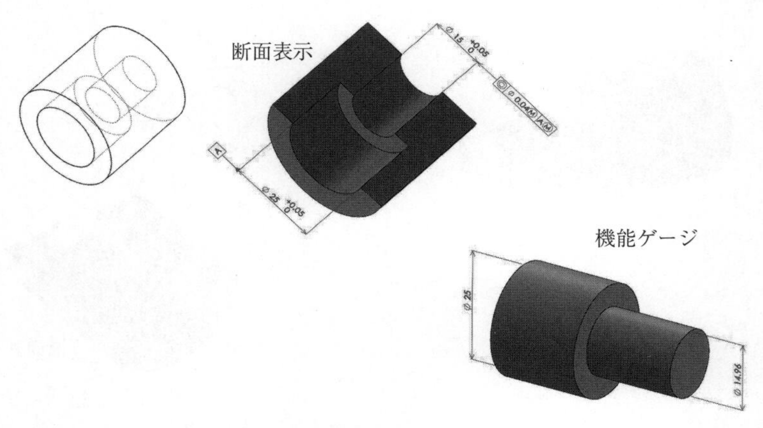

図 ***6.8***　段付き穴の同軸度（データムと公差に MMC）

したがって，同軸度はデータムAの穴の直径と，対象とする穴の直径の値によって，**表 *6.3*** に示す値となる。穴加工でも軸と同様に公差の中間値をねらって加工する。つまり，データムAの穴の直径は25.025 mm，対象とする穴の直径は15.025 mmである。このときには，同軸度の公差は ϕ0.09 mm（=0.04+0.025+0.025）となる。機能ゲージはデータム側が直径25.00 mm，対象とする穴側が直径14.96 mmとなる。

図 *6.9* に，二つの貫通穴の平行度を示す。図（a）は公差の値とデータムAにMMCがない，図（b）は公差のみMMCがある，図（c）は公差の値とデータムの両方にMMCがある。この違いをそれぞれ図中の表に示す。図

表 *6.3*　同軸度の値

公差付き軸（直径）	データムA（直径）					
	25.00	25.01	25.02	25.03	25.04	25.05
15.00	ϕ0.04	ϕ0.05	ϕ0.06	ϕ0.07	ϕ0.08	ϕ0.09
15.01	ϕ0.05	ϕ0.06	ϕ0.07	ϕ0.08	ϕ0.09	ϕ0.10
15.02	ϕ0.06	ϕ0.07	ϕ0.08	ϕ0.09	ϕ0.10	ϕ0.11
15.03	ϕ0.07	ϕ0.08	ϕ0.09	ϕ0.10	ϕ0.11	ϕ0.12
15.04	ϕ0.08	ϕ0.09	ϕ0.10	ϕ0.11	ϕ0.12	ϕ0.13
15.05	ϕ0.09	ϕ0.10	ϕ0.11	ϕ0.12	ϕ0.13	ϕ0.14

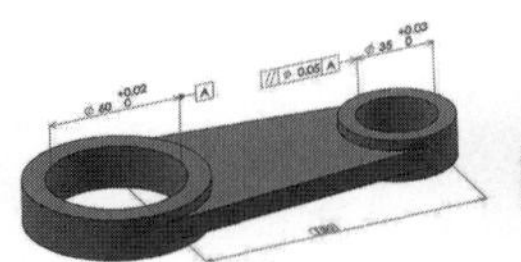

直径	平行度
35.00	ϕ0.05
35.01	ϕ0.05
35.02	ϕ0.05
35.03	ϕ0.05

（a）公差の値とデータムAにMMCがない

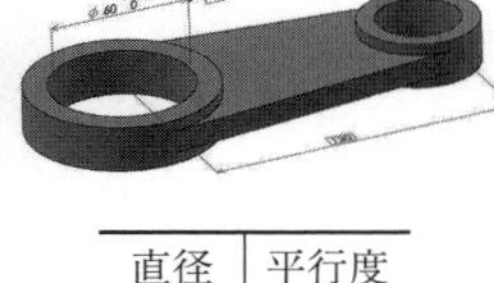

直径	平行度
35.00	ϕ0.05
35.01	ϕ0.06
35.02	ϕ0.07
35.03	ϕ0.08

（b）公差のみMMCがある

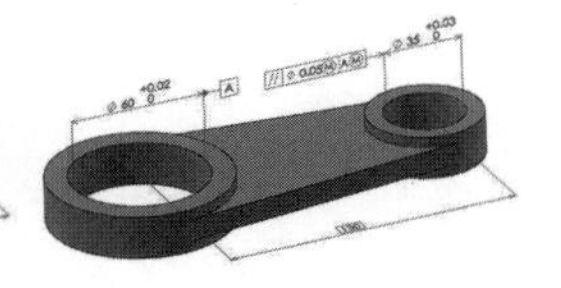

公差付き穴（直径）	データムA（直径）		
	60.00	60.01	60.02
35.00	ϕ0.05	ϕ0.06	ϕ0.07
35.01	ϕ0.06	ϕ0.07	ϕ0.08
35.02	ϕ0.07	ϕ0.08	ϕ0.09
35.03	ϕ0.08	ϕ0.09	ϕ0.10

（c）公差の値とデータムAの両方にMMCがある

図 *6.9*　二つの貫通穴の平行度

（a）の場合，データムの貫通穴の直径と対象とする貫通穴の直径に関わりなく平行度の公差の値はすべて ϕ0.05 mm である。図（b）の場合，平行度の公差の値は対象とする貫通穴の直径に依存する。図（c）の場合，データム A の貫通穴の直径が 60.00 mm（MMC）で，かつ，対象とする貫通穴の直径が 35.00 mm（MMC）のとき，平行度の公差の値は ϕ0.05 mm となる。それ以外の値は，データム A の貫通穴の直径と対象とする貫通穴の直径に依存する。

6.5 機能ゲージの設計

図 6.10 に機能ゲージの設計を示す。図は四つのボスがある平板を示し，平板の上面をデータム A に，ボスの間隔を基準寸法（30 mm）で，ボスの直径を 10 mm，寸法公差を 0.2 mm，ボスの中心軸の位置度を MMC で ϕ0.1 mm と定義してある。ここでは，この位置度を検証する機能ゲージを設計する。

データム A が平板の上面なので，機能ゲージの上面を基準面にする。四つのボスを基準寸法 30 mm の距離で配置しているので，ボスを挿入する機能ゲージの穴も 30 mm の間隔になる。ボスの位置度は ϕ0.1 MMC なので，ボス

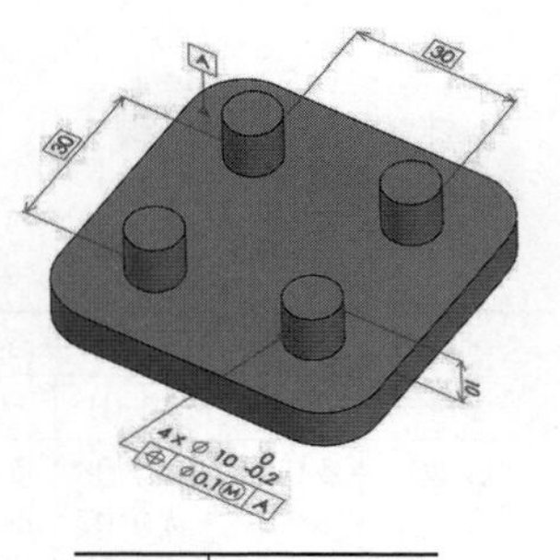

直径	位置度
10.00	ϕ0.1
9.9	ϕ0.2
9.8	ϕ0.3

機能ゲージ

図 6.10 機能ゲージの設計

の直径が 10.00 mm（MMC）のとき ϕ0.1 mm である。したがって，穴の直径は 10.1 mm となる。この機能ゲージに四つのボスがある平板を挿入すれば位置度を検証することができる。

四つのボスの直径はノギスやマイクロメータで測定する。測定値が ϕ10.0 mm から 9.8 mm の間にあれば，良品の部品になる。

演　習　問　題

【1】 **問図 *6.1*** に二つの貫通穴と二つのボスがあるソリッドを示す。ソリッドに表記されたデータム，基準寸法，幾何公差を読解して，二つのボスと二つの貫通穴の幾何公差を検査する機能ゲージを設計せよ。

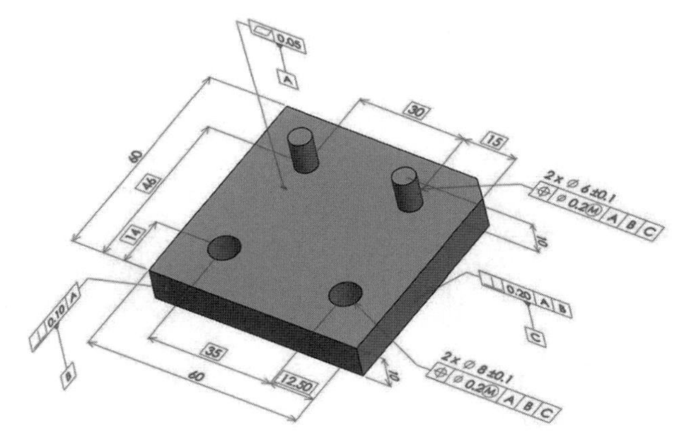

問図 *6.1*　ソリッド

【2】

（1） **問図 *6.2*** に示す段付きシャフトに同軸度の幾何公差を記入せよ。シャフトの太い径は 40 mm，直径の寸法公差は 0～−0.2 mm，長さは 30 mm である。

問図 *6.2*

細い径は 20 mm，直径の寸法公差は 0～−0.1 mm，長さは 40 mm である。データムは細い径のシャフトの軸である。細い径に対する太い径の同軸度は，細い径と太い径の両方が最大実体状態のときに直径で 0.05 mm である。

（2） 太い径，細い径，いずれも中間値で加工すると，同軸度の公差の値は直径で何 mm になるか計算せよ。

（3） この部品の同軸度を検査する機能ゲージを 3D-CAD で設計せよ。

【3】

（1） **問図 *6.3*** に示す T 字のジグの穴に対称度の幾何公差を記入せよ。直径 16 mm の穴の寸法公差は +0.05 mm～0 mm，T 字のジグのデータムは幅 30 mm の中間面である。幅 30 mm の寸法公差は ±0.05 mm，直径 16 mm の穴は，データムと穴の両方が最大実体状態のときに，水平方向の対称度が 0.1 mm である。

（2） データムと穴を中間値で加工すると，対称度の公差の値は何 mm になるか計算せよ。

（3） この部品の対称度を検査する機能ゲージを 3D-CAD で設計せよ。

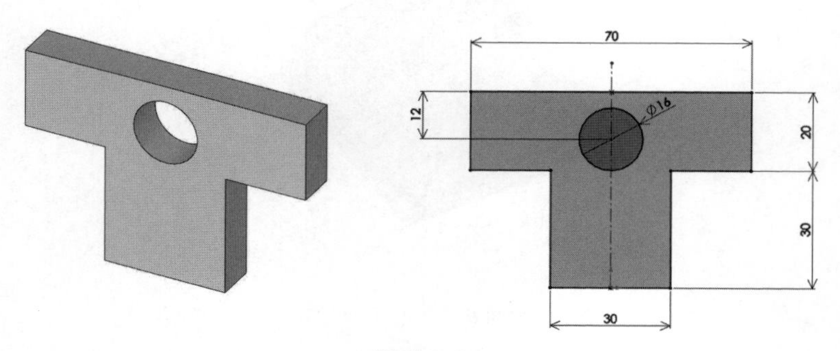

問図 *6.3*

7

機械加工と CNC

CAM による機械加工では，工作機械の動きや加工方法について理解する必要がある。そこで，本章では，工作機械の座標軸，加工形状と制御する軸，切削工具の種類，アップカットとダウンカット，直線補間や円弧補間の G コード，ワーク座標系の G コードについて学ぶ。

7.1 機械加工と工作機械

機械部品の製造には，切削加工，研削加工，プレス加工，放電加工，鋳造，溶接など多様な方法がある。機械加工は切削工具と工作機械を用いて素形材を加工する総称のことである。ここでは，切削工具と素形材の相対的な運動から説明する。切削加工は直線運動と回転運動の組合せである。**図** ***7.1***（a）に示す旋盤加工では，素形材が回転運動を，バイトと呼ばれる工具が直線運動をする。一方，図（b）に示すフライス加工では，素形材が直線運動を，工具が回転運動をする。

JIS B 6310 では，**図** ***7.2*** に示す右手直交座標系で工作機械の座標系を定義し

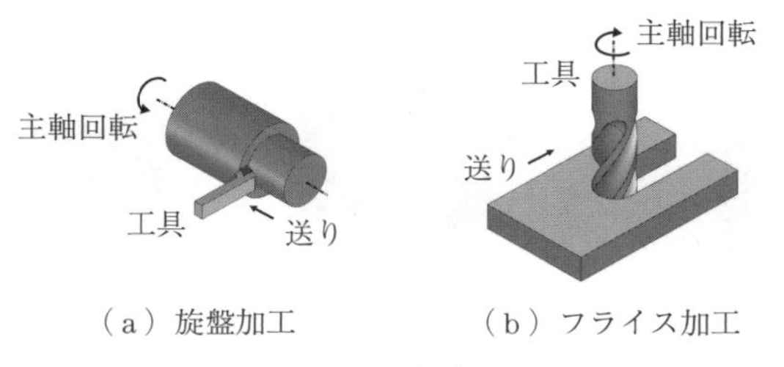

（a）旋盤加工　（b）フライス加工

図 ***7.1*** 切削加工

+Y
+B
+C
+Z　+A　+X

図 7.2　工作機械の座標系

ている。X 軸，Y 軸，Z 軸は並進方向を，A 軸は X 軸を中心とする回転，B 軸は Y 軸を中心とする回転，C 軸は Z 軸を中心とする回転の方向をそれぞれ示している。**図 7.3** に示す工作機械は，X, Y, Z 軸の並進運動と A, C 軸の回転運動を同時に制御する 5 軸制御のマシニングセンタである。**図 7.4** に，加工する形状と同時に制御する軸数との関連を示す。図（a）の穴加工は 1 軸制御，図（b）の輪郭（側面）加工は同時 2 軸制御，図（c）の曲面加工は同時 3 軸制御である。

図 7.5 にマシニングセンタで多用している工具を示す。スクエアエンドミ

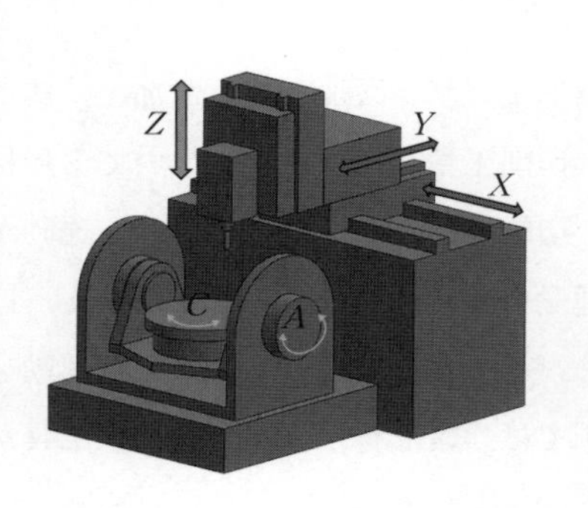

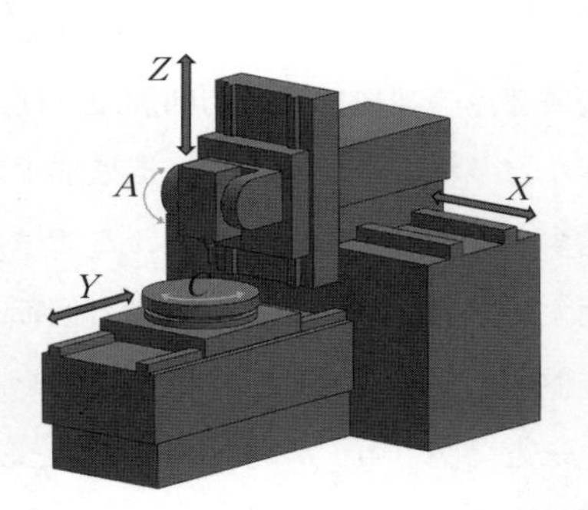

図 7.3　5 軸制御の工作機械

（a）1 軸制御（Z 軸）

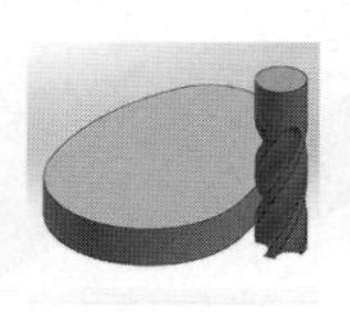

（b）同時 2 軸制御（X, Y 軸）

（c）同時 3 軸制御（X, Y, Z 軸）

図 7.4　制御の軸数と加工の形状

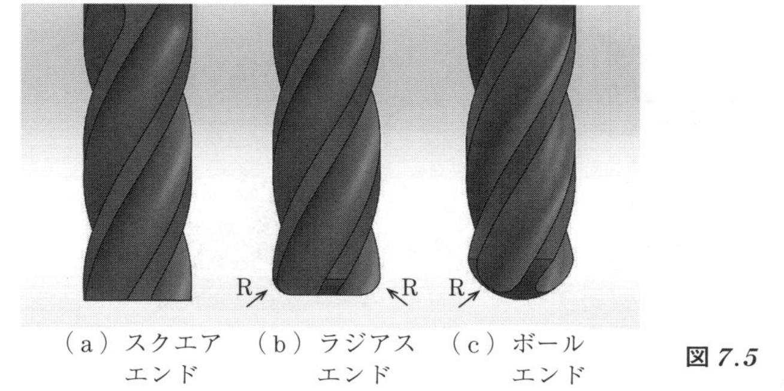

（a）スクエアエンドミル　（b）ラジアスエンドミル　（c）ボールエンドミル

図 7.5　フライス加工の工具

ルは先端の形状が平坦で水平面や垂直面の切削に用いている。ラジアスエンドミルはスクエアエンドミルの平坦部の角に丸みをつけたもので，荒取り，中仕上げ，仕上げなど多様な加工に用いている。ボールエンドミルは先端が球形状なので曲面の切削に用いている。

7.2　アップカットとダウンカット

工具の回転方向と工具の進行方向あるいは被削材の送り方向により，アップカットまたはダウンカットの切削になる。**図 7.6** に示す輪郭（側面）加工では図（a）がアップカット，図（b）がダウンカットの切削である。**図 7.7**

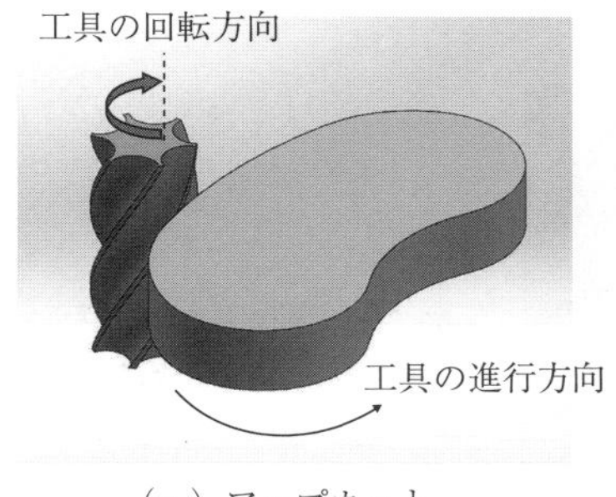

（a）アップカット

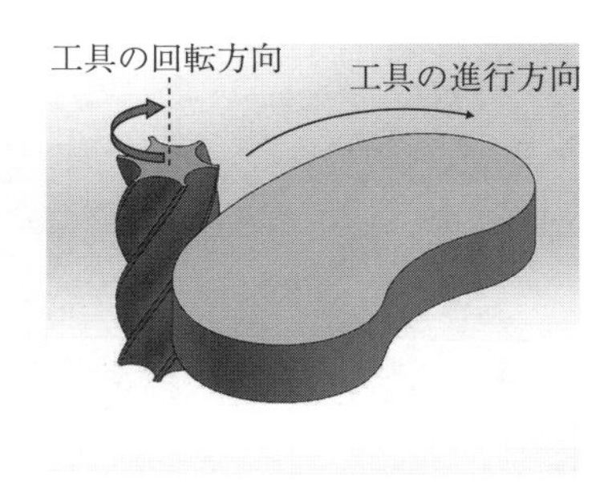

（b）ダウンカット

図 7.6　輪郭（側面）加工のアップカットとダウンカット

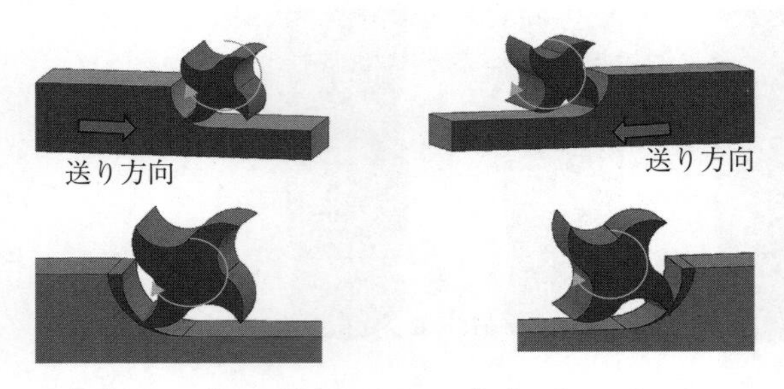

（a）アップカット　　　（b）ダウンカット

図 *7.7* 側面加工のアップカットとダウンカット

に示す側面加工では図（a）がアップカット，図（b）がダウンカットの切削である。**図 *7.8*** に示す溝加工では溝の上面がアップカット，下面がダウンカットの切削である。**図 *7.9*** に示す凸形状の曲面加工では一方向切削の場合(図（a)），工具が被削材の左ならばダウンカット，右ならばアップカットの切削である。等高線加工（図（b））でも，工具が被削材の左側ならばダウンカット，右ならばアップカットの切削である。凸形状の曲面加工では，図（c）に示すように切削領域を分けて，工具が被削材の左になるよう進行方向を決めれば，曲面全体をダウンカットで切削することができる。

ダウンカットは工具の刃が被削材に食い込むので，切削の効率が高く，工具の刃先部の摩耗がアップカットに比べて少ない。そのため，CNC 工作機械による切削加工ではダウンカットの切削を選択する場合が多い。

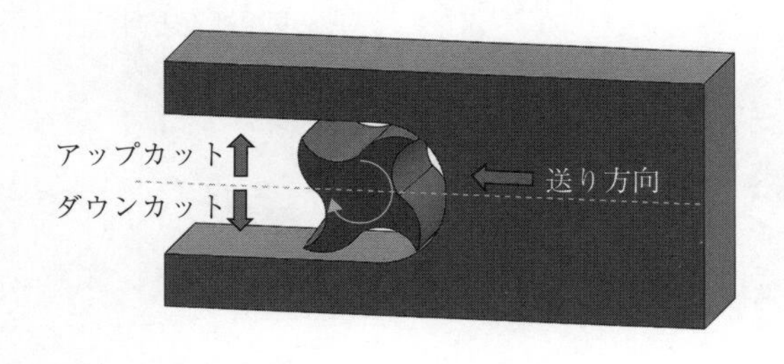

図 *7.8* 溝加工のアップカットとダウンカット

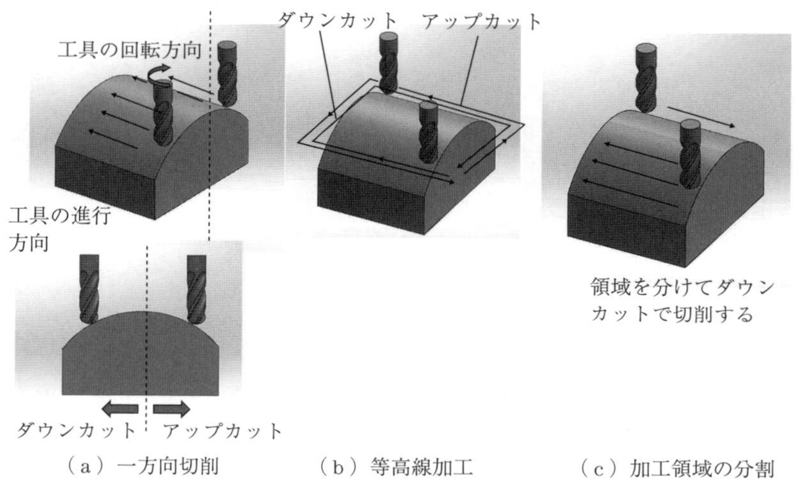

（a）一方向切削　（b）等高線加工　（c）加工領域の分割

図 *7.9*　凸形状の曲面加工のアップカットとダウンカット

7.3　直線補間（G01）と工具移動（G00）

CNC 工作機械では，工具の移動距離を二つの方法で定義することができる。一つは，原点からの絶対値で工具の移動距離を定義する方法である。この G コードは G90 である。もう一つは，現在の位置を基準にその位置からの増分距離で工具の移動を定義する方法である。この G コードは G91 である。**図 *7.10*** に G90 の絶対値による定義を，**図 *7.11*** に G91 の相対値による定義をそれぞれ示す。

図中の G01（直線補間）は，現在の工具位置から指定された位置まで直線的に移動する G コードで，X, Y は座標系の方向，数値は移動距離である。図では，工具が $(X,\ Y) = (55.0\ \mathrm{mm},\ 40.0\ \mathrm{mm})$ の位置にあり，その位置から

```
G90
G01X25.000Y20.000
G01X25.000Y0.000
```

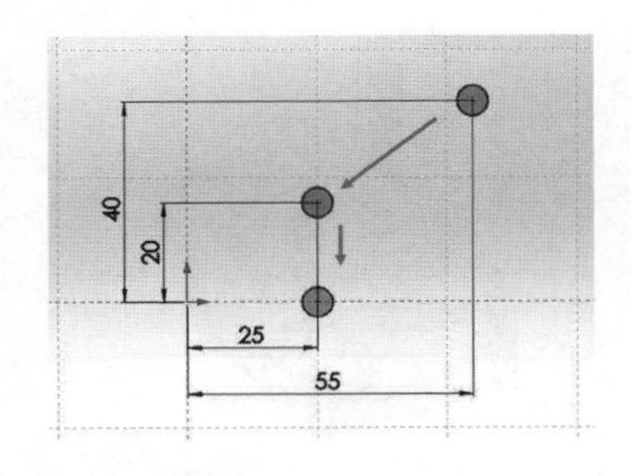

G90
G01X25.000Y20.000
G01X25.000Y0.000

図 *7.10* 絶対値による定義（G90）

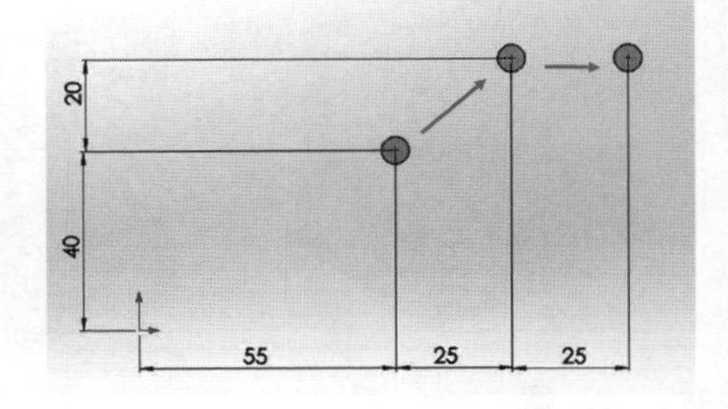

G91
G01X25.000Y20.000
G01X25.000Y0.000

図 *7.11* 相対値による定義（G91）

を定義すると，工具の位置は $(X,\ Y) = (25.0\ \mathrm{mm},\ 20.0\ \mathrm{mm})$ に移動した後，$(X,\ Y) = (25.0\ \mathrm{mm},\ 0.0\ \mathrm{mm})$ に移動することになる。

一方

```
G91
G01X25.000Y20.000
G01X25.000Y0.000
```

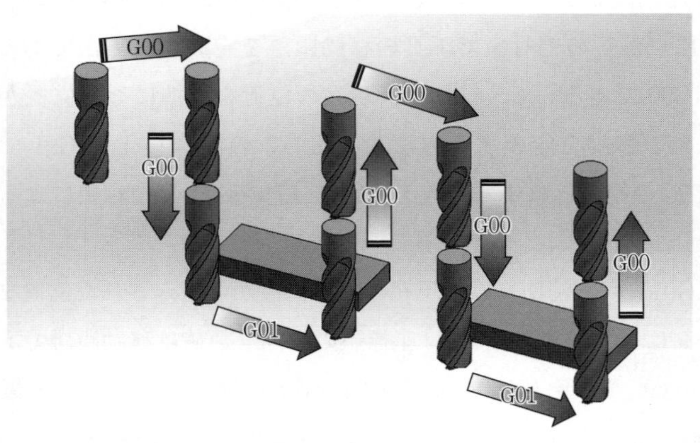

位置決めのコード；G00X_Y_Z_（早送りで軸を移動）
直線補間のコード；G01X_Y_Z_F_（送り速度 F で移動）

図 *7.12* G01 と G00

を定義すると，工具の位置は $(X,\ Y) = (80.0\,\mathrm{mm},\ 60.0\,\mathrm{mm})$ に移動した後，$(X,\ Y) = (105.0\,\mathrm{mm},\ 60.0\,\mathrm{mm})$ に移動することになる。

現在の座標位置から指定した座標位置まで，直線的に早送りで工具を移動するＧコードはG00である。例えば，現在の位置から $(X,\ Y) = (15.0,\ 20.0)$ の位置に早送りで移動するときには

G00X15.0Y20.0

と定義する。**図 *7.12*** に示すように，G00は開始点から加工点への工具移動，現在の加工点から次の加工点への工具移動，加工終了点から開始点への工具移動など，機械加工を伴わない移動に用いる。

7.4 円弧補間（G02, G03）

G02とG03は工具を円弧に沿って移動する指令である。**図 *7.13*** に示すようにG02は時計まわりに，G03は反時計まわりに円周や円弧を移動する指令である。G02とG03の定義には二つの方法がある。

一つは，工具の現在の位置を始点に，終点の位置と円弧の半径を定義する方法である。この定義では，**図 *7.14*** に示すように二つの円弧（図中の円弧1と円弧2）が存在する。そのため，円弧の中心角が180°以下の場合には半径をプラスの値で，180°以上の場合には半径をマイナスの値で定義する。

図 *7.14* に示す円弧1の定義は

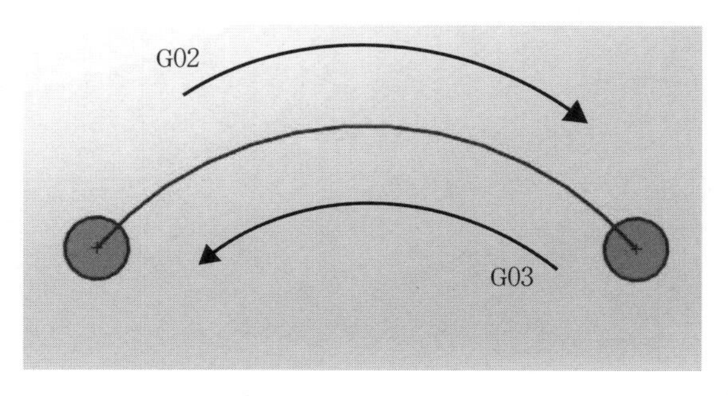

図 *7.13* G02とG03

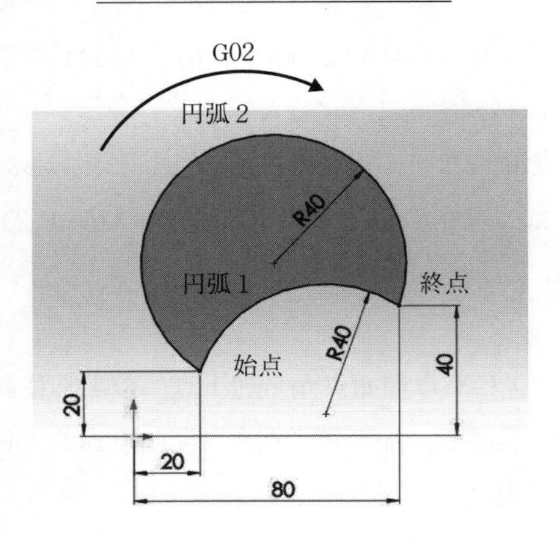

図 7.14　始点，終点，半径による円弧の定義

G90　　　　　　　　　　　G91

G02X80.0Y40.0R40.0　　　G02X60.0Y20.0R40.0

となる。

円弧 2 の定義は

G90　　　　　　　　　　　G91

G02X80.0Y40.0R−40.0　　G02X60.0Y20.0R−40.0

となる。

もう一つは，工具の現在の位置を始点に，終点と，始点から円弧中心への方向と距離を *I* と *J* で定義する方法である。*I* は円弧の始点から円弧中心までの *X* 方向の値，*J* は *Y* 方向の値である。**図 7.15** に示す円弧の定義は

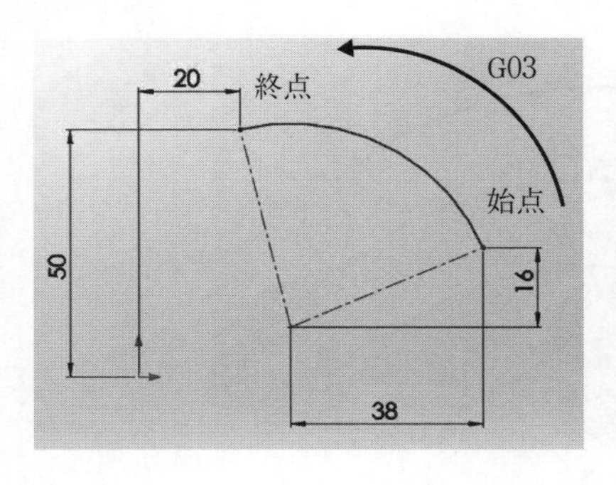

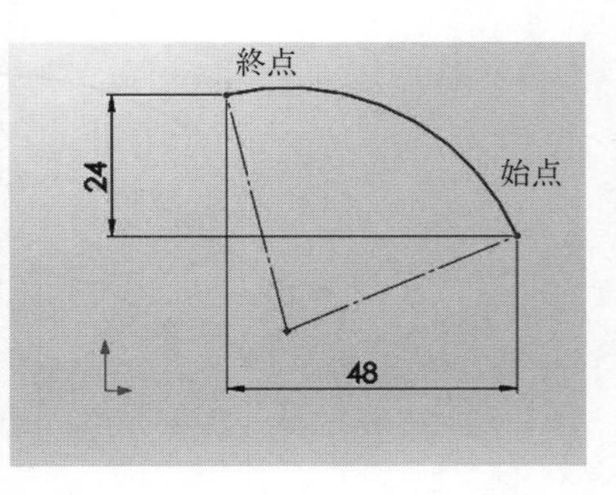

図 7.15　円弧中心座標による円弧の定義

G90　　　　　　　　　　　　　　　G91

G03X20.0Y50.0I−38.0J−16.0　　　G03X−48.0Y24.0I−38.0J−16.0

となる。

図 7.16 に示す円弧上を工具の中心が移動する定義は

G90　　　　　　　　　　　　G91

G02X60.0Y50.0R50.0　　　　G02X50.0Y50.0R50.0

あるいは

G90　　　　　　　　　　　　G91

G02X60.0Y50.0I50.0J0.0　　G02X50.0Y50.0I50.0J0.0

となる。

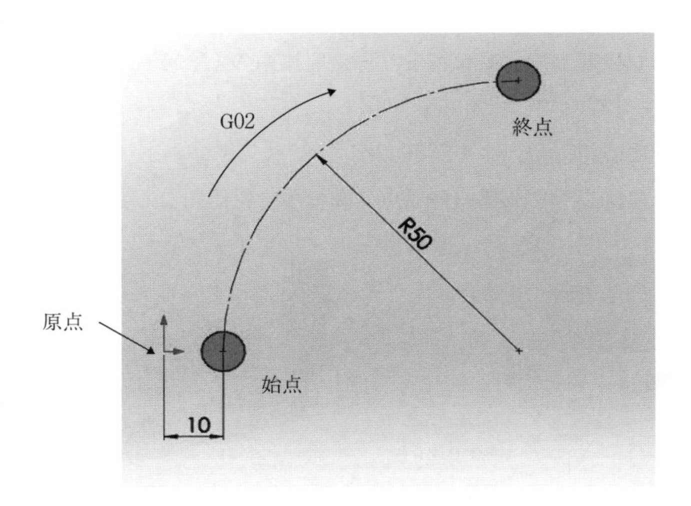

図 7.16　G90, G91 と G02

7.5　座　　標　　系

座標系には，工作機械に固有な機械座標系と被削材のワーク座標系がある。機械座標系の原点を機械原点と呼ぶ。縦形マシニングセンタでは X 軸，Y 軸，Z 軸のストロークのエンドに，横形マシニングセンタでは X 軸はストロークの中央，Y 軸と Z 軸はストロークのエンドに機械原点がある。機械座標系は

G53 で定義する。工作機械の機械原点が加工の原点になる。座標系の X–Y 平面，Z–X 平面，Y–Z 平面は G17, G18, G19 でそれぞれ定義する。

加工形状に沿って工具の移動経路を定義するとき，機械原点からの座標値より，加工形状の任意の位置に原点を設定し，その原点からの座標値を用いたほうがわかりやすい。加工形状の任意の位置に設定する原点をワーク原点，その座標系をワーク座標系と呼ぶ。

ワーク座標系は，工具（主軸）の位置から定義する G92 と，工作機械の機械原点から定義する G54（G54 から G59 まで，最大六つのワーク座標系を定義できる）がある。**図 *7.17*** に G92 の定義を示す。図（a）は，現在の工具の位置をワーク座標系の原点 $(X, Y, Z) = (0.0, 0.0, 0.0)$ にするもので

G92X0.0Y0.0Z0.0

と定義する。図（b）は，現在の工具位置をワーク座標系の $(X, Y, Z) = (25.0, 10.0, 15.0)$ にするもので

G92X25.0Y10.0Z15.0

と定義する。したがって，ワーク座標系の原点は図に示す位置になる。

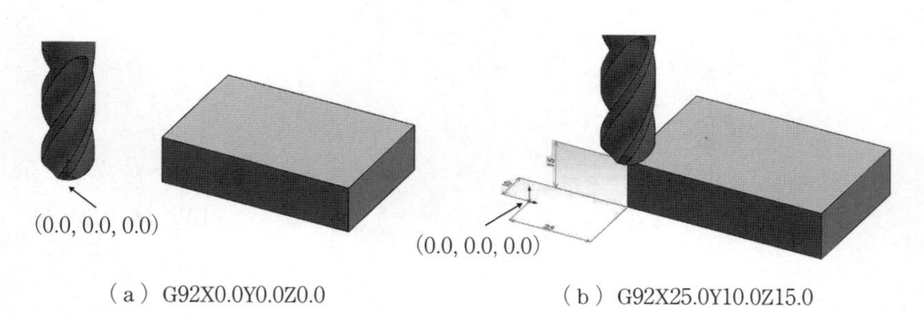

（a）G92X0.0Y0.0Z0.0　　（b）G92X25.0Y10.0Z15.0

図 *7.17* G92（ワーク座標系）

G54 では，工作機械の機械原点からワークの原点までの距離をあらかじめ制御装置に入力し，その数値を読み出すことでワーク座標系を定義する。制御装置の G54 に $(X, Y, Z) = (-200.0, -50.0, -150.0)$ の数値を入力すると，ワーク座標系は**図 *7.18*** に示す位置に設定される。G54 を用いてワーク座標系の原点に工具を早送りで移動するとき

ワーク座標系の原点

機械座標系の原点

機械座標系の原点

ワーク座標系の原点

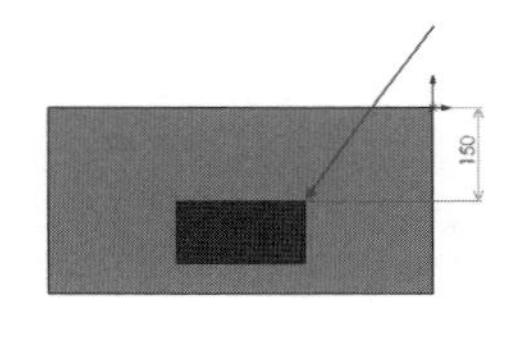

制御装置
G54
X=－200.000
Y=　－50.000
Z=－150.000

図 *7.18*　G54（ワーク座標系）

G54

G90G00X0.0Y0.0Z0.0

と定義する。

演　習　問　題

【1】　下記 ① ～ ④ の値を求めよ。

工具は $(X,\ Y) = (75.0\,\mathrm{mm},\ 35.0\,\mathrm{mm})$ の位置にある。その位置から

G90

G01X25.000Y20.000

G01X25.000Y0.000

を定義すると，工具の位置は $(X,\ Y) =$ (① mm, ② mm) に移動する。

一方

G91

G01X25.000Y20.000

G01X25.000Y0.000

を定義すると，工具の位置は，$(X,\ Y) =$ (③ mm, ④ mm) に移動する。

【2】 ①～⑱に適切な数値を記入して，工具の中心が**問図 *7.1*** に示す円弧の始点から終点まで移動する定義を記述せよ。工具は始点にある。

G90　　　　　　　G91

G①X②Y③R④　　　G⑤X⑥Y⑦R⑧

IJ を用いた定義

G90　　　　　　　G91

G⑨X⑩Y⑪I⑫J⑬　　　G⑭X⑮Y⑯I⑰J⑱

となる。

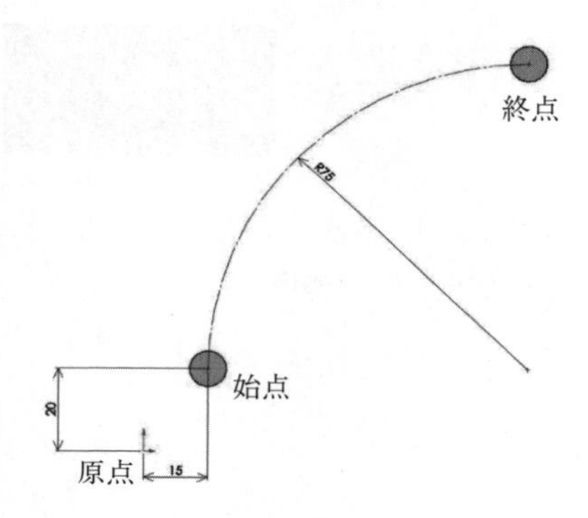

問図 *7.1*

8

穴・輪郭加工と CAM

機械部品の製造工程には，穴加工や輪郭加工がある。CAM による工具経路の演算を理解するために，本章では，はじめに，穴加工の工具経路と輪郭加工の工具経路を示す。次に，凹凸のある輪郭加工の工具経路を演算する方法と，工具径を補正する G コードについて学ぶ。

8.1 CAM　と　は

CAM は，**コンピュータ数値制御**（computer numerical control, CNC）の旋盤やフライス盤などによる機械加工を支援するシステムである。**図 *8.1*** に CAD で設計したカムの曲線を示す。この曲線は，隣り合う二つの円弧が正接する四つの円弧（R1, R2, R3, R4）で定義してある。**表 *8.1*** に，カム曲線の接点の座標値（X, Y）と円弧の半径の値をそれぞれ示す。直径 6 mm の工具でカムの輪郭を加工するとき，工具の中心はカムの曲線を外側に 3 mm オフセットした**図 *8.2*** に示す一点鎖線の曲線上を移動することになる。**表 *8.2*** に，そ

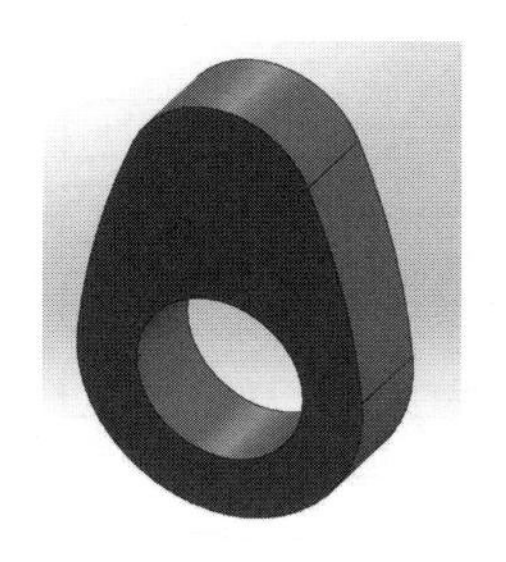

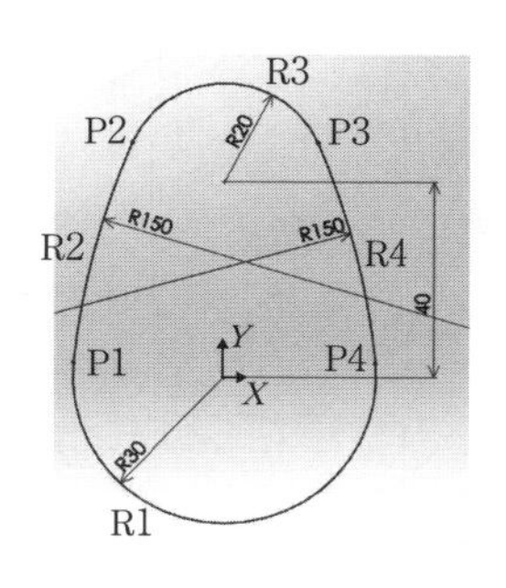

図 *8.1* CAD で設計したカムの曲線

表 *8.1*　カム曲線の接点の座標値と円弧の半径の値

Point	X	Y
P1	−29.8678	2.8125
P2	−18.3802	47.8846
P3	18.3802	47.8846
P4	29.8678	2.8125

円　弧	半　径
R1	30.0000
R2	150.0000
R3	20.0000
R4	150.0000

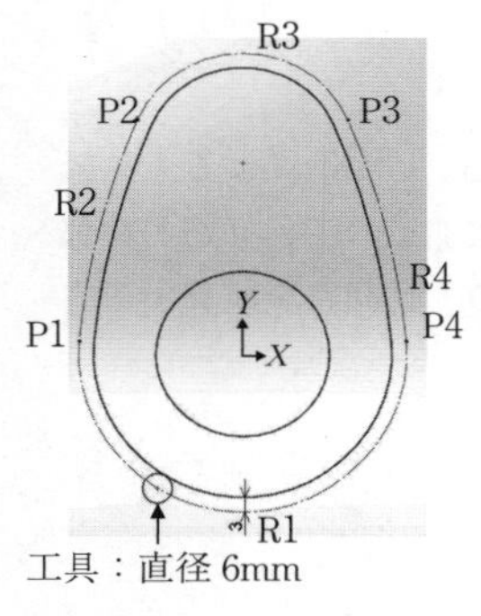

図 *8.2*　工具中心の経路

表 *8.2*　工具中心の経路の接点の座標値と円弧の半径の値

Point	X	Y
P1	−32.8546	3.0937
P2	−21.1372	49.0673
P3	21.1372	49.0673
P4	32.8546	3.0937

円弧	半　径
R1	33.0000
R2	153.0000
R3	23.0000
R4	153.0000

の曲線を定義する接点の座標値と円弧の半径の値をそれぞれ示す。**工具の中心の経路**（cutter location, **CL**）を求めることがCAMのおもな機能である。**図 *8.3*** にCAMのシステム構成を示す。CAMには，形状モデルの編集，機械加工のデータベース（被削材，工具，送り，回転数，切込みなど），多様な加工に対応するCLの生成，およびCNC工作機械へのポスト処理がある

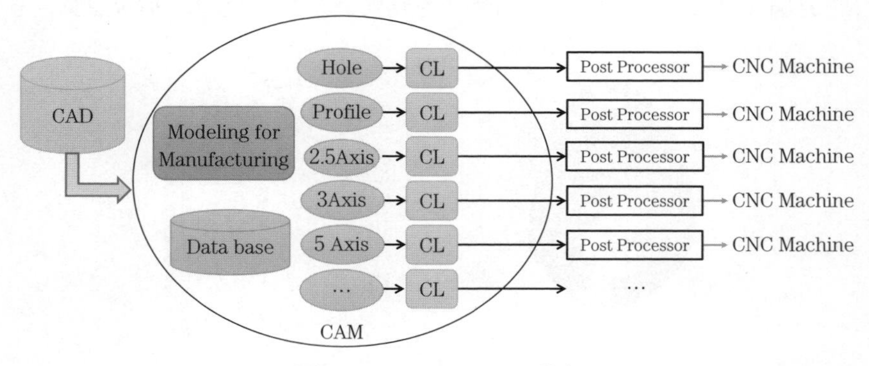

図 *8.3*　CAMのシステム構成

8.2 穴　　加　　工

穴加工は機械加工の代表的なものである。**図 8.4** に複数の穴があるプレートの穴加工を示す。**図 8.5** に工具（ドリル）で直径 6 mm の 6 個の貫通穴を切削するドリルの経路を，**図 8.6** に CL を示す。図（a）は絶対値（G90）で，図（b）は相対値（G91）で，図（c）は G90 と固定サイクル（G81）でドリルの経路を定義したものである。ドリルはプレートの原点から上方 10 mm，$(X, Y, Z) = (0.0, 0.0, 10.0)$ の位置にある。以下 ① ～ ⑥ の順に CL の

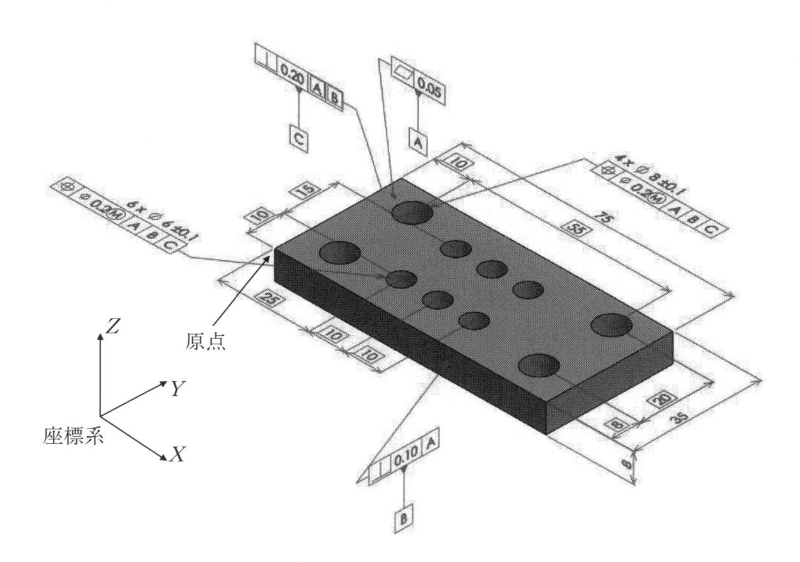

図 8.4　複数の穴があるプレートの穴加工

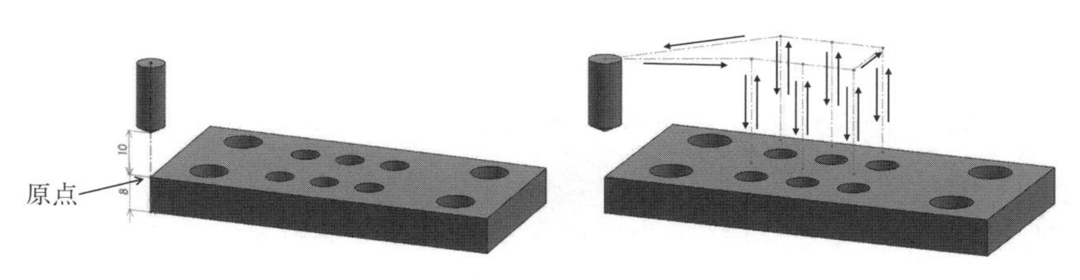

図 8.5　ドリルの経路

```
G90
G00X25.Y10.
G01Z-10.F170
G00Z10.
X35.
G01Z-10.
G00Z10.
X45.
G01Z-10.
G00Z10.
Y25.
G01Z-10.
G00Z10.
X35.
G01Z-10.
G00Z10.
X25.
G01Z-10.
G00Z10.
X0.Y0.
```

（a）G90（絶対値）による座標

```
G91
G00X25.Y10.
G01Z-20.F170
G00Z20.
X10.
G01Z-20.
G00Z20.
X10.
G01Z-20.
G00Z20.
Y15.
G01Z-20.
G00Z20.
X-10.
G01Z-20.
G00Z20.
X-10.
G01Z-20.
G00Z20.
X-25.Y-25.
```

（b）G91（相対値）による座標

```
G90
G00X25.Y10.
G17G98G81X25.Y10.Z-10.R5.F170
X35.Y10.
X45.Y10.
X45.Y25.
X35.Y25.
X25.Y25.
G80
G00X0.Y0.
```

（c）G81（固定サイクル）のCL（G90（絶対値）による座標）

（注）　G00Z10.　X35.　と　G00Z10.　G00X35.Z10.　は同じである。
Gコードや座標値が同じならば省略することができる。

図 *8.6*　ドリルのCL

定義を説明する。

① $(X,\ Y,\ Z)=(25.0,\ 10.0,\ 10.0)$ の位置に早送りで直線移動する（G00）。

② 170 mm/min の送り速度で，G90 では $Z=-10.0$ mm の位置に，G91 では Z 方向に -20.0 mm 移動する位置まで加工する（G01）。これで1番目の穴が貫通する。

③ G90 では $Z=10.0$ mm の位置に，G91 では Z 方向に $+20$ mm 早送り（G00）で移動する。ドリルは，$(X,\ Y,\ Z)=(25.0,\ 10.0,\ 10.0)$ の位置に戻る。

④ 2番目の穴を加工するために Y 方向の値を維持したまま G90 では $X=35.0$ の位置に，G91 では X 方向に $+10.0$ mm だけ早送りでドリルを

移動する。

⑤　1番目の穴と同様に2番目の穴を加工する。この動きを6番目の穴まで繰り返すと，ドリルの位置は $(X, Y, Z)=(25.0, 25.0, 10.0)$ になる。

⑥　$(X, Y, Z)=(0.0, 0.0, 10.0)$ へ早送りで移動すると，加工の開始点に戻る。

穴加工では同じ動作を繰り返すので，1番目の穴のサイクルと2番目以降の穴の中心位置だけを定義するG81のコードがある。図（c）に，そのCLを示す。

2行目のG00X25.0Y10.0Z10.0で工具は $(X, Y, Z)=(25.0, 10.0, 10.0)$ の位置に早送りで移動する。3行目のG17は X-Y 平面を，G98は穴加工の後，工具を開始点まで戻す指令である。**図 *8.7*** にG81（G17G98G81X25.Y10.Z−10.R5.F170）の定義による工具の移動経路を示す。工具は，ｉ）$(X, Y, Z)=(25.0, 10.0, 10.0)$ からⅱ）$(X, Y, Z)=(25.0, 10.0, 5.0)$ まで早送りで移動，ⅱ）からⅲ）$(X, Y, Z)=(25.0, 10.0, -10.0)$ まで送り速度170 mm/minで加工，ⅲ）からｉ）まで早送りで戻る。そして，次の穴の中心位置 $(X, Y, Z)=(35.0, 10.0, 10.0)$ まで移動し，同じ動作を繰り返す。絶対値（G90）を用いたG81では，コードのXとYで穴の中心位置を，Zで穴加工の終了位置を，Rで加工の開始位置を，Fで送り速度をそれぞれ定義している。G80は固定サイクルを解除する指令である。

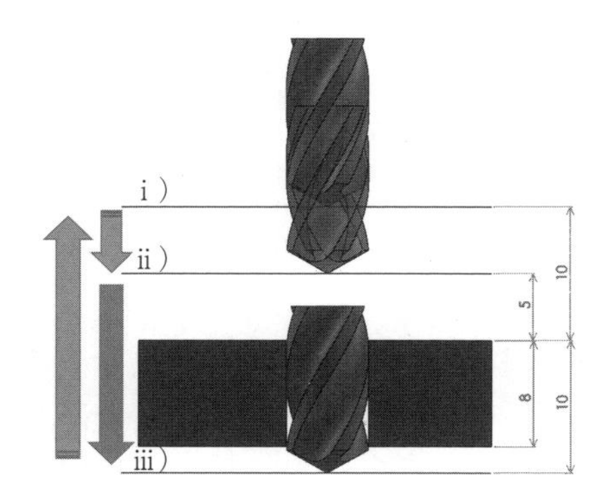

図 *8.7* G81の定義による工具の移動経路

8.3 輪　郭　加　工

図 8.8 に輪郭加工のプレートと図面および座標系を示す。直径 8 mm の工具は $(X, Y, Z) = (0.0, 0.0, 100.0)$ の位置にある。この位置を開始点とする。**図 8.9** にエンドミルの経路を示す。**表 8.3** に加工の開始点，通過点，終了点の座標値を示す。工具の中心は輪郭を 4 mm 外側にオフセットした図中の一点

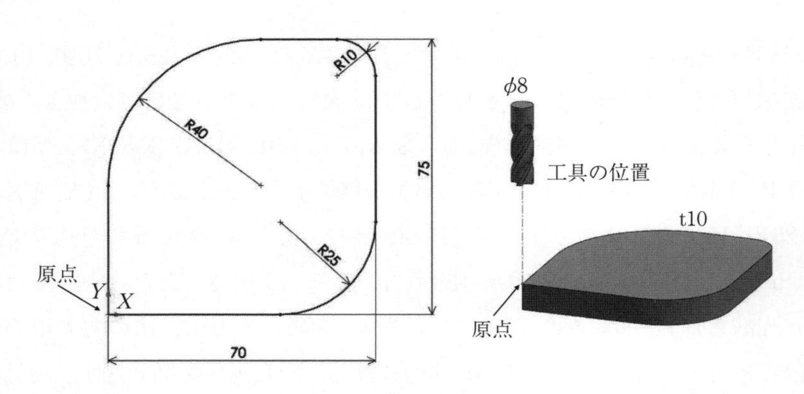

図 8.8　輪郭加工のプレートと図面および座標系

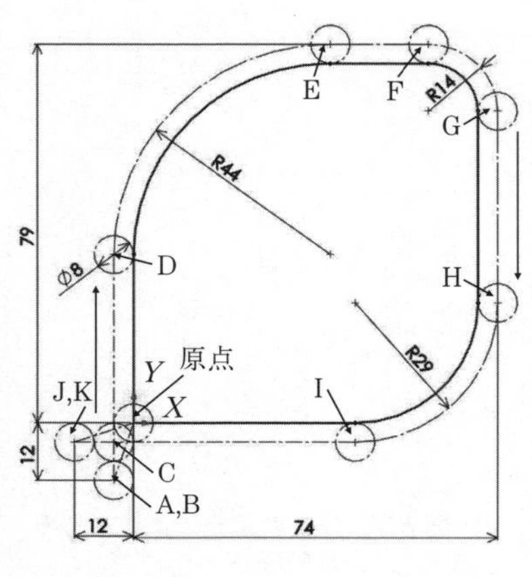

図 8.9　エンドミルの経路

表 8.3　加工の開始点，通過点，終了点の座標値

	X	Y	Z
開始	0.0	0.0	100.0
A	−4.0	−12.0	100.0
B	−4.0	−12.0	−14.0
C	−4.0	−4.0	−14.0
D	−4.0	35.0	−14.0
E	40.0	79.0	−14.0
F	60.0	79.0	−14.0
G	74.0	65.0	−14.0
H	74.0	25.0	−14.0
I	45.0	−4.0	−14.0
J	−12.0	−4.0	−14.0
K	−12.0	−4.0	100.0
終了	0.0	0.0	100.0

鎖線の上をダウンカットする方向で移動する。**図 8.10** に工具の CL を示す。図（a）と（b）は G90 で座標値を，図（c）と（d）は G91 で座標値を，図（a）と（c）は G02 を R で，図（b）と（d）は G02 を IJ でそれぞれ定義してある。以下 ① ～ ⑬ に工具の経路を示す。

```
G90
G00X-4.Y-12.
Z-14.
G01Y-4.F450
Y35.
G02X40.Y79.R44.
G01X60.
G02X74.Y65.R14.
G01Y25.
G02X45.Y-4.R29.
G01X-4.
X-12.
G00Z100.
X0.Y0.
```

（a）G90, G02（R）で定義

```
G90
G00X-4.Y-12.
Z-14.
G01Y-4.F450
Y35.
G02X40.Y79.I44.
G01X60.
G02X74.Y65.J-14.
G01Y25.
G02X45.Y-4.I-29.
G01X-4.
X-12.
G00Z100.
X0.Y0.
```

（b）G90, G02（IJ）で定義

```
G91
G00X-4.Y-12.
Z-114.
G01Y8.F450
Y39.
G02X44.Y44.R44.
G01X20.
G02X14.Y-14.R14.
G01Y-40.
G02X-29.Y-29.R29.
G01X-49.
X-8.
G00Z114.
X0.Y0.
```

（c）G91, G02（R）で定義

```
G91
G00X-4.Y-12.
Z-114.
G01Y8.F450
Y39.
G02X44.Y44.I44.
G01X20.
G02X14.Y-14.J-14.
G01Y-40.
G02X-29.Y-29.I-29.
G01X-49.
X-8.
G00Z114.
X0.Y0.
```

（d）G91, G02（IJ）で定義

図 8.10　工具の CL

工具経路

① $(X, Y, Z) = (-4.0, -12.0, 100.0)$ の点 A まで早送りで移動する（X 軸，Y 軸移動）。

② $(X, Y, Z) = (-4.0, -12.0, -14.0)$ の点 B まで早送りで移動する（Z 軸移動）。

③ $(X, Y, Z) = (-4.0, -4.0, -14.0)$ の点 C まで直線補間で移動する（Y 軸移動）。

④ $(X, Y, Z) = (-4.0, 35.0, -14.0)$ の点 D まで直線補間で加工する（Y 軸移動）。

⑤ $(X, Y, Z) = (40.0, 79.0, -14.0)$ の点 E まで時計まわりに半径 44.0 mm の円弧補間で加工する（X 軸，Y 軸移動）。

⑥ $(X, Y, Z) = (60.0, 79.0, -14.0)$ の点 F まで直線補間で加工する（X 軸移動）。

⑦ $(X, Y, Z) = (74.0, 65.0, -14.0)$ の点 G まで時計まわりに半径 14.0 mm の円弧補間で加工する（X 軸，Y 軸移動）。

⑧ $(X, Y, Z) = (74.0, 25.0, -14.0)$ の点 H まで直線補間で加工する（Y 軸移動）。

⑨ $(X, Y, Z) = (45.0, -4.0, -14.0)$ の点 I まで時計まわりに半径 29.0 mm の円弧補間で加工する（X 軸，Y 軸移動）。

⑩ $(X, Y, Z) = (-4.0, -4.0, -14.0)$ の点 C まで直線補間で加工する（X 軸移動）。

⑪ $(X, Y, Z) = (-12.0, -4.0, -14.0)$ の点 J まで直線補間で移動する（X 軸移動）。

⑫ $(X, Y, Z) = (-12.0, -4.0, 100.0)$ の点 K まで早送りで移動する（Z 軸移動）。

⑬ $(X, Y, Z) = (0.0, 0.0, 100.0)$ の開始点まで早送りで戻る（X 軸，Y 軸移動）。

8.4　凹凸のある輪郭加工

図 8.11 に凹凸のある輪郭加工の形状を示す。この輪郭を工具の半径だけ外側にオフセットすると，**図 8.12** に示す一点鎖線になる。図の中で点 P2, P3

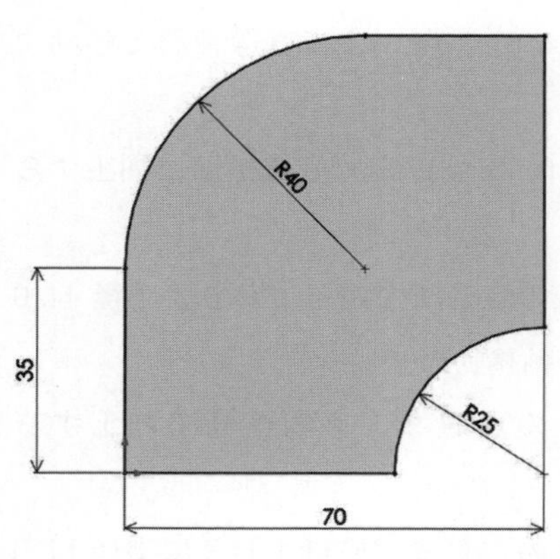

図 8.11　凹凸のある輪郭加工の形状

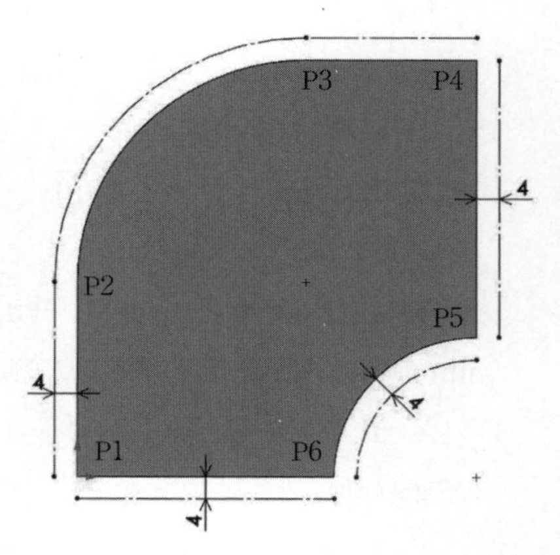

図 8.12　凹凸のある輪郭を工具の半径だけ外側にオフセットした図

のように正接な部位はオフセットしても接続しているが，それ以外の点 P1, P4, P5, P6 では直線や円弧の端点が離れてしまう。

図 *8.13* にコーナ（P4）での工具の軌跡（削り過ぎ）を示す。図のように点 P4-1 と点 P4-2 を直線で接続してしまうと，工具の刃先が輪郭の内部を通過するので削り過ぎになる。そのため，CAM では削り過ぎが起きないように自動的に処理する必要がある。**図 *8.14*** に削り過ぎを防ぐための処理の一例としてエッジの延長処理を示す。図では，二つの直線を延長して交点を求め，その点

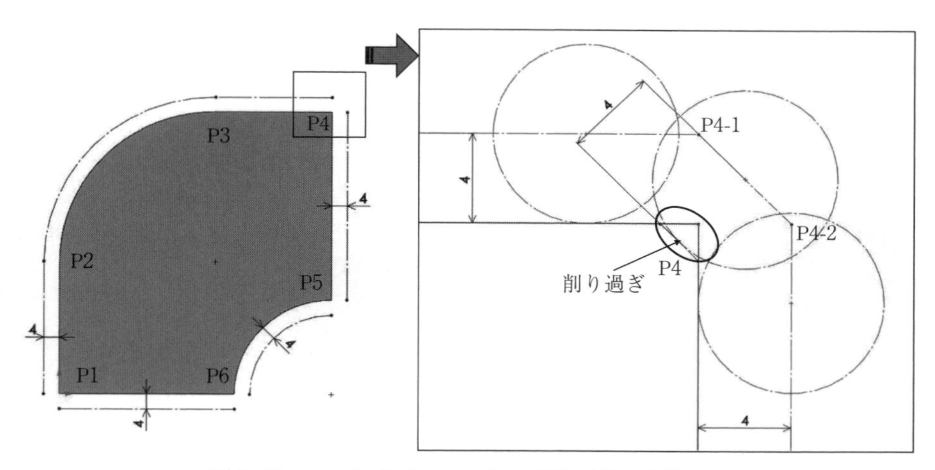

図 *8.13* コーナ（P4）での工具の軌跡（削り過ぎ）

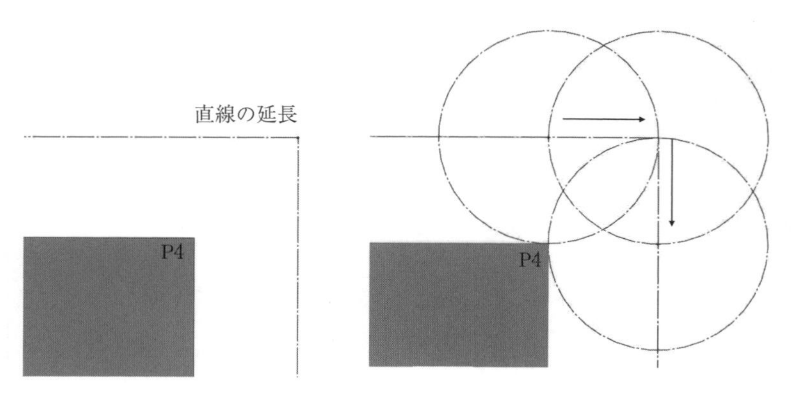

図 *8.14* コーナ（P4）での工具の軌跡（エッジの延長）

を通過するようにパスを生成している。CAM での処理は簡単だが，工具の動きは X 方向から Y 方向に急に変化するので，工作機械では交点の手前で減速，交点の後で加速する動きになる。これは，工作機械の動きとしては好ましいとはいえない。そこで，**図 *8.15*** に示すように交点に工具の半径より小さな値のフィレットを付加すれば，加減速を避けることができる。

同様に，**図 *8.16*** に示す点 P5 や**図 *8.17*** に示す点 P6 でも，点 P5-1 と点 P5-2 を，点 P6-1 と点 P6-2 をそれぞれ直線で接続すると，輪郭の内部を削り

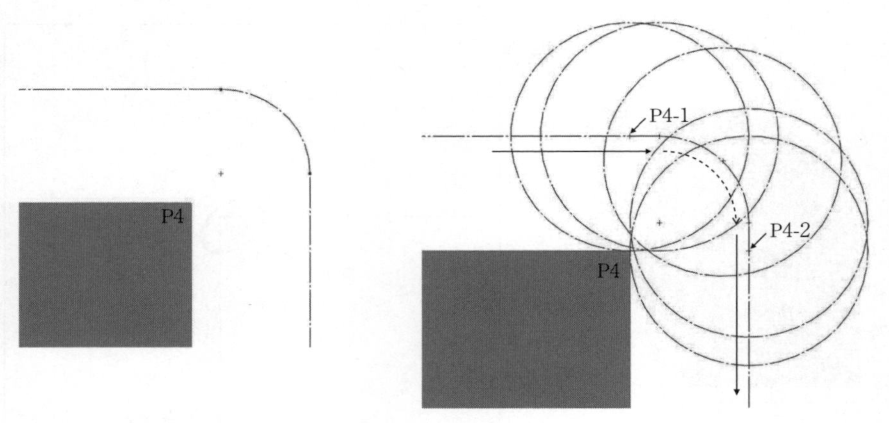

図 *8.15*　コーナ（P4）での工具の軌跡（フィレット）

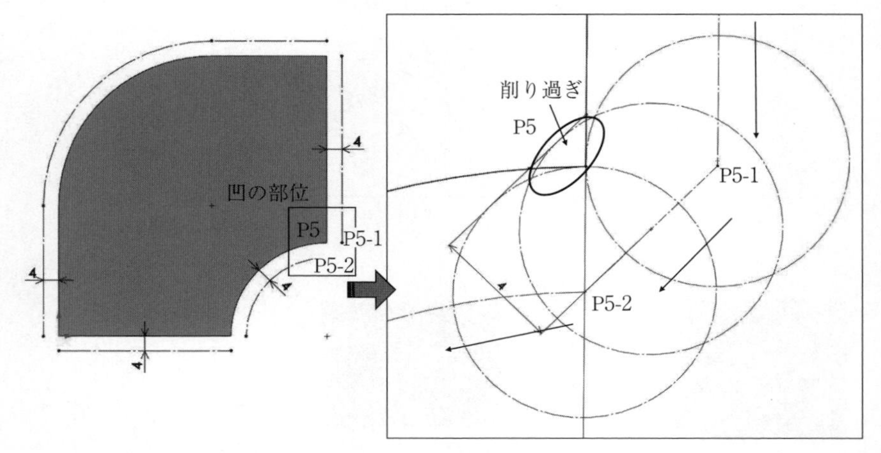

図 *8.16*　コーナ（P5）での工具の軌跡（削り過ぎ）

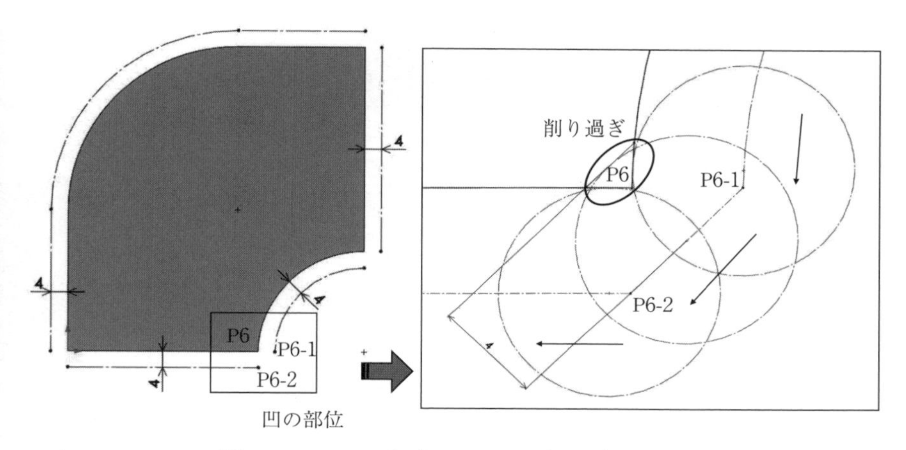

図 ***8.17***　コーナ（P6）での工具の軌跡（削り過ぎ）

過ぎてしまう。そこで，CAM では**図 *8.18*** と**図 *8.19*** に示すように円弧と直線をそれぞれ延長して交点を求める処理や，**図 *8.20*** と**図 *8.21*** に示すように円弧の接線と直線の延長線の交点を求める処理などで削り過ぎを回避している。さらに，工作機械の動きが Y 方向から X 方向あるいは X 方向から Y 方向に急に変化しないように交点にフィレットを設けることもできる。

図 *8.22* に工具の経路を示す。工具の中心は輪郭を 4 mm 外側にオフセットした図中の一点鎖線の上をダウンカットする方向で移動する。図中の点 P4 では二直線を延長して交点を求める処理を，点 P5 と P6 では円弧の延長と直線

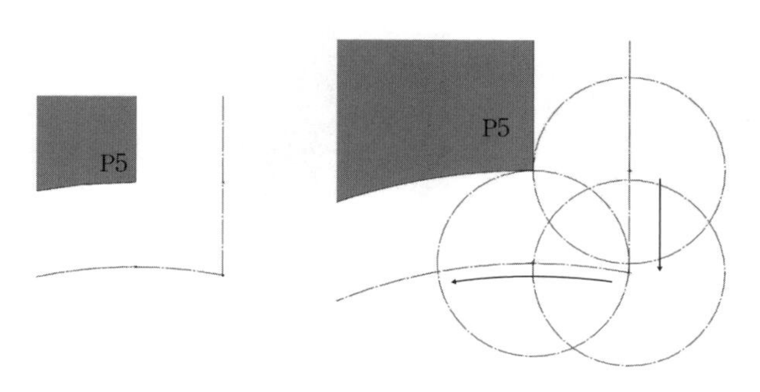

図 ***8.18***　コーナ（P5）での工具の軌跡（円弧の延長とエッジの延長）

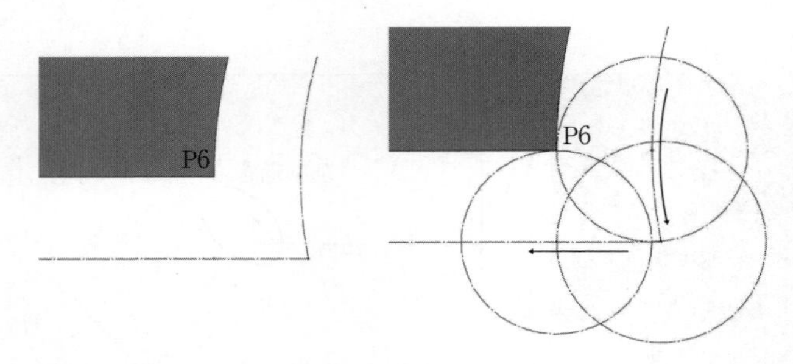

図 8.19　コーナ（P6）での工具の軌跡（円弧の延長とエッジの延長）

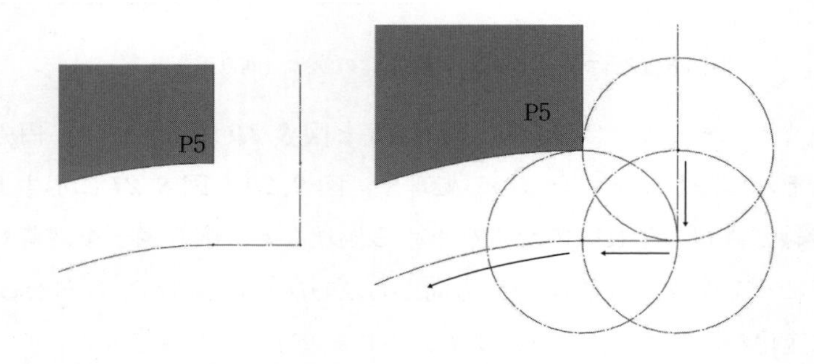

図 8.20　コーナ（P5）での工具の軌跡（円弧の接線とエッジの延長）

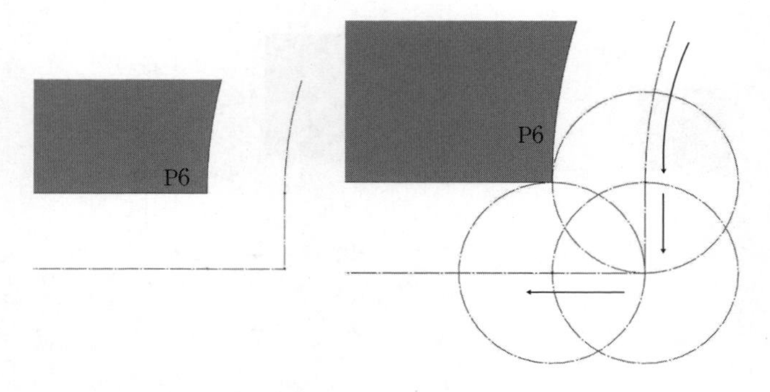

図 8.21　コーナ（P6）での工具の軌跡（円弧の接線とエッジの延長）

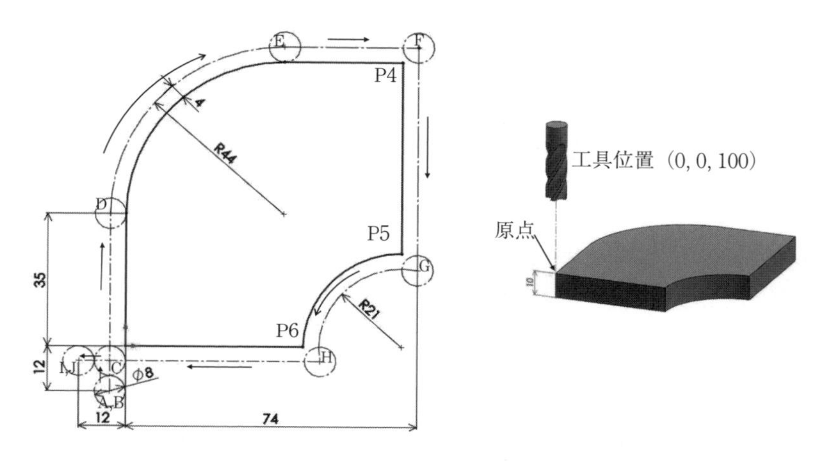

図 8.22　工具の経路

の延長で交点を求める処理をそれぞれ行っている。直径 8 mm のエンドミルは $(X, Y, Z) = (0.0, 0.0, 100.0)$ の位置にある。この位置を開始点とする。**表 8.4** に加工の開始点，通過点，終了点の座標値を示す。

表 8.4　加工の開始点，通過点，終了点の座標値

	X	Y	Z
開　始	0.0	0.0	100.0
A	−4.0	−12.0	100.0
B	−4.0	−12.0	−14.0
C	−4.0	−4.0	−14.0
D	−4.0	35.0	−14.0
E	40.0	79.0	−14.0
F	74.0	79.0	−14.0
G	74.0	20.616	−14.0
H	49.384	−4.0	−14.0
I	−12.0	−4.0	−14.0
J	−12.0	−4.0	100.0
終　了	0.0	0.0	100.0

図 8.23 に工具の CL の定義を示す。図（a）と（b）は G90 で座標値を，図（c）と（d）は G91 で座標値を，図（a）と（c）は G02 を R で，図（b）と（d）は G02 を IJ でそれぞれ定義してある。以下 ①～⑫ に工具の

```
G90
G00X-4.Y-12.
Z-14.
G01Y-4.F450
Y35.
G02X40.Y79.R44.
G01X74.
Y20.616
G03X49.384Y-4.R21.
G01X-4.
X-12.
G00Z100.
X0.Y0.
```

（a）G90, G02（R）で定義

```
G90
G00X-4.Y-12.
Z-14.
G01Y-4.F450
Y35.
G02X40.Y79.I44.
G01X74.
Y20.616
G03X49.384Y-4.I-4.J-20.616
G01X-4.
X-12.
G00Z100.
X0.Y0.
```

（b）G90, G02（IJ）で定義

```
G91
G00X-4.Y-12.
Z-114.
G01Y8.F450
Y39.
G02X44.Y44.R44.
G01X34.
Y-58.384
G03X-24.616Y-24.616R21.
G01X-53.384
X-8.
G00Z114.
X12.Y4.
```

（c）G91, G02（R）で定義

```
G91
G00X-4.Y-12.
Z-114.
G01Y8.F450
Y39.
G02X44.Y44.I44.
G01X34.
Y-58.384
G03X-24.616Y-24.616I-4.J-20.616
G01X-53.384
X-8.
G00Z114.
X12.Y4.
```

（d）G91, G02（IJ）で定義

図 8.23　工具の CL の定義

経路を示す。

工具経路

① $(X, Y, Z) = (-4.0, -12.0, 100.0)$ の点 A まで早送りで移動する（X 軸，Y 軸移動）。

② $(X, Y, Z) = (-4.0, -12.0, -14.0)$ の点 B まで早送りで移動する（Z 軸移動）。

③ $(X, Y, Z) = (-4.0, -4.0, -14.0)$ の点 C まで直線補間で移動する（Y 軸移動）。

④ $(X, Y, Z) = (-4.0, 35.0, -14.0)$ の点 D まで直線補間で加工する（Y 軸移動）。

⑤ $(X, Y, Z) = (40.0, 79.0, -14.0)$ の点 E まで時計まわりに半径 44.0 mm の円弧補間で加工する（X 軸，Y 軸移動）。

⑥ $(X, Y, Z) = (74.0, 79.0, -14.0)$ の点 F まで直線補間で加工する（X 軸移動）。

⑦ $(X, Y, Z) = (74.0, 20.616, -14.0)$ の点 G まで直線補間で加工する（Y 軸移動）。

⑧ $(X, Y, Z) = (49.384, -4.0, -14.0)$ の点 H まで反時計まわりに半径 21.0 mm の円弧補間で加工する（X 軸，Y 軸移動）。

⑨ $(X, Y, Z) = (-4.0, -4.0, -14.0)$ の点 C まで直線補間で加工する（X 軸移動）。

⑩　$(X, Y, Z) = (-12.0, -4.0, -14.0)$ の点 I まで直線補間で移動する（X 軸移動）。

⑪　$(X, Y, Z) = (-12.0, -4.0, 100.0)$ の点 J まで早送りで移動する（Z 軸移動）。

⑫　$(X, Y, Z) = (0.0, 0.0, 100.0)$ の開始点まで早送りで戻る（X 軸，Y 軸移動）。

8.5　工具径の補正（G40, G41, G42）

CNC には，工具径の補正番号（例えば D01）に保存してある値を読み込み，自動的に工具径を補正する G41, G42 の機能がある。

図 8.24 に G41 と G42 の工具径の補正を示す。指定された平面に垂直な軸（G17 の X-Y 平面でならば Z 軸，G18 の Z-X 平面ならば Y 軸，G19 の Y-Z 平面ならば X 軸）のプラス側からマイナス側を見たとき，工具の進行方向の左側に工具を補正する場合は G41 を，右側に補正する場合は G42 を定義する。工具補正をキャンセルする場合は G40 を定義する。

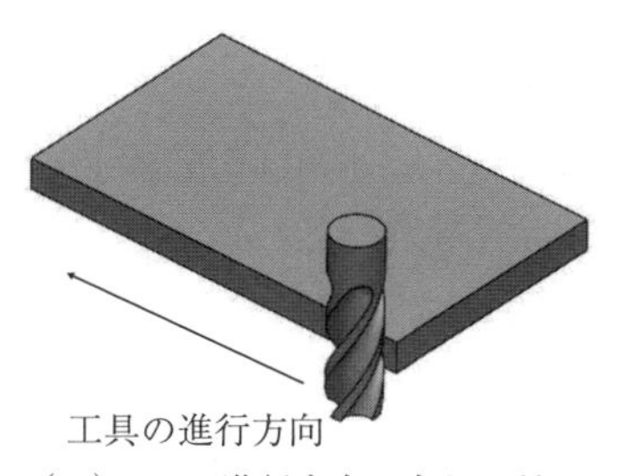

（a）G41：進行方向の左側に補正

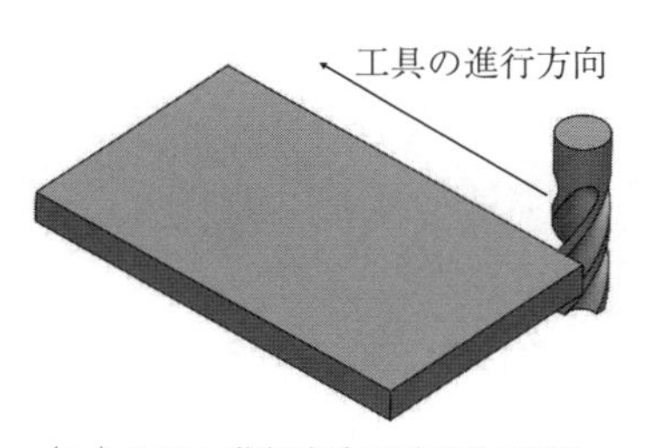

（b）G42：進行方向の右側に補正

図 8.24　工具径の補正（G41 と G42）

図 8.25 に工具補正による CL を示す。図（a）は輪郭加工の図形と直径 8 mm の工具中心の移動経路である。加工の原点は図形の左下である。工具中心の移動経路は，$(X, Y) = (-20, -20)$，$(-4, 0)$，$(-4, 35)$，$(40, 79)$，

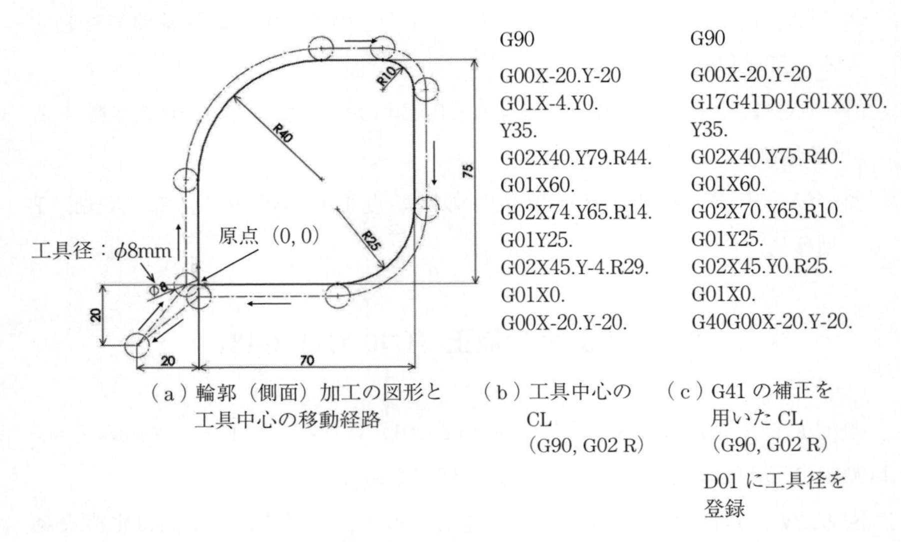

（a）輪郭（側面）加工の図形と工具中心の移動経路　（b）工具中心のCL（G90, G02 R）　（c）G41の補正を用いたCL（G90, G02 R）D01に工具径を登録

図 *8.25* 工具補正によるCL

(60, 79)，(74, 65)，(74, 25)，(45, －4)，(0, －4)，(－20, －20)の順に一巡する。図（b）に工具中心のCLを，図（c）にG41の補正を用いたCLをそれぞれ示す。G41を用いて工具中心が$(X, Y)=(-20, -20)$から$(-4, 0)$，$(-4, 35)$に移動する定義は

```
G00X－20.Y－20
G17G41D01G01X0.Y0.
Y35.
```

である。G17G41D01G01X0.Y0.は，工具中心が，$(X, Y)=(-20, -20)$から(0, 0)に直線補間（G01）で移動するとき，X-Y平面（G17）で工具径の補正番号（D01）に保存してある数値を用いて進行方向の左側（G41）に工具補正することを意味する。工具の進行方向はY35よりY軸のプラス方向になるので，G17G41D01G01X0.Y0.の定義により，工具中心は，$(X, Y)=(0, 0)$より4 mm左側の$(X, Y)=(-4, 0)$の位置に移動することになる。

工具中心のCLとG41を用いたCLとを比較すると，G41を用いたCLでは

CAD で定義した図形の座標値を使っていることがわかる。CL に G41, G42 を定義すると，CL では形状の輪郭を定義することになるので，CAD データがそのまま利用できる。

加工の終了である G01X0.（工具中心は $(X,\ Y) = (0,\ -4)$）の後に，CL では工具補正のキャンセル G40 を定義し，早送りでスタート位置に工具を戻している。したがって，工具の中心は $(X,\ Y) = (-20,\ -20)$ の位置になる。

```
G01X0.
G40G00X－20.Y－20
```

演　習　問　題

【1】 **問図 *8.1*** について下記の問いに答えよ。

（1） プレートに A から H の穴を加工する CL を作成するために，それぞれの穴の中心の座標値を加工原点から求めよ。

（2） 直径 16 mm のドリルは $(X,\ Y,\ Z) = (0,\ 0,\ 10)$ の位置である。ここが開始点である。この開始点から順に，A から H まで穴加工して，原点まで戻る CL を記述せよ。

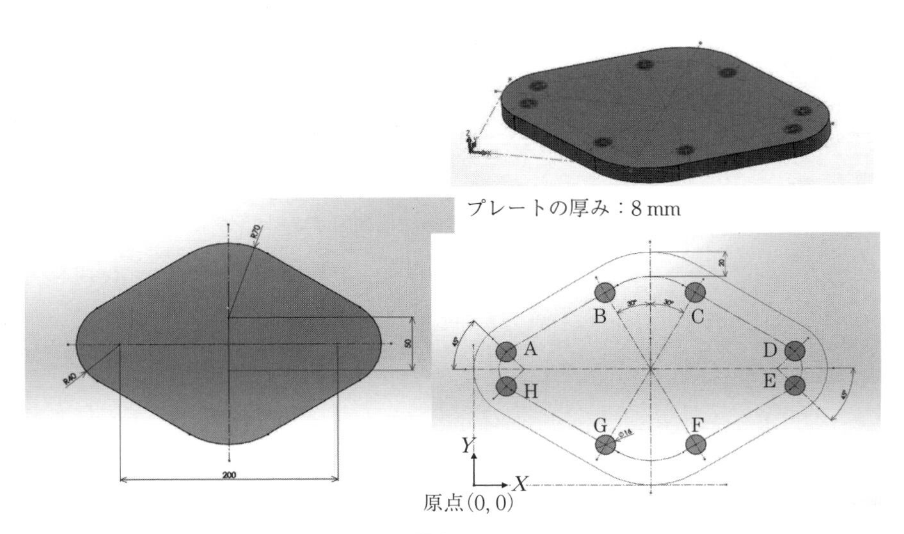

問図 *8.1*

【2】 **問図 *8.2*** にカムの輪郭と座標系を示す。直径 6 mm のエンドミルで**問図 *8.3*** に示す経路でカムの輪郭を加工する。

工具の加工開始点は $(X, Y) = (0.0, -15.0)$，終了点は $(X, Y) = (0.0, -15.0)$ とする。なお，加工中に Z 方向への移動はないので，解答には X 方向と Y 方向の定義だけでよい。

（1） CAD を使用して点 A～E の座標値を求めよ。

点 A $(X, Y) = (\quad ,\quad)$　点 B $(X, Y) = (\quad ,\quad)$

点 C $(X, Y) = (\quad ,\quad)$　点 D $(X, Y) = (\quad ,\quad)$

点 E $(X, Y) = (\quad ,\quad)$

（2） CL の定義を絶対値と相対値，半径と IJ を用いてそれぞれ作成せよ。

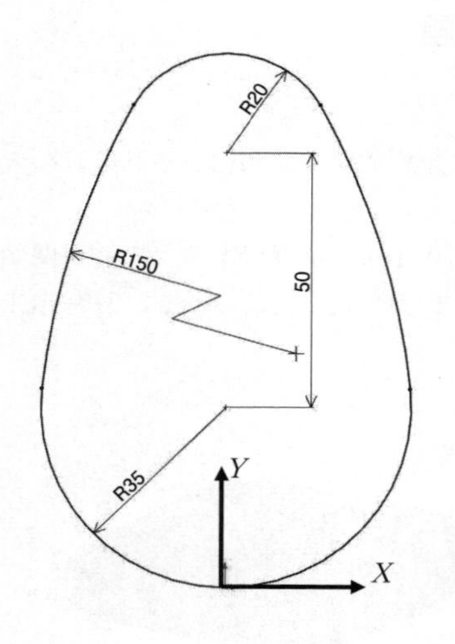

問図 *8.2* カムの輪郭

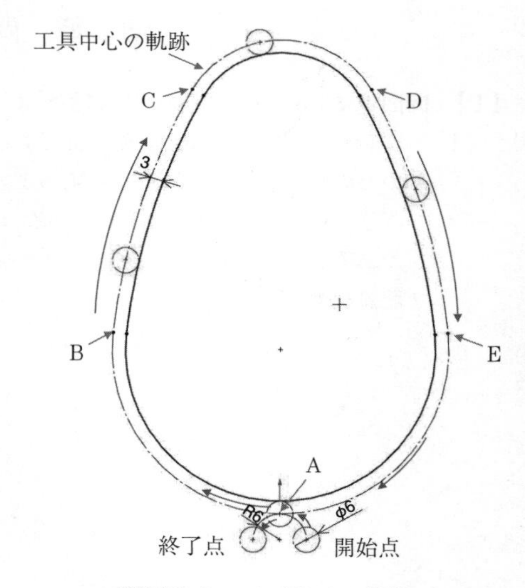

問図 *8.3* エンドミルの経路

9

サーフェスと CAM

自由曲面を含むサーフェスの加工では，3〜5 軸の制御が必要である。サーフェスを加工する CAM を理解するために，本章では，切削点と工具の中心位置，工具経路の演算，工具の中心が移動するサーフェスの演算，および 3 軸加工と 5 軸加工の工程とその工具経路について学ぶ。

9.1 切削点と工具軌跡

サーフェスの加工では工具が 3 次元の空間を移動するので，工具の移動に関し，次の三つを理解する必要がある。第一は，サーフェスに接触する点と，工具中心の位置である。**図 *9.1*** に示す円錐台や角錐台の側面を半径 10 mm のボールエンドミルで加工すると，工具の中心は**図 *9.2*** に示すように側面を 10 mm オフセットしたサーフェス上を移動することになる。**図 *9.3*** に切削点と工具中心を示す。図は 45° 傾斜したサーフェスとそれに接触する工具である。直径 10 mm のボールエンドミルで傾斜面の高さ $Z=20$ mm を加工するとき，

図 *9.1* 円錐台，角錐台

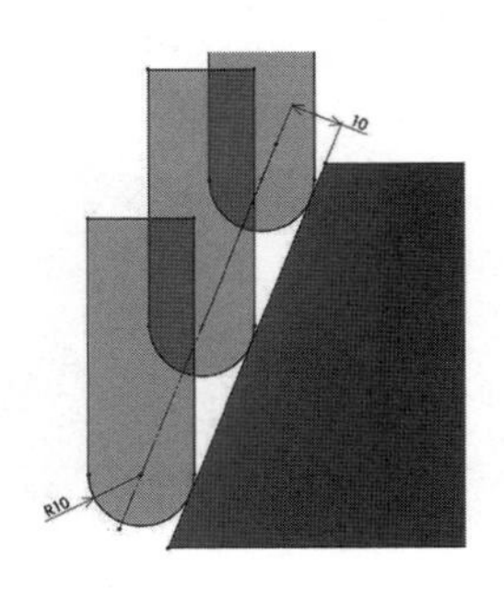

図 *9.2* 側面の加工

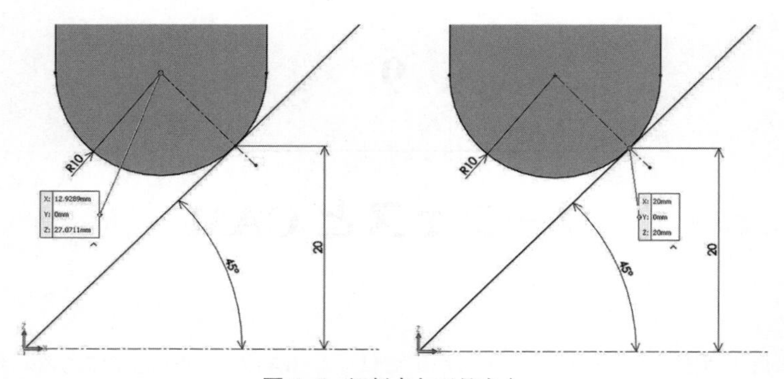

図 9.3　切削点と工具中心

切削点は $(X,\ Y,\ Z) = (20,\ 0,\ 20)$ である。このとき，工具中心は $(X,\ Y,\ Z) = (12.9289,\ 0,\ 27.0711)$ の位置にある。

第二は，工具軌跡の接続である。**図 9.4** に円錐台を３軸加工する工具軌跡の例を示す。いずれも等高線加工のパスである。図（a）の「リトラクト」は，各層の加工が終了後，工具は円錐台の側面から退避し次の層のアプローチ開始点に移動する。そして，円弧アプローチで側面に正接する方向から加工開始点に進入し切削を開始する。図（b）の「一定」は各層の加工開始点が図の

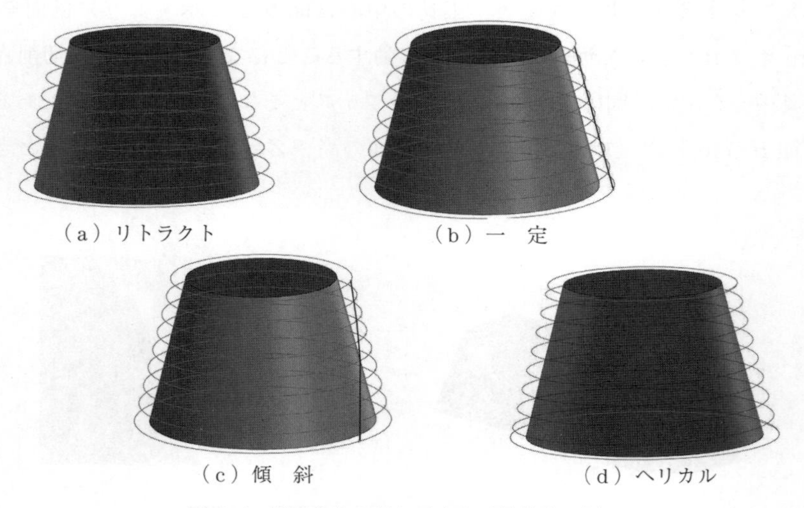

（a）リトラクト　（b）一　定　（c）傾　斜　（d）ヘリカル

図 9.4　円錐台を３軸加工する工具軌跡の例

ように直線上に並んでいる。各層の加工終了後，次の層の加工開始点まで側面に沿って移動する。図（c）の「傾斜」は各層の加工終了後，図のように角度をつけて次の層に側面に沿って移動する。図（d）の「ヘリカル」は螺旋を駆け下りるように円錐台の側面を加工する方法である。

第三は，深さ方向のパラメータである。**図 *9.5*** に加工形状を示す。この形状は上面に平面がある半球である。**図 *9.6*** に深さ（Z 方向）のパラメータを示す。図（a）に示す深さ一定で工具を移動すると**図 *9.7*** に示す工具軌跡になる

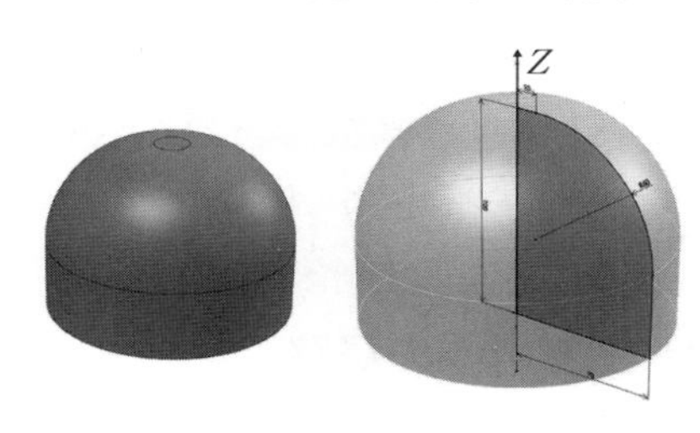

図 *9.5*　加工形状

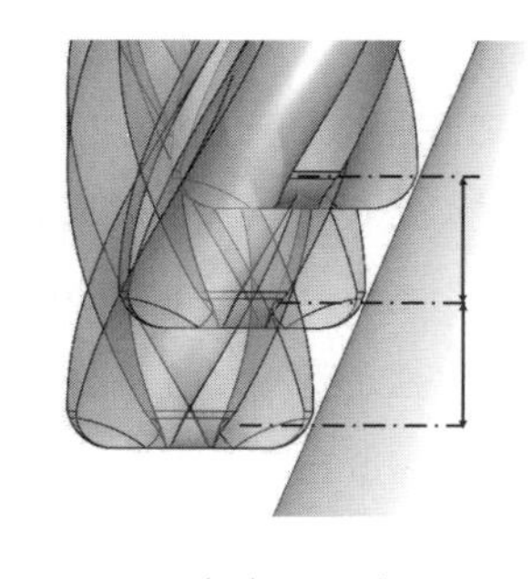

（a）一　定

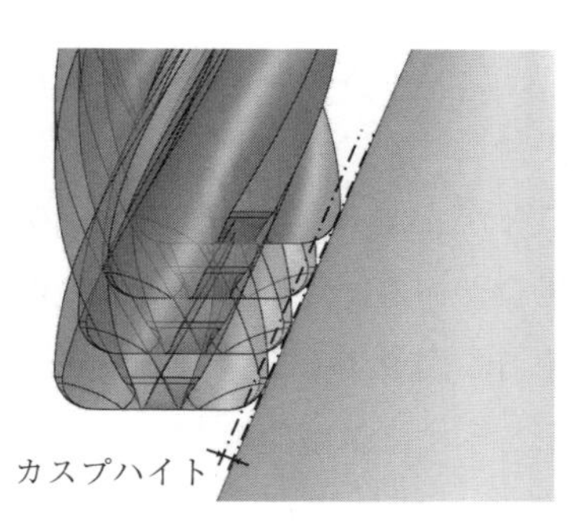

（b）カ ス プ

図 *9.6*　深さ（Z 方向）のパラメータ

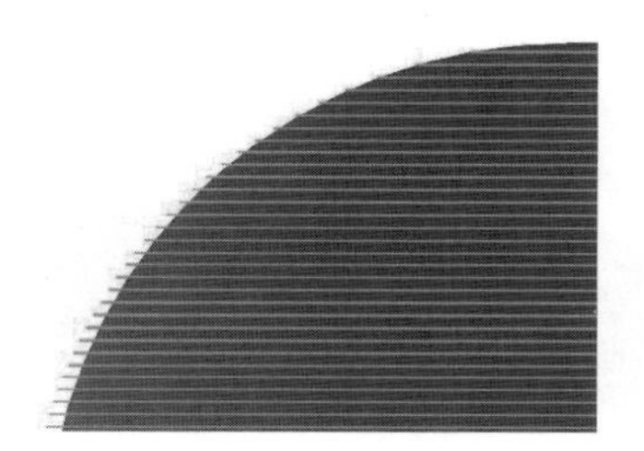

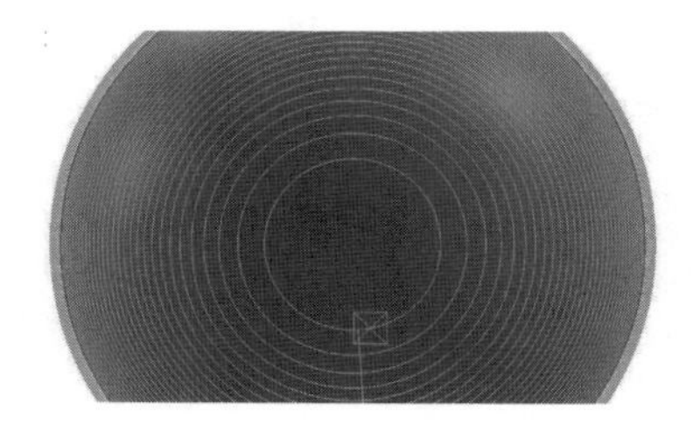

図 *9.7*　深さ一定の工具軌跡

る。球面の上部ではパスの間隔が拡がるので，加工後の形状は階段のようになる。図 *9.6*（b）に示すカスプハイト（スキャロップハイト，加工残りの高さ）の値を指定して工具を移動すると**図 *9.8*** に示す工具軌跡になる。球面の上部でもパスの間隔は拡がらない。

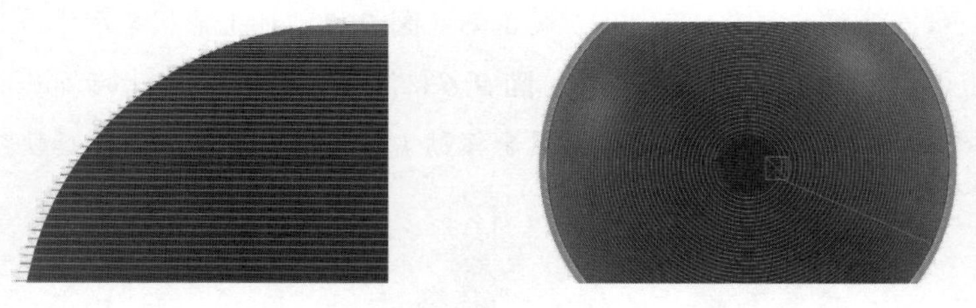

図 *9.8*　カスプハイトを指定した工具軌跡

9.2　工具中心の経路

サーフェスの加工では工具中心が移動する経路を演算する。加工面を工具の半径だけオフセットできれば工具中心が移動するサーフェスを容易に定義することができる。しかし，凹凸のあるサーフェスではオフセットを演算できない場合がある。ここでは，はじめに，CAD を利用してオフセットについて説明する。**図 *9.9*** に，半径 50 mm, 4 mm, 60 mm の円弧が正接で接続している図形を示す。この曲線を 6 mm オフセットすると半径 4 mm の円弧は消失し，半径 50 mm と 60 mm の円弧がトリミングされ，図中の一点鎖線の曲線が得られる。この一点鎖線の曲線が，直径 12 mm の工具の中心が移動する経路になる。

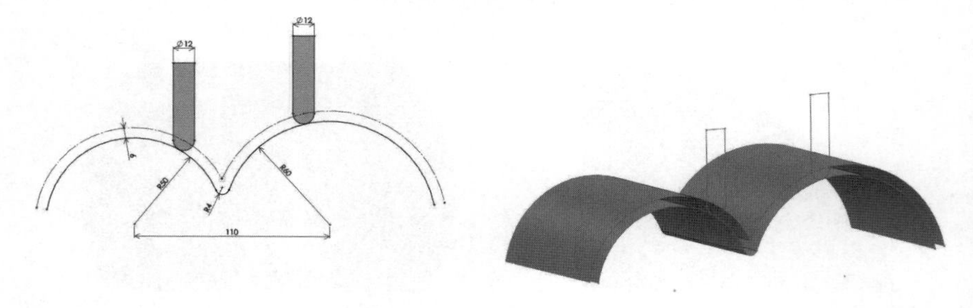

図 *9.9*　半径 50 mm, 4 mm, 60 mm の円弧が正接で接続

図 *9.10* は，半径 50 mm と半径 60 mm の円弧をスプライン曲線で近似したものである。半径 4 mm の円弧とは正接の接続である。この曲線を 6 mm オフセットすると一点鎖線の曲線が得られる。**図 *9.11*** は**図 *9.9*** の曲線を一つのスプラインで近似したものである。この曲線は下側に 6 mm オフセット（一点鎖線の曲線）することはできるが，6 mm 上側にオフセットすることはできない。これでは，工具中心の経路が演算できない。**図 *9.12*** は，半径 50 mm と半径 60 mm の円弧がスプライン曲線で正接に接続している図である。この曲線も図 *9.11* と同様に，下側に 6 mm オフセット（一点鎖線の曲線）することはできるが，6 mm 上側にオフセットすることはできない。もし，CAD を使って手作業で行うのであれば，それぞれの円弧をオフセットしてから不用な部位をトリムすることになる。これらの例でわかるように，工具中心が移動するサーフェスをオフセットだけで生成することは難しい。そこで，CAM では以下に

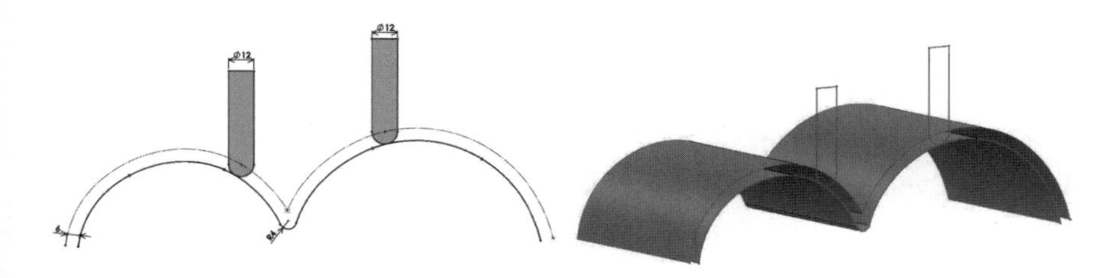

図 *9.10* 半径 50 mm と半径 60 mm の円弧をスプライン曲線で近似

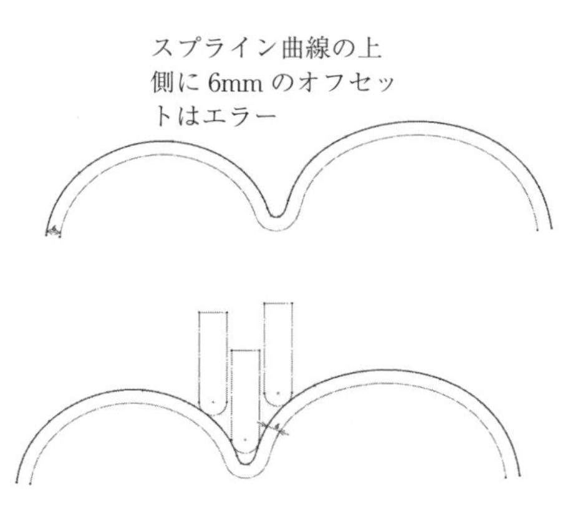

図 *9.11* **図 *9.9*** の曲線を一つのスプラインで近似

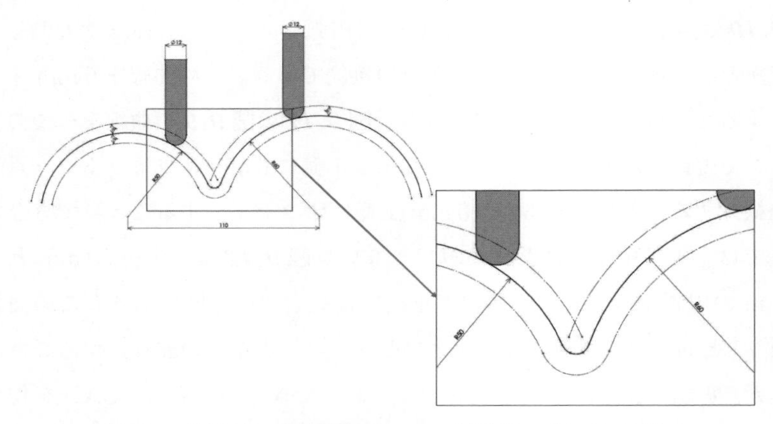

図 *9.12*　半径 50 mm と半径 60 mm の円弧がスプライン曲線で正接に接続している図

記述する方法で工具中心が移動する経路を演算している。

図 *9.13* に CAM におけるサーフェスの表現を示す。CAD/CAM におけるサーフェスの授受では，サーフェスの表現に NURBS 曲面を，ファイル形式に IGES や STEP を多用している。CAM ではサーフェスをそのまま内部表現として用いているものと，ポリゴンの集合体に変換してポリゴンメッシュで内部表現しているものがある。**図 *9.14*** にそれぞれの切削点の演算を示す。ポリゴンの演算ではポリゴンの**頂点**（vertex）や**稜線**（edge）に切削点がある。一方，サーフェス演算ではサーフェスと工具の接触点が切削点になる。以下にそ

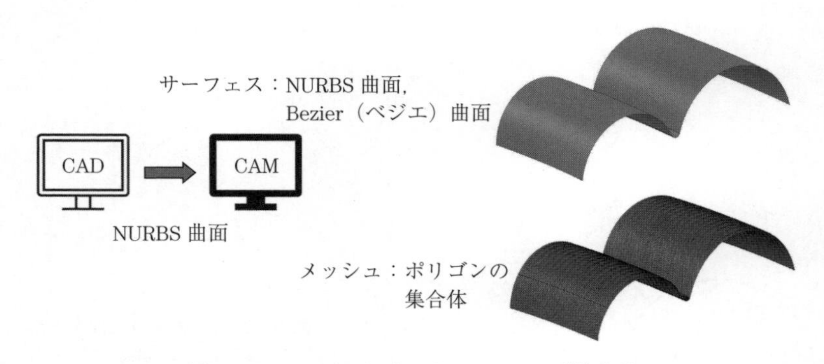

図 *9.13*　CAM におけるサーフェスの形状表現

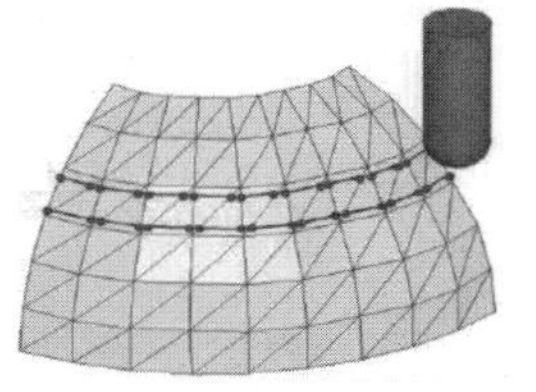

（a）ポリゴン演算：
面近似⇒切削点

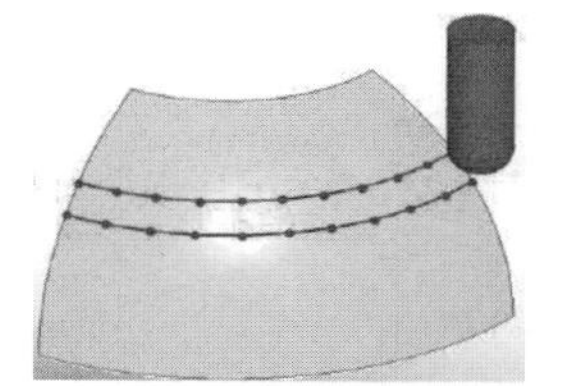

（b）サーフェス演算：
面接触⇒切削点

図 9.14　切削点の演算

れぞれの方法を示す。

図 9.15 にポリゴンメッシュによる逆オフセットを示す。まず，工具の向きを逆にして，ポリゴンの各頂点に工具中心を一致させる。工具の直径は微小なポリゴンよりはるかに大きいので，ポリゴンの頂点に逆向きの工具を一致させると工具が重なり合った形状になる。この形状を包絡するポリゴンメッシュがオフセット面になる。**図 9.16** に Z マップを用いて包絡線を求める方法を示す。加工面を X 方向に n 等分する。$Z_i\,(i=1\sim n)$ の値をすべて 0 にセットする。$X_i\,(i=1\sim n)$ の加工点に逆向き工具の中心を一致させると，図に示すように X_i には複数の工具が重なる。その中で Z 方向に一番大きな値を Z_i の値にする。Z_i を始点に Z_{i+1} を終点とする直線で Z_1 から Z_n までの点を結び付けると直線近似の包絡線を求めることができる。これを X–Y 平面（(X_i, Y_j) $(i=1\sim n,\ j=1\sim m)$ に拡張すればポリゴンメッシュで近似する包絡面を求め

（a）工具を反転してポリゴンの頂点に工具の中心を一致させる

（b）工具の直径＞ポリゴン

図 9.15　ポリゴンメッシュによる逆オフセット

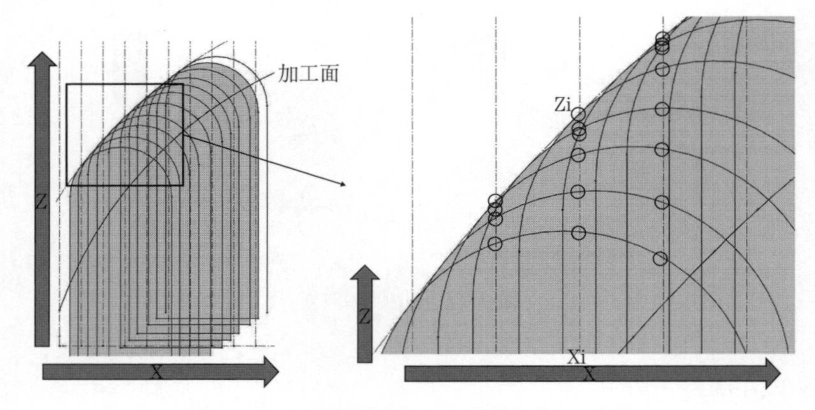

図 *9.16*　Z マップを用いて包絡線を求める方法

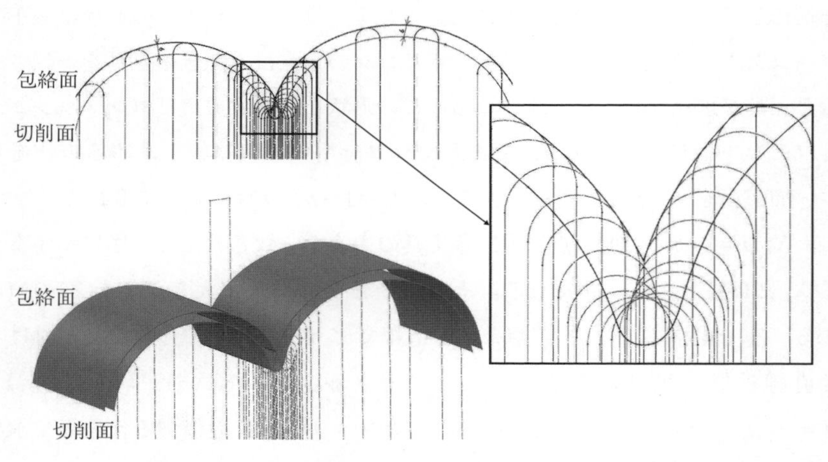

図 *9.17*　ポリゴンメッシュによる方法で生成した包絡面

ることができる。**図 *9.17*** にポリゴンメッシュによる方法で生成した包絡面を示す。

一方，サーフェスで表現する CAM では，球がサーフェス上を転がるようにして切削点を求めている。**図 *9.18*** にサーフェスから切削点を演算する方法の一例を示す。球座標系では，図に示す r, α, δ の三つのパラメータで球面上の点を表している。切削点を求める演算を簡潔に説明するために，ここでは，

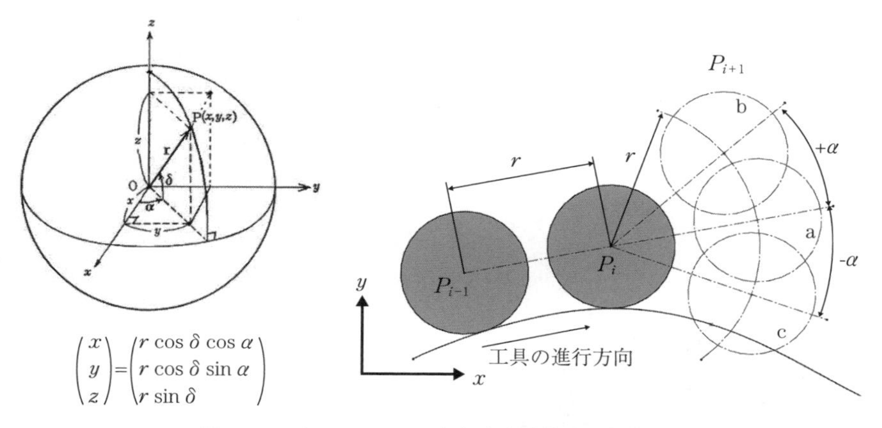

図 9.18　サーフェスから切削点を演算する方法の一例

X-Y 平面に描かれた曲線と円を用いる。工具の現在位置は P_i である。一つ前の工具位置が P_{i-1} である。P_{i-1} を始点，P_i を終点とするベクトルを使って，P_i を始点に P_{i+1} の位置を予測する（図中の円 a)。そして，P_i を中心に $+\alpha$ と $-\alpha$ の角度で P_{i+1} を回転複写すると図に示す円 b と円 c が求まる。それぞれの円が曲線と干渉するか判定する。三つとも干渉しなければ α の値を $\alpha+\varDelta\alpha$ に置き換えて計算を繰り返す。三つの円で一つあるいは二つの円が曲線と干渉するとき，$+\alpha$ を $+\alpha-\varDelta\alpha$ に，あるいは $-\alpha$ を $-\alpha+\varDelta\alpha$ に置き換えて計算を繰り返す。また，三つの円がすべて干渉するとき，$\boldsymbol{r}$ を $\boldsymbol{r}-\boldsymbol{\varDelta r}$ に置き換えて計算を繰り返す。図では円 c が繰返し計算の対象となり，$-\alpha$ を $-\alpha+\varDelta\alpha$ に置き換えて計算を繰り返す。$\varDelta\alpha$ や $\boldsymbol{\varDelta r}$ の値を徐々に小さくすることで曲線と円が接触する円の中心位置を求めることができる。これを，r, α, δ の三つのパラメータに拡張すると工具中心を探索することができる。この方法は，繰返し計算で近似解を求めるもので，最適化問題における直接探索法で最適解を求めるものと同じである。

サーフェスの加工では，工具中心の点群を直線補間で移動する軌跡になる。**図 9.19** に平面とサーフェスを加工する工具軌跡を示す。図中の CL は Z が 10 mm の軌跡である。平面部位の加工では，工具中心の位置 (X, Y, Z) が

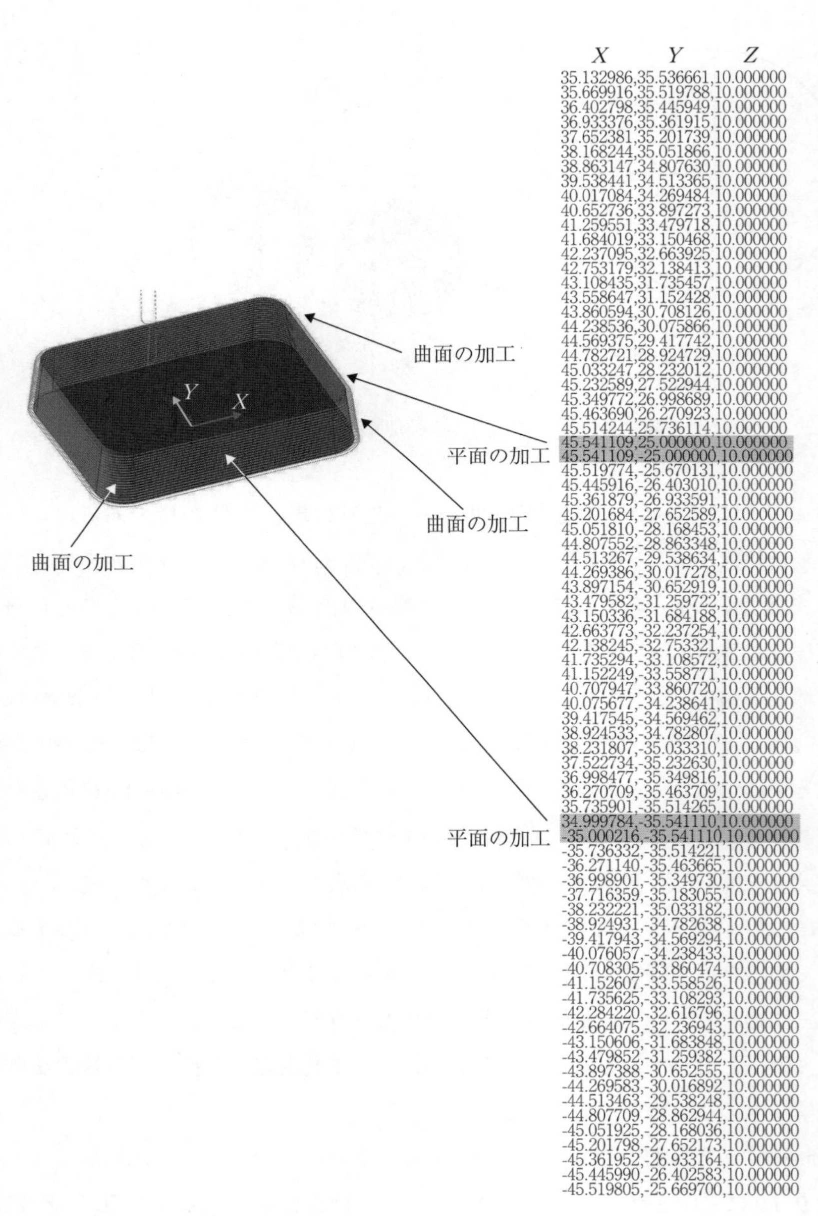

図 9.19　サーフェスの CL（工具中心の座標値）

(45.541 109, 25.000 000, 10.000 000) から

(45.541 109, − 25.000 000, 10.000 000) に　(①)

(34.999 784, − 35.541 110, 10.000 000) から

(− 35.000 216, − 35.541 110, 10.000 000) に　(②)

移動している。①は X を 45.541 に固定して Y を 25.000 から −25.000 へ直線補間で移動，②は Y を −35.541 に固定して X を 35.000 から −35.000 へ直線補間で移動する命令である。一方，曲面の部位は点群を直線補間で移動している。

ポリゴン演算とサーフェス演算を比べると，演算時間ではポリゴンが有利である，一方，形状の再現性（加工精度）ではサーフェスが優れている。**図 *9.20*** に工具経路と加工精度を示す。ポリゴン演算では，曲率が大きい凹凸の部位で削り込みや削り残しが発生する。サーフェスではその部位に工具軌跡の点群を再配置することで削り込みや削り残しを回避することができる。ポリゴン演算で精度を高めるためにメッシュ分割を細かくすると，ポリゴンの数が膨大になりコンピュータのメモリが不足したり，演算時間が長くなることがある。

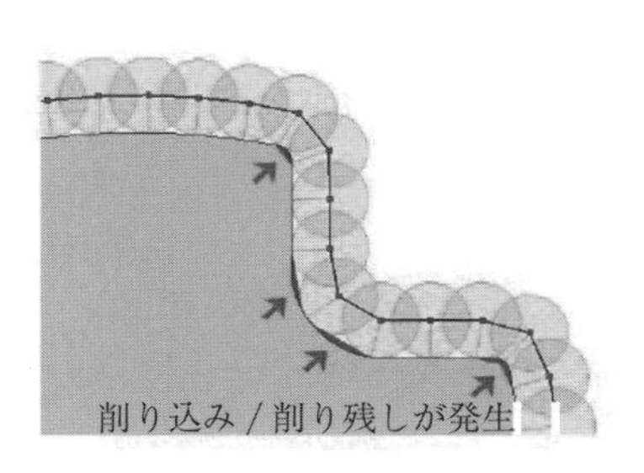

（a）ポリゴン演算

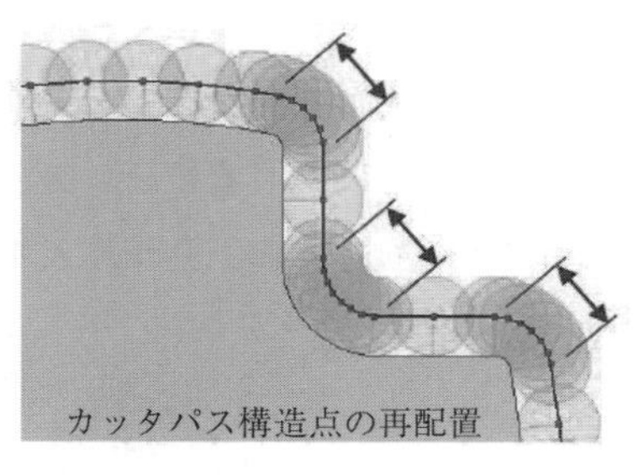

（b）サーフェス演算

図 *9.20*　工具経路と加工精度

9.3　3　軸　加　工

図 *9.21* に示す加工形状を例に，3 軸加工について説明する。ここでは，形状の内部（キャビティ）に 3 軸加工を行う。キャビティは二つある。左のキャ

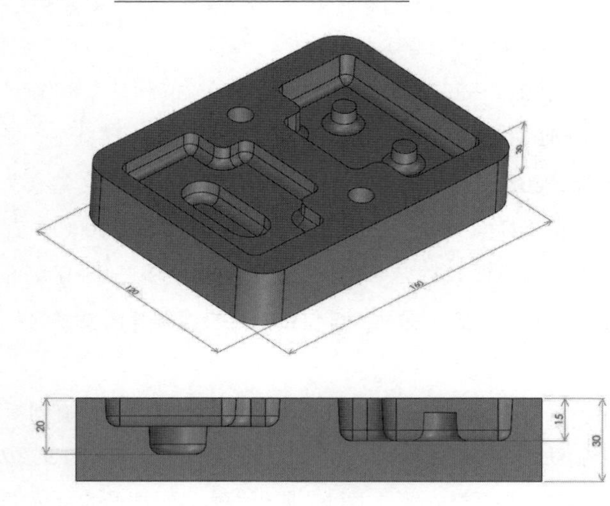

図 **9.21**　加工形状

ビティにはスロットが，右のキャビティにはボスがある。**図 9.22** に被削材であるストックと加工形状を示す。ストック形状からキャビティを削るとき，加工の工程を考える。加工には荒取り，中仕上げ，仕上げと呼ばれる工程がある。まず，ストックを荒取りする工程を考える。荒取りでは工具直径の大きなラジアスエンドミルで効率よく加工したい。キャビティの場合，どの工具径で加工できるのか形状を検証する必要がある。**図 9.23** に荒取り加工の工具選定（直径 12 mm の工具による検証）を示す。図は，スロットの溝や，キャビティ壁面とボスとのすきまに工具が進入できることを確認したものである。荒取り

図 **9.22**　ストックと加工形状

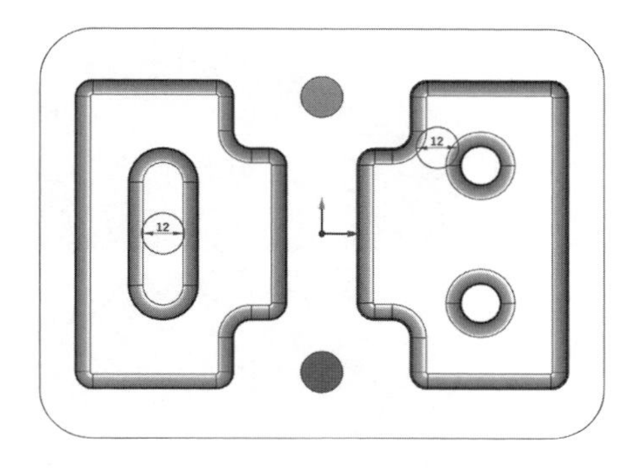

図 9.23 荒取り加工の工具選定（直径 12 mm の工具による検証）

では，仕上げ代として 0.2 mm 残して削ることにする。工具の軌跡は等高線荒取り加工とする。荒取りでは半径 6 mm 以下の凹コーナ部位が削り残しになる。そこで，荒取りした後にコーナの削りを直径 6 mm のボールエンドミルで加工する。ここでは，凹コーナのみを 0.2 mm 残して削ることにする。工具の軌跡は隅部取り残し加工（等高線，リトラクト）とする。

次に，中仕上げについて考える。まず，直径 6 mm のボールエンドミルで仕上げ代を 0.05 mm 残して削ることにする。工具の軌跡は等高線仕上げ加工とする。その後に，直径 6 mm のスクエアエンドミルで仕上げ代 0.05 mm 残し

表 9.1 加 工 工 程

No.	NC ファイル名	切削モード	工具種類	工具直径	刃先 R
1	O300 1	等高線荒取り	ラジアス	12	2
2	O300 2	隅部取り残し	ボール	6	3
3	O300 3	等高線仕上げ	ボール	6	3
4	O300 4	水平部仕上げ	スクエア	6	0
5	O300 5	等高線仕上げ	ボール	6	3
6	O300 6	水平部仕上げ	スクエア	6	0

No.	工具突出	仕上げ代	T	回転数	送り	X-Y ピッチ	Z ピッチ	切削時間
1	36	0.2	1	1 300	2 960	4	0.42	0:31:05
2	24	0.2	1	8 500	2 550	1.26	0.42	0:03:09
3	24	0.05	1	11 100	2 330	0.3	0.3	0:12:56
4	21	0.05	1	4 200	870	1.5	1	0:10:49
5	24	0	1	11 100	2 330	0.1	0.1	0:38:30
6	21	0	1	4 200	870	1.5	1	0:10:48

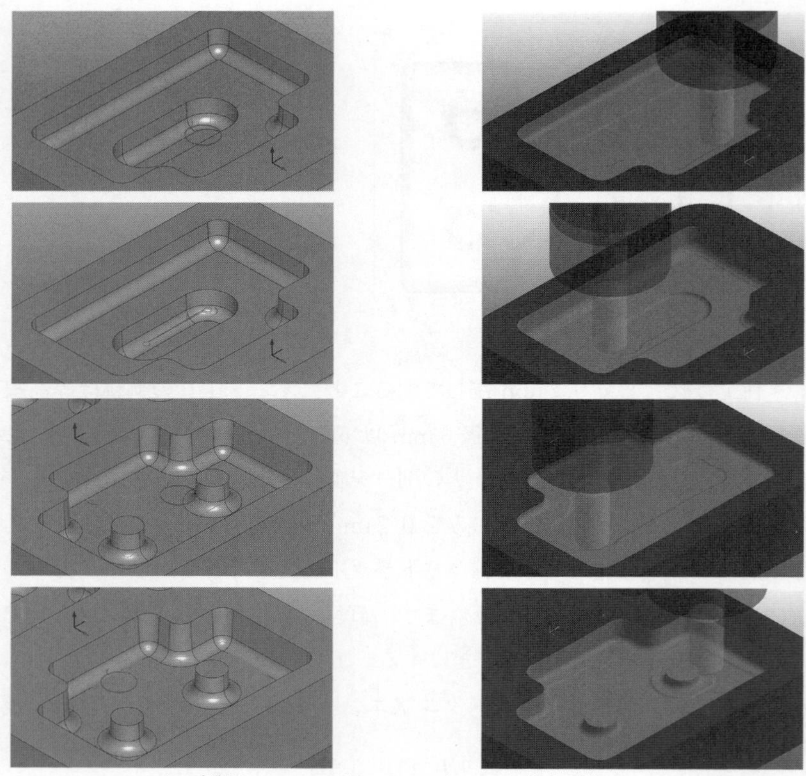

No.1：直径 6 mm のラジアスエンドミル，仕上げ代 0.2 mm

図 *9.24* 等高線荒取り加工

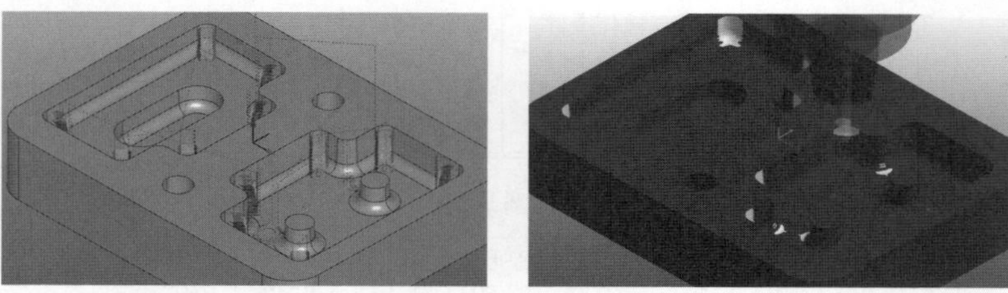

No.2：直径 6 mm のボールエンドミル，仕上げ代 0.2 mm

図 *9.25* 隅部取り残し加工

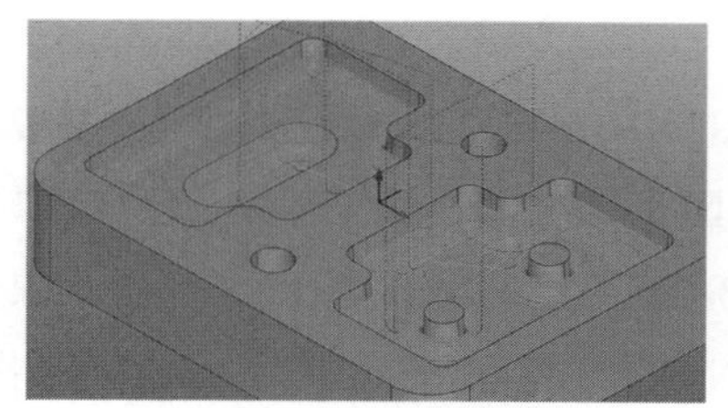
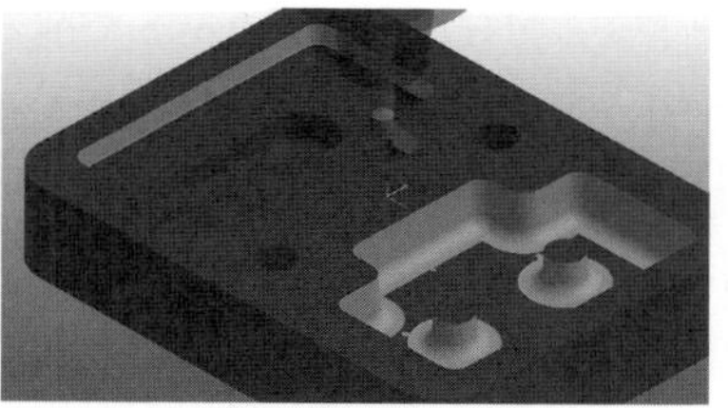

No.3：直径 6 mm のボールエンドミル，仕上げ代 0.05 mm

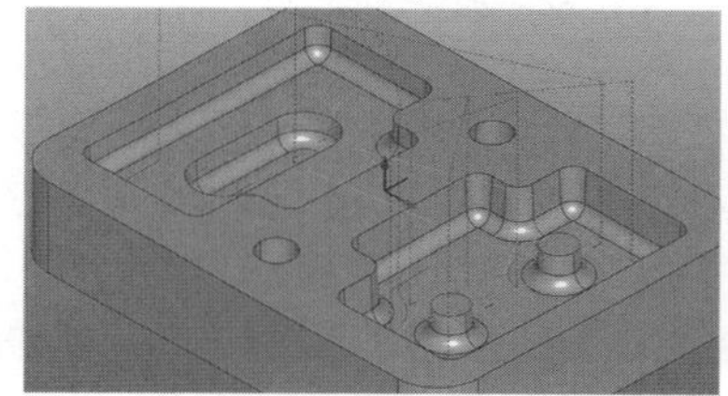

No.4：直径 6 mm のスクエアエンドミル，仕上げ代 0.05 mm

図 *9.26* 中仕上げの等高線仕上げ加工と水平部仕上げ加工

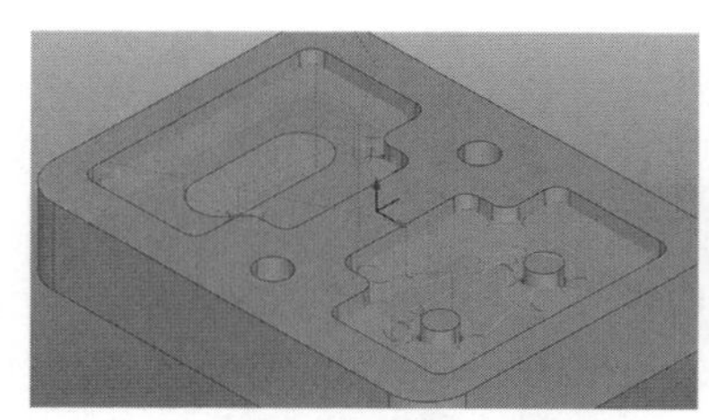
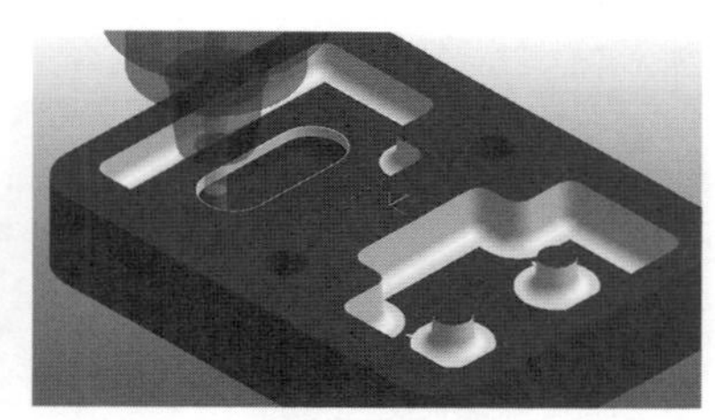

No.5：直径 6 mm のボールエンドミル，仕上げ代 0.0 mm

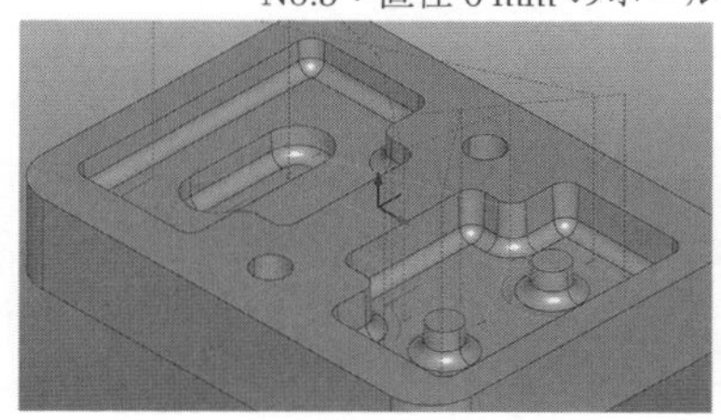

No.6：直径 6 mm のスクエアエンドミル，仕上げ代 0.0 mm

図 *9.27* 仕上げの等高線仕上げ加工と水平部仕上げ加工

てキャビティの底部の平坦部位を削ることにする。工具の軌跡は水平部仕上げ加工とする。

最後に，仕上げ加工について考える。中仕上げと同様に直径 6 mm のボールエンドミルで仕上げ代を 0 mm で削ることにする。その後，直径 6 mm のスクエアエンドミルで底部の平坦部位を仕上げ代 0 mm で削ることにする。**表 *9.1*** はこれらの工程をまとめたものである。**図 *9.24*** に等高線荒取り加工（No.1）を，**図 *9.25*** に隅部取り残し加工（No.2）を，**図 *9.26*** に中仕上げの等高線仕上げ加工と水平部仕上げ加工（No.3，No.4）を，**図 *9.27*** に仕上げの等高線仕上げ加工と水平部仕上げ加工（No.5，No.6）をそれぞれ示す。

9.4 5　軸　加　工

5 軸加工は X, Y, Z の 3 軸加工に回転軸を 2 軸付加したものである。回転軸には，傾斜軸と旋回軸がある。**図 *9.28*** に A 軸が傾斜軸，C 軸が旋回軸の例を示す。図（a）は傾斜軸を回転してワーク（加工物）を傾けたもの，図（b）は初期位置，図（c）は旋回軸でワークを回転移動したものである。

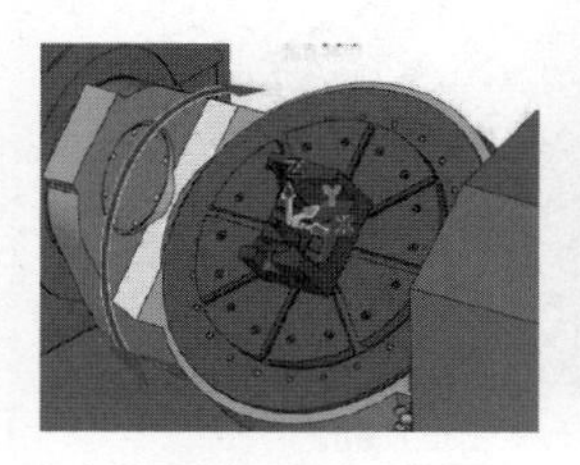

（a）傾斜軸でワークを傾ける

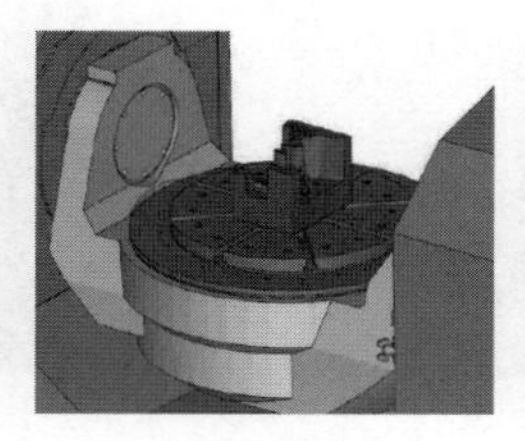

（b）初期位置

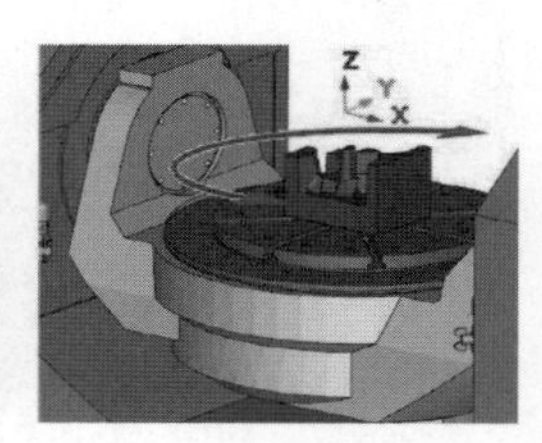

（c）旋回軸でワークを回転する

図 *9.28*　A 軸が傾斜軸，C 軸が旋回軸の例

3 軸加工の CL は G01X…Y…Z… のように工具中心の座標値で定義する。5 軸加工では，G01X…Y…Z…A…C… のように 3 軸加工の CL に傾斜軸と旋回軸の角度が追加される。**図 *9.29*** に 5 軸加工の CL を示す。図（a）に示す CL は G01 の X, Y, Z, A, C すべての数値が変化しているので同時 5 軸加工である。一方，図（b）に示す CL は，傾斜軸の角度（A−47.25）を固定して，それ以外の X, Y, Z, C の数値が変化しているので同時 4 軸加工である。

5 軸加工には，同時 5 軸，同時 4 軸のほかに，工具の姿勢を固定して X, Y,

```
G01X-7.788Y5.825Z134.867A-34.296C98.53
G01X-7.93Y6.742Z134.823A-34.193C98.913
G01X-8.077Y7.659Z134.773A-34.088C99.296
G01X-8.231Y8.575Z134.716A-33.987C99.68
G01X-8.391Y9.489Z134.652A-33.899C100.065
G01X-8.559Y10.406Z134.58A-33.799C100.453
G01X-8.733Y11.32Z134.501A-33.7C100.84
G01X-8.912Y12.232Z134.416A-33.601C101.228
G01X-9.098Y13.141Z134.324A-33.5C101.615
G01X-9.29Y14.047Z134.225A-33.401C102.003
G01X-9.489Y14.949Z134.119A-33.304C102.391
G01X-9.693Y15.849Z134.006A-33.206C102.78
G01X-9.904Y16.746Z133.887A-33.108C103.168
G01X-10.12Y17.639Z133.76A-33.01C103.557
G01X-10.343Y18.53Z133.627A-32.912C103.945
G01X-10.572Y19.417Z133.488A-32.815C104.334
G01X-10.807Y20.301Z133.341A-32.724C104.723
G01X-11.048Y21.182Z133.188A-32.629C105.112
G01X-11.295Y22.06Z133.028A-32.524C105.499
G01X-11.548Y22.934Z132.861A-32.428C105.888
G01X-11.808Y23.804Z132.688A-32.332C106.276
G01X-12.074Y24.676Z132.507A-32.235C106.667
G01X-12.348Y25.546Z132.319A-32.139C107.058
G01X-12.627Y26.412Z132.123A-32.053C107.452
G01X-12.913Y27.275Z131.922A-31.958C107.843
G01X-13.204Y28.133Z131.713A-31.862C108.235
G01X-13.501Y28.988Z131.498A-31.756C108.624
```

（a）同時5軸加工

```
G01X-7.788Y5.825Z134.867A-47.25C98.53
G01X-7.93Y6.742Z134.823A-47.25C98.913
G01X-8.077Y7.659Z134.773A-47.25C99.296
G01X-8.231Y8.575Z134.716A-47.25C99.68
G01X-8.391Y9.489Z134.652A-47.25C100.065
G01X-8.559Y10.406Z134.58A-47.25C100.453
G01X-8.733Y11.32Z134.501A-47.25C100.84
G01X-8.912Y12.232Z134.416A-47.25C101.228
G01X-9.098Y13.141Z134.324A-47.25C101.615
G01X-9.29Y14.047Z134.225A-47.25C102.003
G01X-9.489Y14.949Z134.119A-47.25C102.391
G01X-9.693Y15.849Z134.006A-47.25C102.78
G01X-9.904Y16.746Z133.887A-47.25C103.168
G01X-10.12Y17.639Z133.76A-47.25C103.557
G01X-10.343Y18.53Z133.627A-47.25C103.945
G01X-10.572Y19.417Z133.488A-47.25C104.334
G01X-10.807Y20.301Z133.341A-47.25C104.723
G01X-11.048Y21.182Z133.188A-47.25C105.112
G01X-11.295Y22.06Z133.028A-47.25C105.499
G01X-11.548Y22.934Z132.861A-47.25C105.888
G01X-11.808Y23.804Z132.688A-47.25C106.276
G01X-12.074Y24.676Z132.507A-47.25C106.667
G01X-12.348Y25.546Z132.319A-47.25C107.058
G01X-12.627Y26.412Z132.123A-47.25C107.452
G01X-12.913Y27.275Z131.922A-47.25C107.843
G01X-13.204Y28.133Z131.713A-47.25C108.235
G01X-13.501Y28.988Z131.498A-47.25C108.624
```

（b）同時4軸加工

図 *9.29* 5軸加工のCL

（a）ワーク形状と工具の姿勢

図 *9.30* 位置決め5軸加工（続く：図（b）～（e））

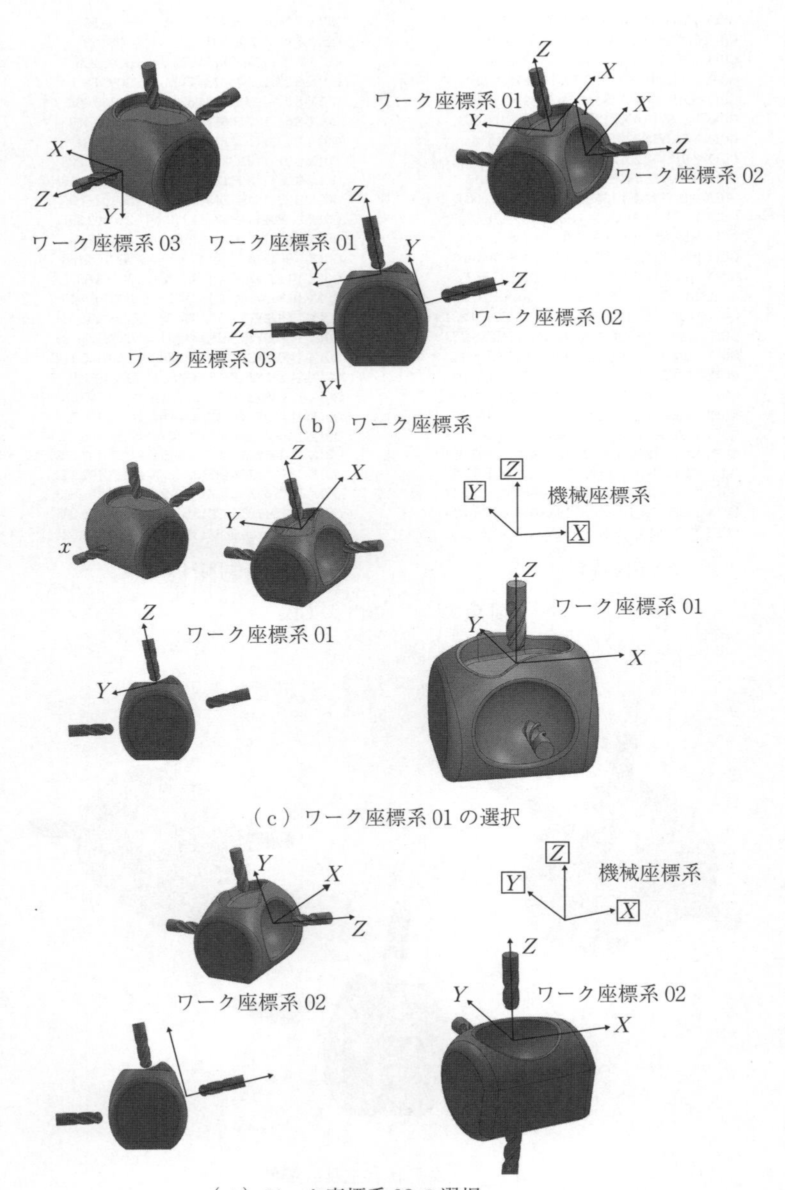

（b）ワーク座標系

（c）ワーク座標系 01 の選択

（d）ワーク座標系 02 の選択

図 *9.30* （続き）

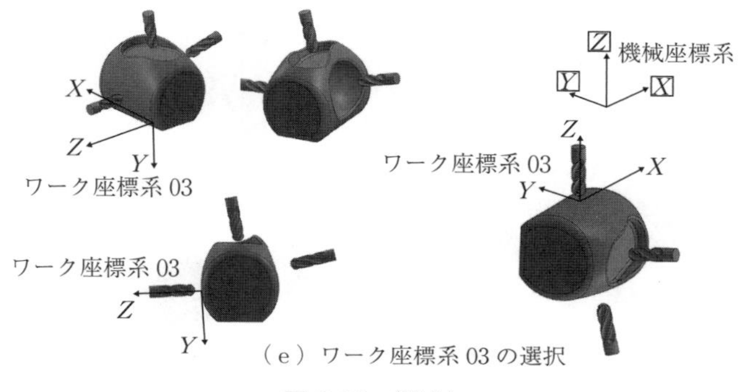

（e）ワーク座標系 03 の選択

図 *9.30*（続き）

Z の 3 軸を動かす方法がある。これを位置決め 5 軸（あるいは固定 5 軸）加工と呼んでいる。**図 *9.30*** に位置決め 5 軸加工を示す。図（a）は 5 軸で加工するワーク形状とそれを加工するための三つの工具姿勢を示す。5 軸加工では工具姿勢を変えることで，段取り替えをしないで 3 軸加工が実行できる。工具姿勢を変えることは，3 軸加工でワークの姿勢を換えることと同じ意味である。図（b）に三つのワーク座標系を示す。工具の姿勢はワーク座標系の *Z* 方向にそれぞれ一致している。図（c）はワーク座標系 01 を機械座標系に，図（d）はワーク座標系 02 を機械座標系に，図（e）はワーク座標系 03 を機械座標系にそれぞれ一致させたものである。このように考えると，加工する部位は，*X*, *Y*, *Z* の 3 軸で加工できることになる。つまり，位置決め 5 軸加工の CL は G01 を *X*, *Y*, *Z* で記述できるということである。

同時 5 軸と同時 4 軸加工では，*X*, *Y*, *Z* の並進運動と *A*, *C* の回転運動が連動するので，**図 *9.31***（a）に示す工具移動を G01 で定義すると工具中心は（X0.0, Y−20.0）から（X0.0, Y20.0）に直線移動し，*A* 軸は −20.0° から ＋20.0° へ回転移動することになる。その結果，被削材は図（a）のように削られる。これを回避するには，図（b）のように，直線移動と回転移動を細かく分割し，それを結び付ける軌跡を演算する必要がある。これまでは，CAM でこの演算を実行していたが，CNC に工具先端点制御が導入されてからは機械側でこの演算を実行するので，CAM の負担が軽減した。

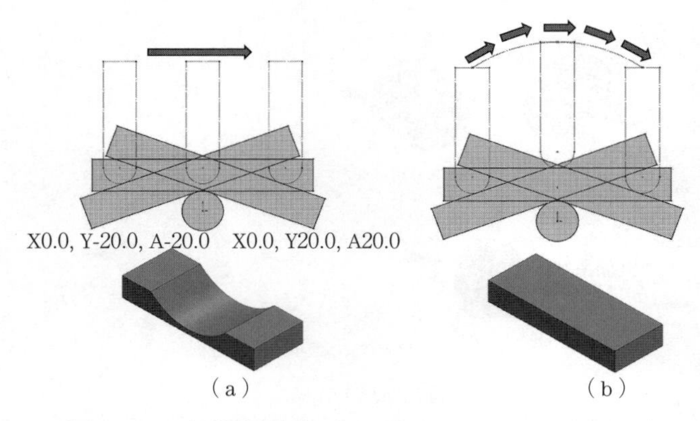

図 *9.31* 工具先端点制御（tool center point control, TCPC）

回転運動で大きな角度変化がある加工では，機械の X, Y, Z 軸の送りが追従できない不具合が起き得る。これを回避するには，工具軸の方向が滑らかに変化するCLを生成する必要がある。CAMには，自動で工具軸を付加する機能や，ユーザがカーブ，ポイント，サーフェスを使って工具軸の方向を定義する機能がある。**図 *9.32*** に工具軸の方向を定義する一例を示す。

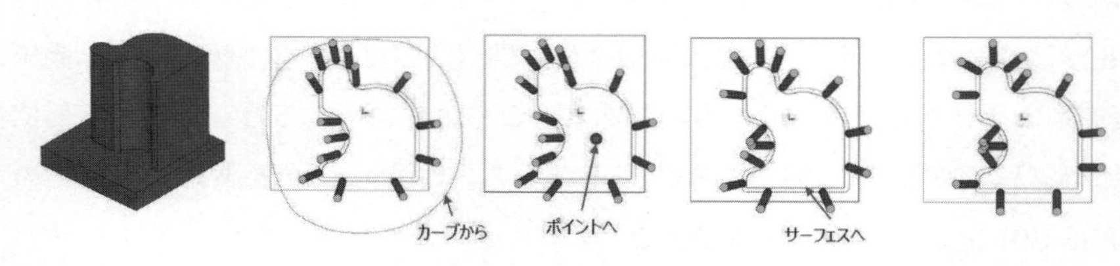

図 *9.32* 工具軸の方向

なお，5軸加工では，工具やホルダとストックとの干渉計算が不可欠である。そのため，CAMには干渉を回避する機能がある。**図 *9.33*** に，干渉の検出と回避機能の例を示す。図では傾斜軸の角度を10°から21°に変更することで干渉を回避している。また，**図 *9.34*** に示すようにユーザが工具ホルダを変更することで干渉を回避することもできる。

次に同時5軸加工の例を示す。**図 *9.35*** に4枚羽プロペラの形状を，**図**

9.36 に工具（直径 10 mm のボールエンドミル）とホルダを，**図 9.37** に同時 5 軸加工の CL を，**図 9.38** に同時 5 軸加工の工具姿勢をそれぞれ示す。この CL は，3 軸加工における等高線加工を曲面に拡張したような CL である。プロペラのハブ（円柱の側面）を参照面に選び，その参照面を羽の先端方向にオ

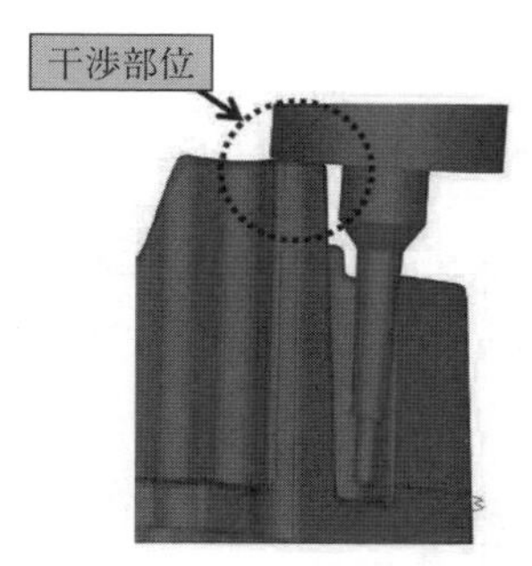

（a）傾斜軸角度 10°

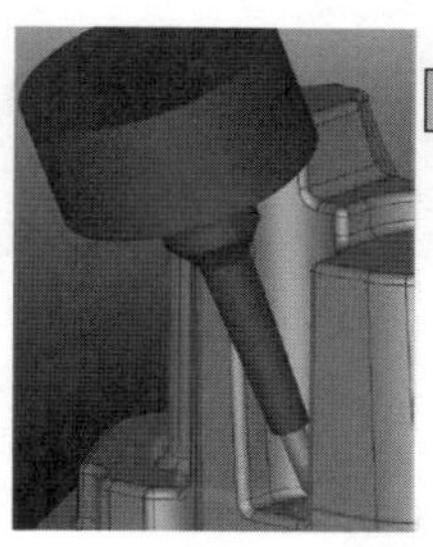

（b）傾斜軸角度 21°

図 9.33　干渉の検出と回避機能（傾斜軸の変更）の例

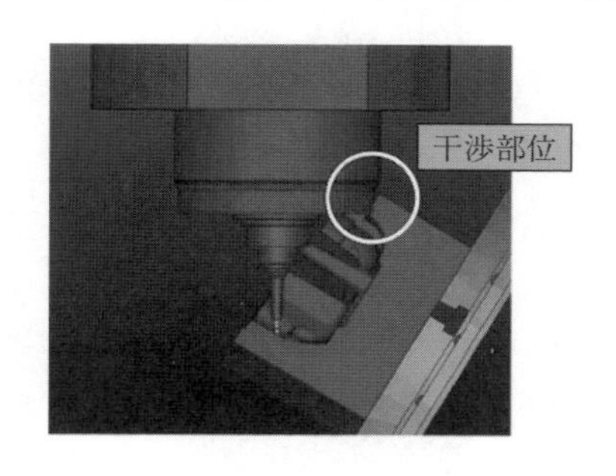

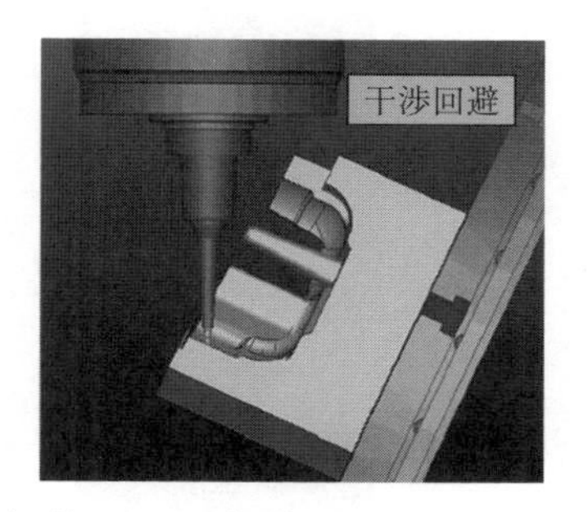

図 9.34　干渉の検出と回避機能（工具ホルダの変更）の例

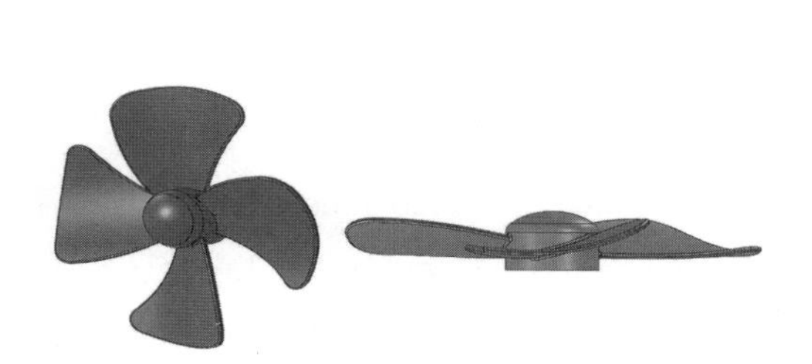

図 9.35　4 枚羽プロペラの形状

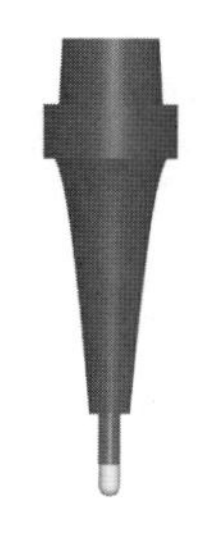

図 9.36　工具（直径 10 mm のボールエンドミル）とホルダ

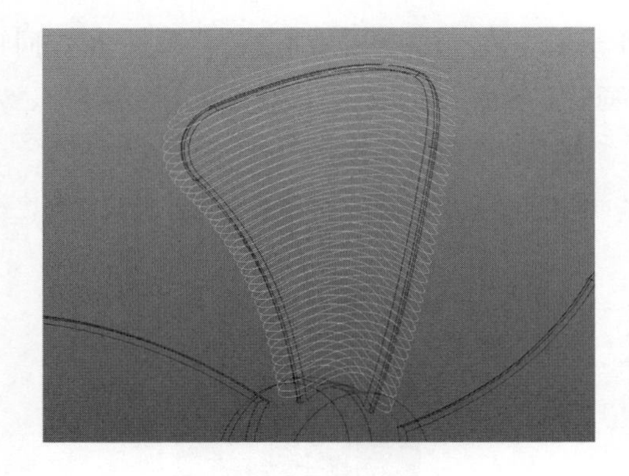

図 9.37　同時 5 軸加工の CL

図 9.38　同時 5 軸加工の工具姿勢

フセットすることで多層の曲面を求めている。直径 10 mm のエンドミルは各層の曲面上を移動するので，各層の加工終了点から次の層の加工開始点への工具移動にはリトラクトがある。**図 9.39** に 5 軸加工の長所を示す。5 軸加工は工具を傾けて加工することができるので，段取り替えを減らすことができ，工具の周速ゼロ点での加工を回避することができる。さらに，工具長が短い工具

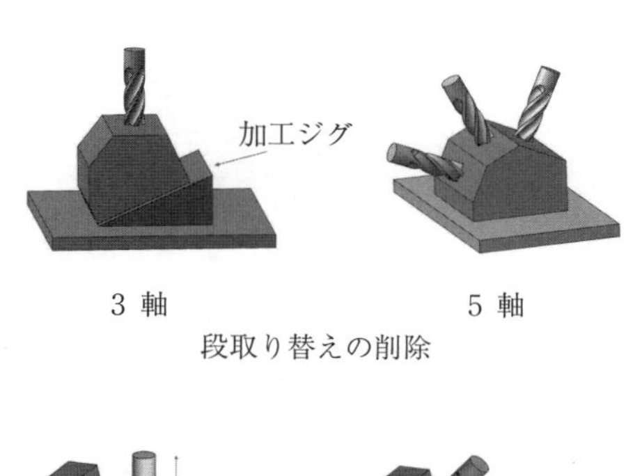

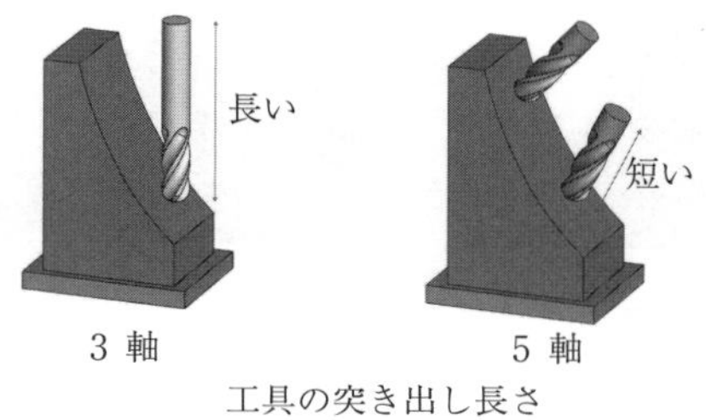

図 *9.39* 同時5軸加工の長所

で加工できるので，加工精度を上げることができる。

演　習　問　題

【1】 **問図 *9.1*** に示すような円錐曲面を工具直径 ϕ20 mm で加工するとき，工具の中心が Z=80 mm，50 mm，20 mm における切削点の Z の値をそれぞれ求めよ。それぞれの高さで工具中心の軌跡は円である。工具中心が移動する円の半径も求めよ。

円錐曲面の CAD データは，コロナ社のホームページからダウンロードできる。CAD データは STEP または Parasolid 形式なので，3D-CAD で開き，ネイティブファイル（例えば，Solidworks ではファイルの拡張子が.prt や.sldprt）で保存すること。保存したネイティブファイルの CAD データを使用して解答せよ。

【2】 **問図 *9.2*** に示すキャビティ形状を3軸加工する。ソリッドボディを用いて荒取り加工で使用するスクエアエンドミルの直径を求めよ。ただし，エンドミルは図のようにすきまをすべて通過すること。仕上げ代を 0.2 mm 残すこと。工具の直径は，ϕ14，ϕ16，ϕ18，ϕ20 の中から最も大きな直径を選ぶこと。

キャビティの CAD データは，コロナ社のホームページからダウンロードで

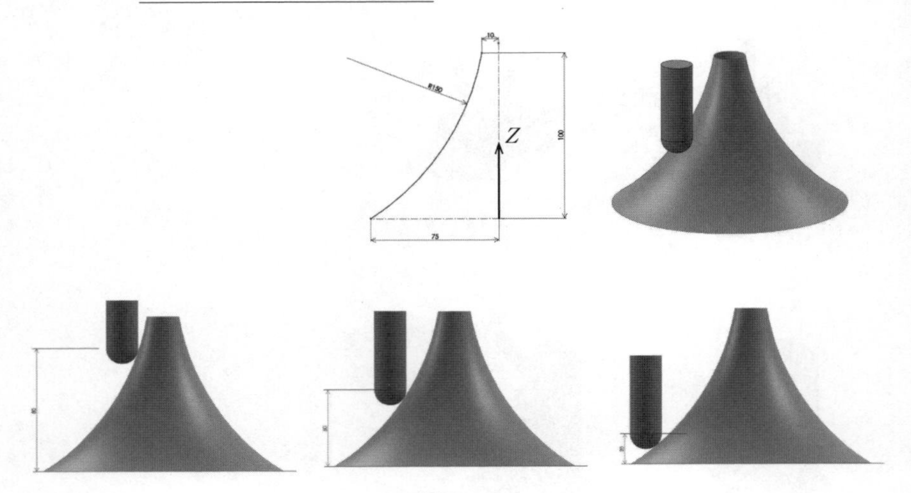

問図 *9.1*

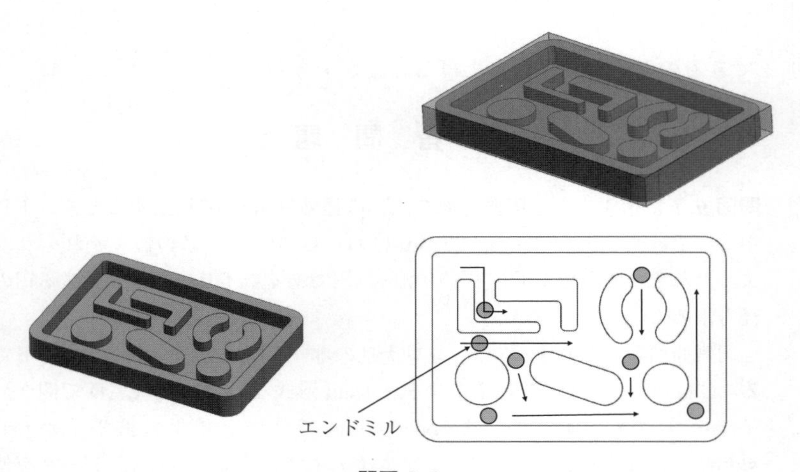

問図 *9.2*

きる。CAD データは STEP または Parasolid 形式なので，3D-CAD で開き，ネイティブファイル（例えば，Solidworks ではファイルの拡張子が.prt や.sldprt）で保存すること。保存したネイティブファイルの CAD データを使用して解答せよ。

10

additive manufacturing（AM）

金属積層造形とモノづくりを理解するために，本章では，はじめに，金属積層造形について概説する。次に，ラティス（格子）構造やトポロジー最適化による軽量化と機械部品の設計および積層造形について，さらに，5 軸積層造形と 5 軸切削加工を組み合わせたモノづくりについて学ぶ。

10.1 積層造形の方法

additive manufacturing（以下，**AM** と略記）は，積層造形による製造を意味する用語である。高エネルギービームで金属を積層造形する方法には，powder bed fusion（以下，**PBF** と記す）と directed energy deposition（以下，**DED** と記す）がある。**図 *10.1*** に PBF，**図 *10.2*** に DED をそれぞれ示す。

PBF による積層造形は，まず，造形エリアにリコータで金属粉末を薄く敷き詰める。次いで，高エネルギービーム（レーザや電子ビーム）を照射すると

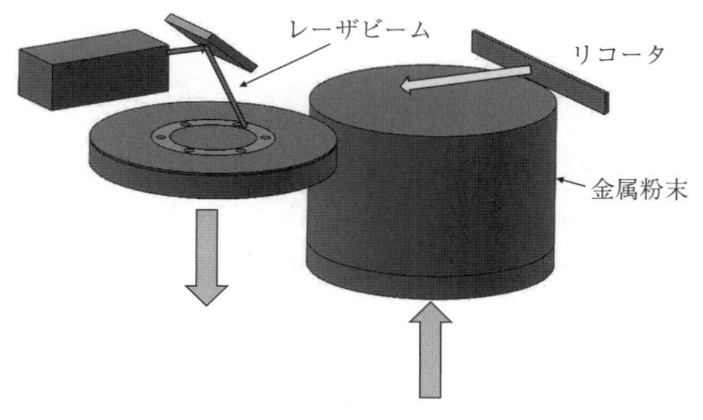

図 *10.1* PBF

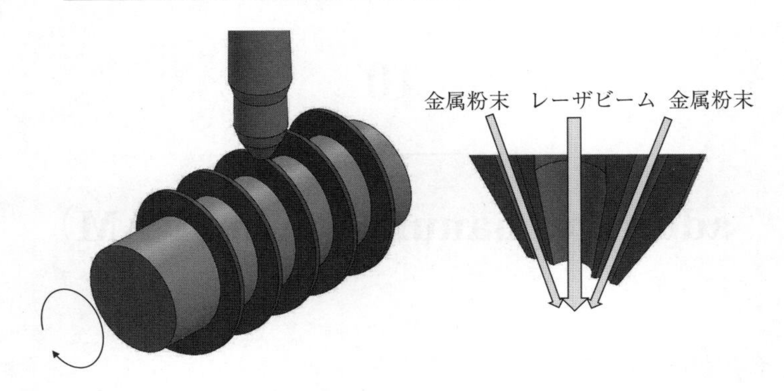

図 *10.2*　DED

金属粉末は溶融・凝固する。これで一つの層が造形される。この動作を高さ方向に繰り返すので，機械加工では製作ができない，あるいは難しい形状を造形することができる。DED では，ノズルから金属粉末とレーザを同時に噴射・照射するので，母材や部品の任意の部位に金属粉末が溶融・凝固する。母材や部品の形状に合わせて母材と異なる金属を積層することができる。

積層造形で使用する金属粉末には，チタン，ニッケル，アルミニウム，コバルト，クロム，ステンレス鋼，マルエージング鋼，ブロンズなどがある。インプラントなどの医療部品や航空機の部品にはチタンが，金型にはマルエージング鋼が使われている。

10.2　PBF　と　AM

PBF による AM の利点は，機械加工が困難な形状を造形できることである。**図 *10.3*** に，例として金型を冷却する水管を示す。射出成形では，金型に溶融樹脂を射出して固化するまで金型を冷却する。これまでの水管は加工の制約から直線的な穴であった。PBF では螺旋や曲がった水管を製作することができるので，冷却効果の高い金型を製作することができる。**図 *10.4*** に，素形材をフライス加工とドリル加工で製作する部品を示す。図（a）は型による素形材の製造を，図（b）は PBF による素形材の造形を考えている。形状は類似し

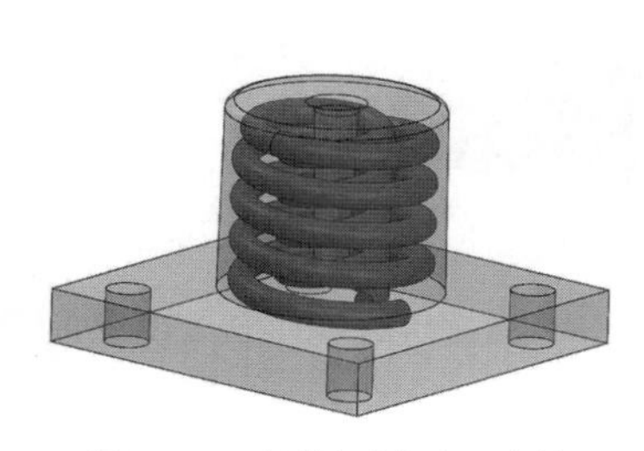

図 *10.3* 金型を冷却する水管

（a）型による素形材の製造

（b）PBF による素形材の製造

図 *10.4* 素形材をフライス加工とドリル加工で製作する部品

ているが，図（b）の素形材は図（a）の素形材に比べ，重量が 15％減少している。

機械部品の設計では，軽くて丈夫な構造が要求されている。PBF では，**図 *10.5*** に示すようなラティス構造を造形することができる。**図 *10.6*** に，材料力学の基礎的な問題の一例を示す。中実円柱の両端を完全固定して中央に集中荷重を作用させると，内部の応力（ミーゼス応力）は図に示すようになる。中実円柱の中心軸近傍には応力がほとんど作用していないことがわかる。

そこで，軽量化を図るために応力が作用しない部位を格子構造に置き換え，さらに応力が大きな中央部分の厚みを増加させた**図 *10.7*** に示す形状を考える。重量は**図 *10.6*** に示す中実円柱に比べ 32％減少している。この形状を応力

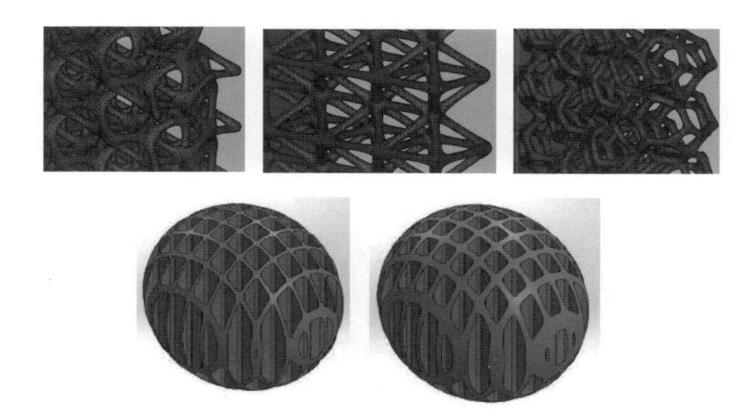

図 *10.5* ラティス構造のサンプル

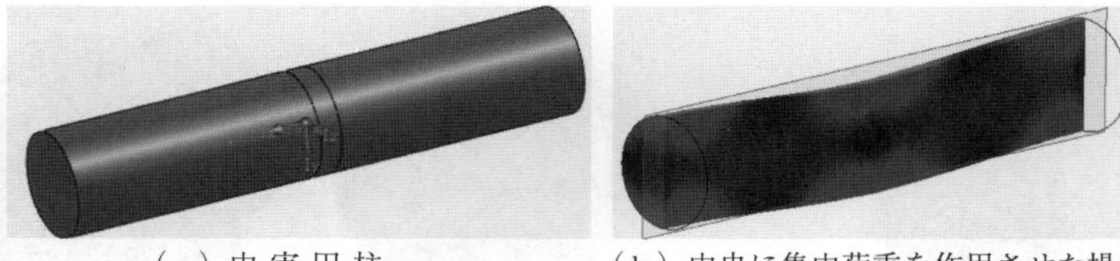

（a）中 実 円 柱　　　　（b）中央に集中荷重を作用させた場合

中実円柱（図（a））の両端を固定して中央に集中荷重を作用させた場合，内部の応力（ミーゼス応力）は図（b）のようになり，中実円柱の中心軸近傍には応力がほとんど作用していない。

図 *10.6*　材料力学の基礎的な問題の一例

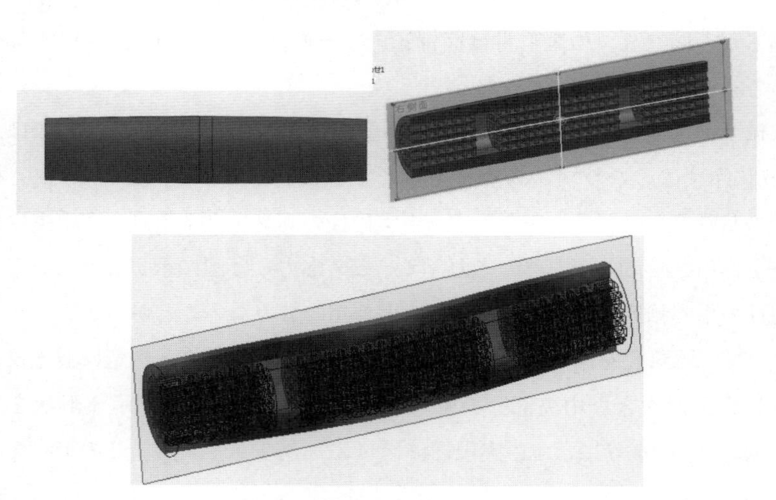

図 *10.7*　ラティス構造による軽量化とミーゼス応力

解析してみると応力の最大値は35%低下している。このように，PBFによるAMでは素材の内部を軽量化することができるので，中実円柱よりも軽くて丈夫なものが実現できることになる。さらに，**図 *10.8***にトポロジー最適化手法で計算した結果の断面図を示す。最適化計算の目的関数は剛性と重量の比，制約条件は円柱の側面，荷重条件は中央に集中荷重である。この形状をSTL形式で保存して，PBFに送信すれば造形することができる。

図 *10.9*に，直方体の片持ち梁をトポロジー最適化手法で計算した結果を示す。この計算では，直方体の左側面を完全固定，右側面に集中荷重，目的関数

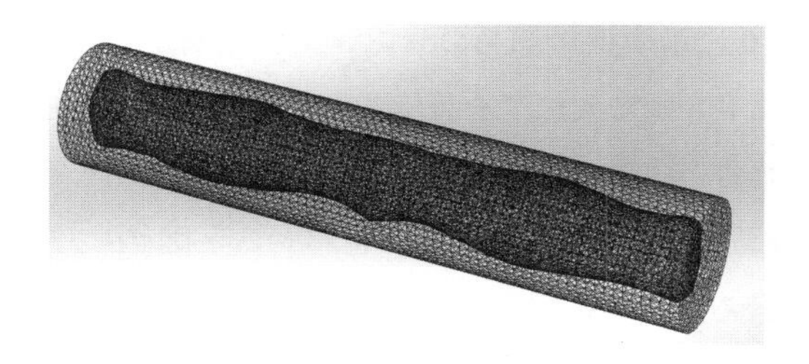

図 10.8 トポロジー最適化手法で計算した結果の断面図

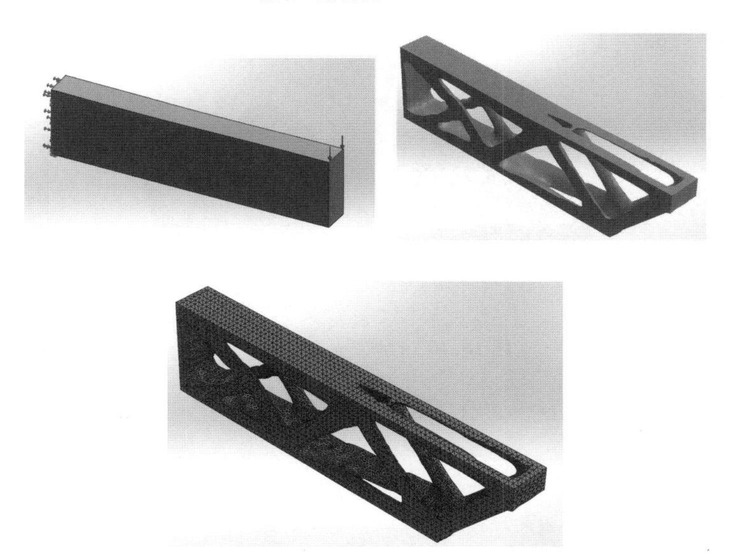

図 10.9 直方体の片持ち梁をトポロジー最適化手法で計算した結果

に剛性と重量の比，制約条件に直方体の対称性をそれぞれ設定している。図に示す解では重量が 75% 削減している。ラティス構造と同様に，この形状も STL 形式で保存して PBF に送信すれば造形することができる。

10.3 DED と AM

工作機械に DED を組み付けて同時 5 軸で積層造形と切削加工を行う複合機械が開発され，モノづくりでその利活用を試行している。複合機械によるモノづくりを**図 *10.10*** に示す機械部品のサンプルで説明する。図（a）に示す機械部品は素形材にドリルで穴加工を行うことができる。しかし，図（b）のように穴が配置されると中央のフランジにはドリルで穴加工を行うことができない。そこで，積層造形と切削加工を組み合わせると**図 *10.11*** に示す工程で製作することができる。その工程は，① 円管の積層造形，② 90° 傾けてフランジの積層造形，③ 穴あけ加工，④ 円管の積層造形，⑤ 90° 傾けてフランジの積層造形，⑥ 穴あけ加工，⑦ 円管の積層造形，⑧ 90° 傾けてフランジの積層造形，⑨ 穴あけ加工である。

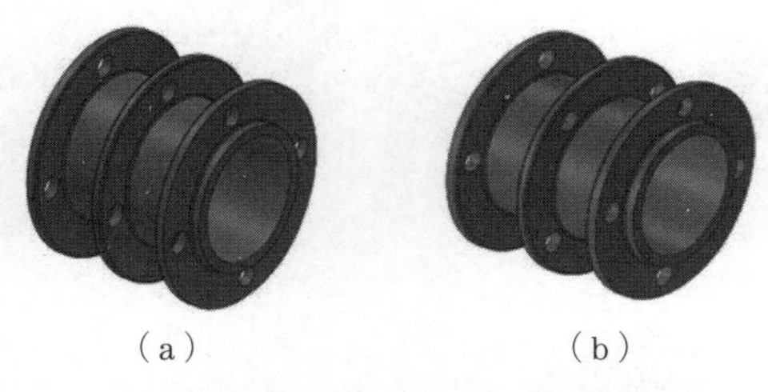

図 *10.10*　機械部品のサンプル

図 *10.11*　AM を活用したモノづくりの工程

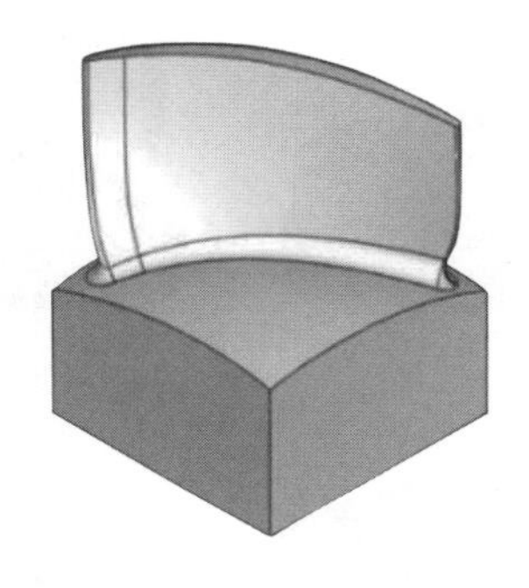

図 10.12 自由曲面とブレードを組み合わせた形状

図 10.12 に自由曲面とブレードを組み合わせた形状を示す。この形状を直方体のストックから切削すると，ストックの体積の 50% 以上が切りくずになる。そこで，積層造形と切削加工を組み合わせたモノづくりを考える。**表 10.1** に製作工程の一例を，**図 10.13** にそれぞれの製作工程を示す。**図 10.14** は積層曲面を生成する参照面と造形の CL である。造形の CL は，図に示すように自由曲面を参照面に選び，その参照面を Z 方向にオフセットした曲面に生成している。5 軸加工と同様に，5 軸積層造形でも干渉計算や積層造形のシミュレーションは必要である。

5 軸積層造形と 5 軸切削加工を組み合わせると，金型や機械部品の表面に，**ニアネットシェイプ**（near net shape, 製品に近い形状）を造形し，それを仕上げ加工するモノづくりができる。

表 10.1 製作工程の例

工程	加工・造形	制御軸数
1	荒加工	3 軸
2	仕上げ加工	3 軸
3	積層造形	5 軸
4	仕上げ加工	5 軸
5	仕上げ加工	5 軸

工程 1：立方体のストックの上面を荒加工する（3 軸加工）。
工程 2：走査線加工でストック上面を仕上げ加工する（3 軸加工）。
以上で，上面の自由曲面が加工される。この面にブレードを積層造形する。
工程 3：ブレードを積層造形する（5 軸積層造形）。
工程 4：ブレード面を仕上げ加工する（5 軸加工）。
工程 5：削り残しを小径工具で仕上げ加工する（5 軸加工）。

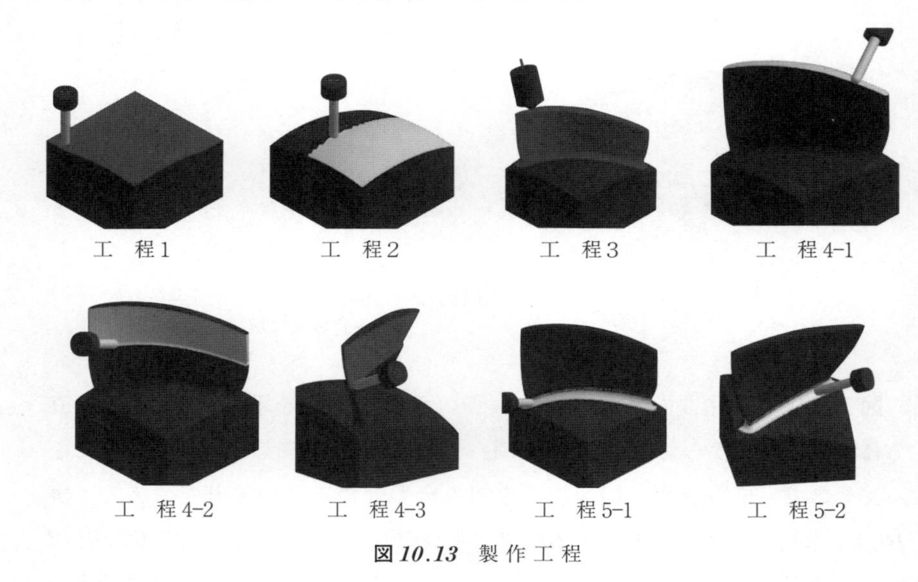

図 *10.13* 製作工程

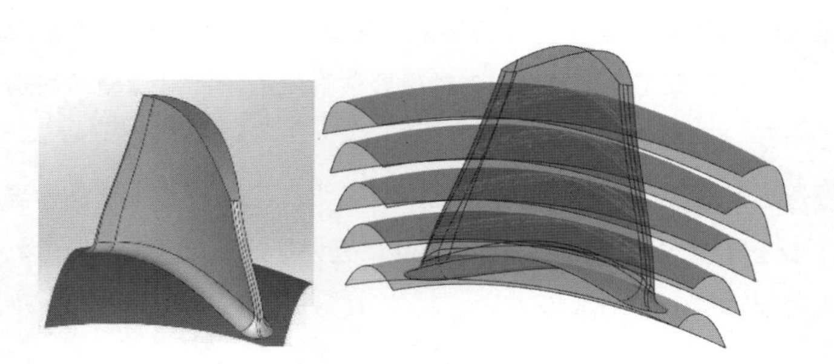

図 *10.14* 積層曲面を生成する参照面と造形のCL

演 習 問 題

【1】 **問図 *10.1***（a）に示すエレメントを用いて，図（b）に示すソリッドを図（c）に示すラティス構造にせよ。なお，図（e）にソリッドの寸法を示す。

【2】 **問図 *10.2*** に示す機械部品を，積層造形と切削加工で製作するための工程を考えよ。

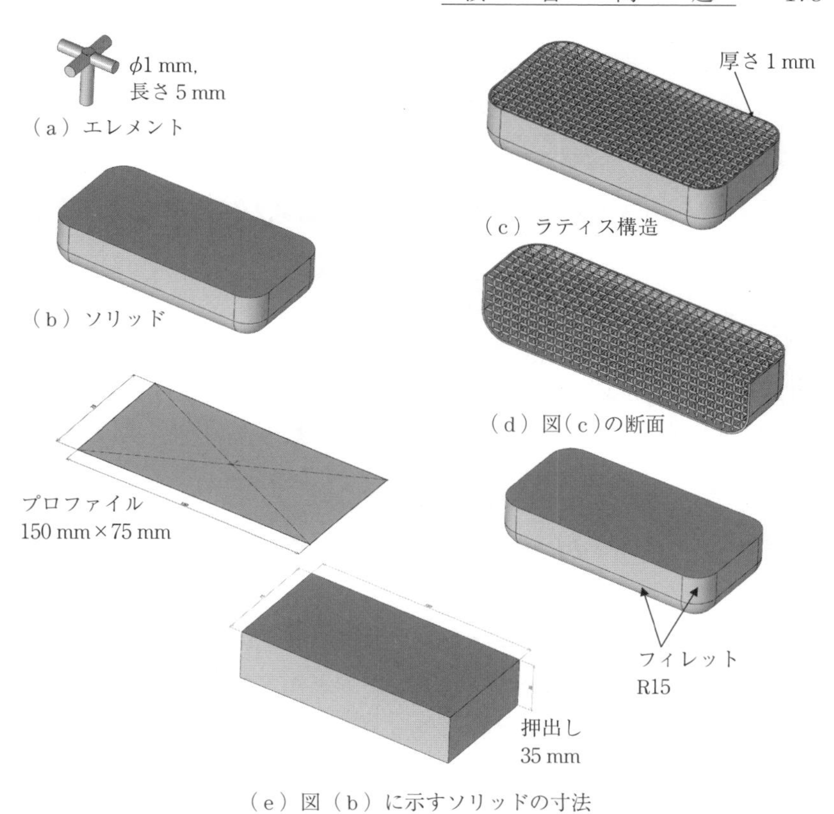

（e）図（b）に示すソリッドの寸法

問図 *10.1*

問図 *10.2*

11

CAD/CAM のデータ管理

チームワークやプロジェクトによるモノづくりでは，データの管理について理解する必要がある。そのために，本章では，CAD データや設計履歴などのドキュメント管理，製品の構成管理，および BOM，PDM，PLM について学ぶ。

11.1 ドキュメント管理

3D-CAD には，アセンブリファイル，パーツファイル，図面ファイル，および標準部品であるボルト，ナット，ベアリングなどのファイルがある。アセンブリファイルには部品の空間的な配置と合致の拘束が，パーツファイルには部品の形状が，図面ファイルには製造の情報が，それぞれ定義されている。それらのファイルは，互いに参照しているので，パーツファイルで部品の寸法値を変更すると，その変更は図面ファイルとアセンブリファイルに自動的に反映される。アセンブリファイルは部品ファイルを参照しているので，部品ファイルを保存した後に，保存先のフォルダから別のフォルダに移動したり，部品ファイルの名称を変更したりすると，アセンブリファイルを開いたときに参照先に部品が存在しないというエラーが表示される。そのため，ファイルの参照を管理する必要がある。設計を一人で行う業務形態ならば，個人の設計者がフォルダやファイルの名称を決めればよい。そして，CAD データへのアクセス権は個人の設計者だけに与えればよい。しかし，製造企業での設計の多くはチームによる作業であり，複数の設計者がファイルにアクセスして修正や変更を施す。そのため，ファイルにアクセスするユーザや時間の管理，履歴の管理，セキュリティの管理も必要になる。ファイル，アクセス，履歴，セキュリティなどを管理するものがドキュメント管理である。**図 *11.1*** にドキュメント管理の概要を示す。

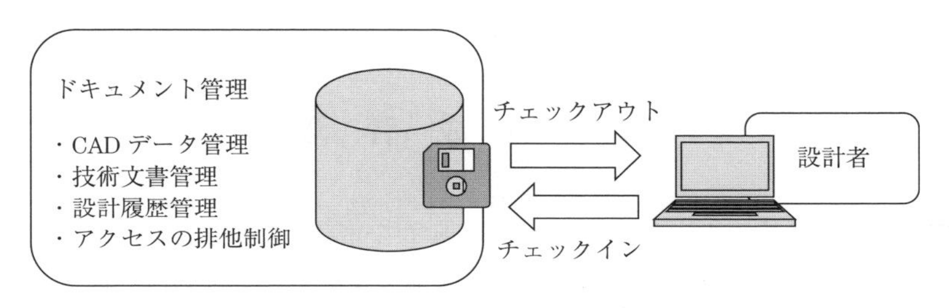

図 *11.1*　ドキュメント管理の概要

ドキュメント管理では，CAD データや技術文書などの設計情報のステータス（状態）を監視している。ユーザが設計情報にアクセスするときには，「チェックアウト」を行う。設計情報の編集は一度に一人のユーザに限定されているので，ほかのユーザからのアクセスは制限され，ほかのユーザには閲覧のみが許される。これが，アクセスの排他制御である。作業終了後，その設計情報を「チェックイン」すると，履歴管理によってリビジョン（改版）が自動的にカウントアップされる。設計情報の履歴はすべて保存・管理されるので，ユーザはすべての改版の設計情報を閲覧・検索することができる。

それから，ドキュメント管理では，部品への番号付けや，ほかの情報との関連性を失うことなく部品情報の名称を変更することができる。設計情報の再利用は設計の効率を高めることができるので，ドキュメント管理では，類似な製品の設計情報をすべてコピーすることができる。そのとき，どの情報をコピーするか，どの情報の名称を変更するか，どの情報をそのまま再利用するか，それらを選択するだけで設計の準備を整えることができる。また，関連する設計情報のコピーを一つにパッケージ化することができるので，ドキュメント管理へのアクセス権限をもたないユーザに設計情報を提供することもできる。

ドキュメント管理では，ユーザの役割に合わせて権限を設定することができる。管理者にはすべての機能を実行する権限を，設計者には設計情報の読み込みと書き込みの権限を，閲覧者には設計情報の読み込みだけの権限をそれぞれ設定する。また，部署やプロジェクトに応じて，ユーザをグループに分けて管理することもでき，グループ単位で設計情報へのアクセス権限を設定することができる。

11.2 構　成　管　理

図 *11.2* に減速歯車装置の減速比に関連する部品を，**表 *11.1*** に減速歯車装置の部品一覧をそれぞれ示す。図に示す減速歯車装置は，入力軸，中間軸，出力軸で構成されている。中間軸と出力軸の大歯車の組付けには平行キーを使用

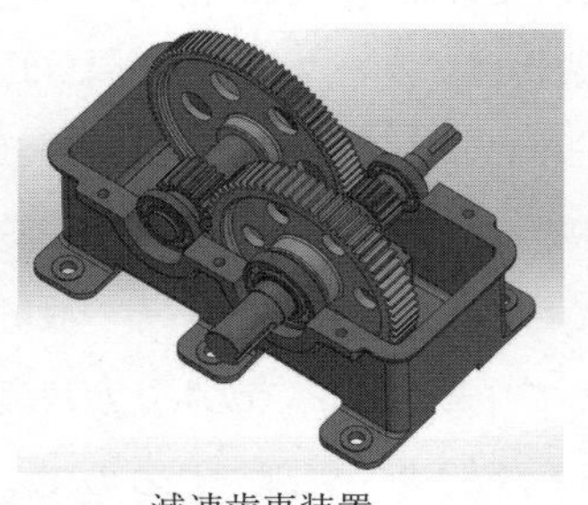

減速歯車装置

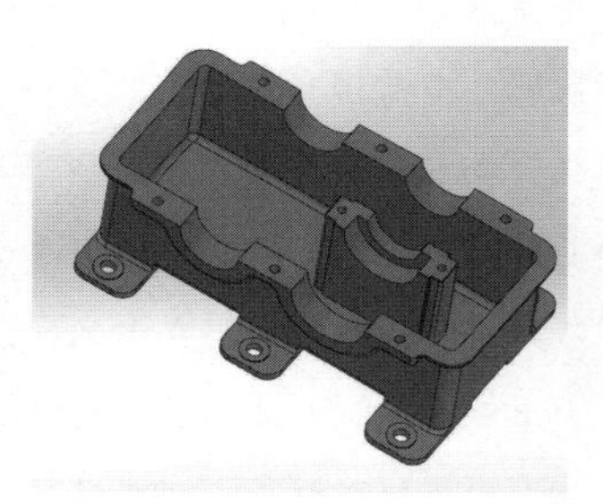

ケーシング（下）

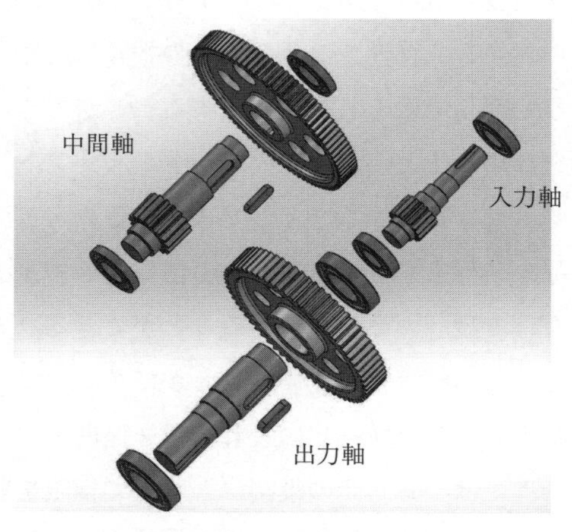

図 *11.2*　減速歯車装置の減速比に関連する部品

表 11.1　減速歯車装置の部品一覧

照合番号	品　　名	材料	仕様・規格	数量	備考
1	ケーシング（上）	FC200		1	
2	ケーシング（下）	FC200		1	
3	入　力　軸	S43C		1	
4	中　間　軸	S43C		1	
5	出　力　軸	S43C		1	
6	大歯車（中間軸）	S43C		1	
7	大歯車（出力軸）	S43C		1	
8	入力軸シールドカバー	SS400		1	
9	中間軸エンドカバー	SS400		2	
10	出力軸シールドカバー	SS400		1	
11	軸受台キャップ	FC200		1	
12	中間軸用リング	SS400		1	
13	出力軸用リングⅠ	SS400		1	
14	出力軸用リングⅡ	SS400		1	
15	点検用窓板	樹　脂		1	
16	オイルゲージ	樹　脂		1	
17	平行キー（出力軸の大歯車）	S45C	P-A 18×11×56	1	市販品
18	平行キー（中間軸の大歯車）	S45C	P-A 14×9×50	1	市販品
19	深溝玉軸受（入力軸）		6207	2	市販品
20	深溝玉軸受（中間軸）		6208	2	市販品
21	深溝玉軸受（出力軸）		6211	2	市販品
22	オイルシール（入力軸）		SM 30 42 8	1	市販品
23	オイルシール（出力軸）		SM 50 72 12	1	市販品
24	排油孔プラグ　3/8	SS400		1	市販品
25	六角穴付きボルト（ケーシング上･下取付け）		M12×30-10.9	6	市販品
26	六角穴付きボルト（軸受台キャップ取付け）		M10×20-10.9	2	市販品
27	十字穴付き皿小ねじ（カバー取付け）		M8×16-4.8-H	16	市販品
28	十字穴付き皿小ねじ（点検用窓板取付け）		M5×10-4.8-H	4	市販品
29	十字穴付き皿小ねじ（オイルゲージ取付け）		M4×8-4.8-H	4	市販品

している。それぞれの軸は深溝玉軸受で支えられている。減速歯車装置の部品の構成を理解するためには，アセンブリファイルや図面ファイルで部品相互の位置関係を確認する必要がある。

そこで，**図 11.3** のように減速歯車装置の部品構成を表現すると，製品を構成する部品が容易に理解できる。この図は，入力軸，中間軸，出力軸，ケーシング，シールド，締結部品で減速歯車装置を構成している。小歯車と一体の入力軸は深溝玉軸受で支えられている。中間軸も入力軸と同様に小歯車と一体で

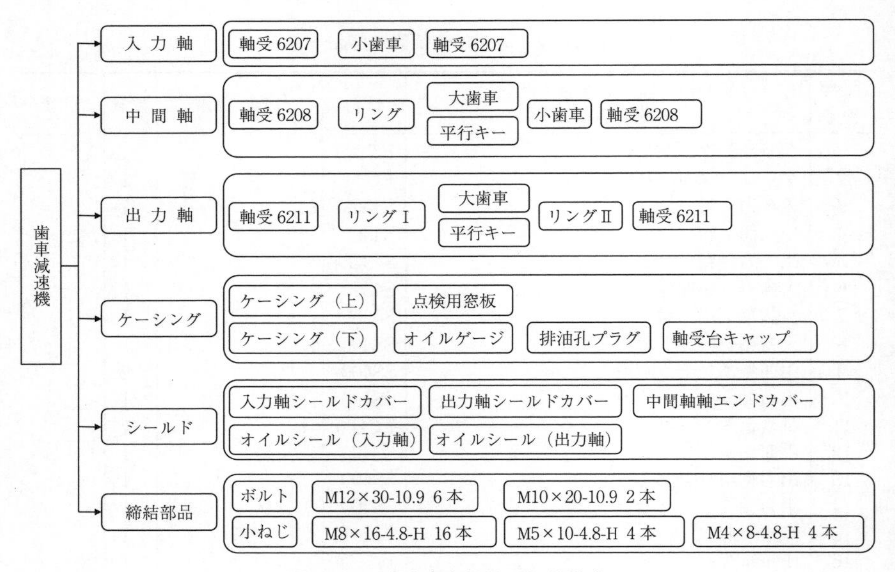

図 *11.3* 減速歯車装置の部品構成

ある。そこに，平行キーを使用して大歯車が中間軸に取り付けられている。そして，軸の両端を深溝玉軸受で支え，大歯車と軸受とのすきまには軸用リングを取り付けている。出力軸は，中間軸と同様に，平行キーで大歯車を取り付け，軸の両端を深溝玉軸受で支え，軸用リングを取り付けている。

ケーシングは上下に分かれており，上側のケーシングには点検窓板が，下側のケーシングには，オイルゲージ，排油孔プラグ，軸受台キャップがそれぞれ取り付いている。シールドには軸受カバーとオイルシールが，締結部品にはボルトと小ねじがそれぞれある。

図 *11.4* に，階層構造で表現した構成管理を示す。図中の枠は，アセンブリ，部品データ，フォルダ，市販品をそれぞれ示している。アセンブリと部品データには3D-CADのファイルが紐付けされている。

減速歯車装置の第一階層には，入力軸のサブアセンブリ，中間軸のサブアセンブリ，出力軸のサブアセンブリ，軸カバーのフォルダおよびケーシングのフォルダがある。それぞれの枠の下の階層には，部品データや市販品がある。部

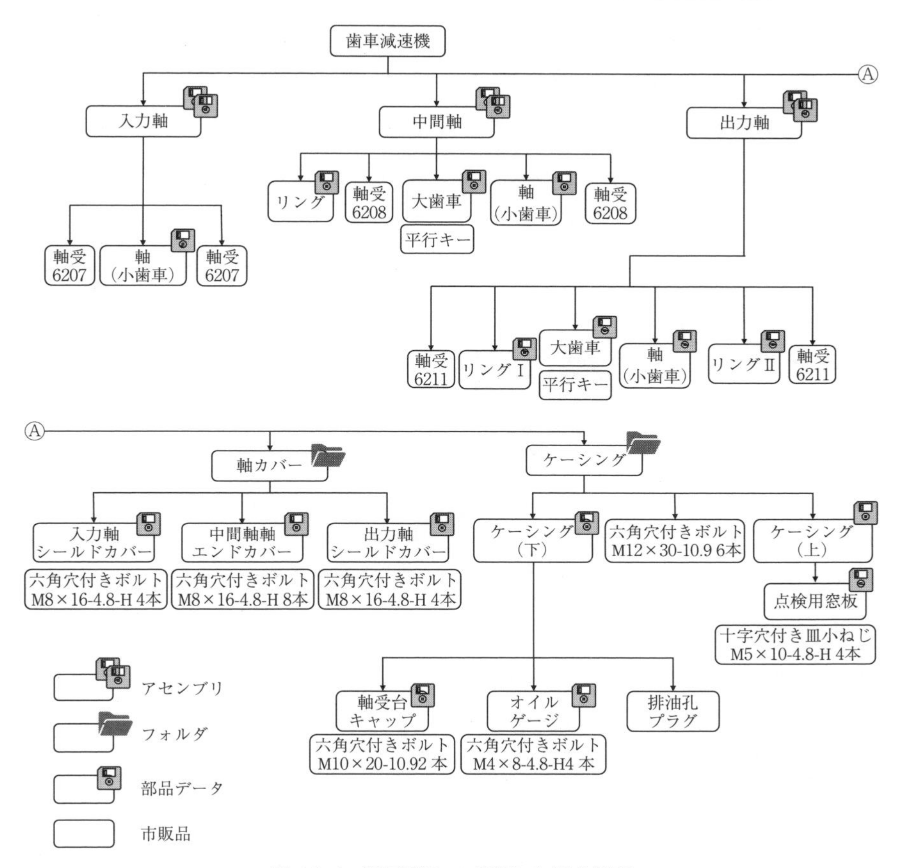

図 11.4　階層構造で表現した構成管理

品データには部品ファイル，図面ファイル，技術文書ファイルなど参照先のアドレスを保存している。このように，製品を部品の構成で管理することを構成管理という。

構成管理では，**図 11.4** に示すように製品のアセンブリを上位に，部品を下位とする階層構造で表し，枠で表すアイテムには設計情報をそれぞれ紐付けしている。この図が **BOM**（bill of material）である。BOM ではアイテムに関連する設計情報や参照先を管理しているので，製品に使用している部品を検索（順展開）したり，その逆に，部品からそれを組付けている製品やサブアセンブリを検索（逆展開）したりすることができる。市場において製品に問題が発生した場合，その原因となる部品から影響するほかの製品やサブアセンブリを探索し，関連するものすべてに対策を施すことができる。**図 *11.5*** にドキュメント管理と構成管理を示す。構成管理には3D-CADのアセンブリからBOMを自動的に展開できるものがある。

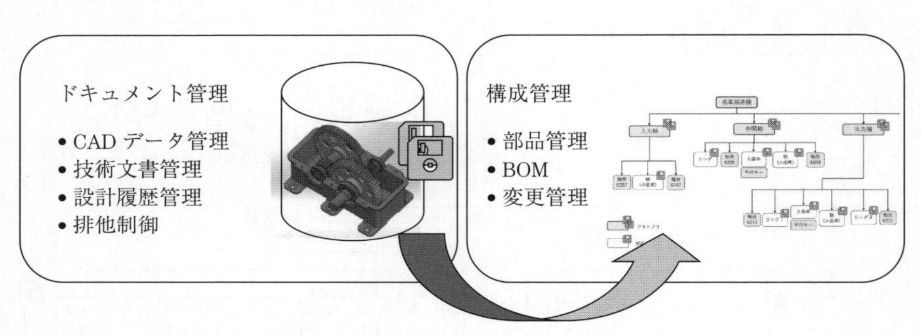

図 *11.5* ドキュメント管理と構成管理

BOMには，設計部門の **E**（engineering）-**BOM** と生産部門の **M**（manufacturing）-**BOM** がある。E-BOMは部品の構成を定義したものである。M-BOMは部品構成に製造に関わる情報を付加したものである。例えば，軸の製造では，鍛造，機械加工，熱処理などの工程が軸のアイテムに付加される。

BOMのアイテムには，番号，数量，パーツの説明，ステータス，プロパティなどのセルがある。ステータスのセルには，「作業中」，「リリース済み」などが表示される。設計変更が承認されると，改版の採番が実行され，アイテムの改版履歴が管理される。設計変更による改版では，その部品を使用しているアセンブリの改版を行うのか，改版前のものと互換性を保っているのか，その改版の影響がどこまで及ぶのか，などを考慮する必要がある。

11.3 PDM と PLM

設計部門では，設計，製図，検図，承認，出図などのプロセスに沿って業務を管理し，関連する複数の担当者に進捗状況や設計変更を通知している。これがワークフローによる管理である。ワークフロー，ドキュメント管理，構成管理を一元的に管理するシステムとして**図 *11.6*** に示す **PDM**（product data management）がある。3D-CAD によるチーム設計が主体になると，設計データを管理する PDM の役割が重要になる。近年では，PDM を製品のライフサイクルに拡張して，開発・設計・製造・検査・保守・廃棄・リサイクルなど，モノづくりに関わるすべてを一元管理するシステムとして**図 *11.7*** に示す **PLM**（product life cycle management）が提供されている。PDM や PLM は **SCM**

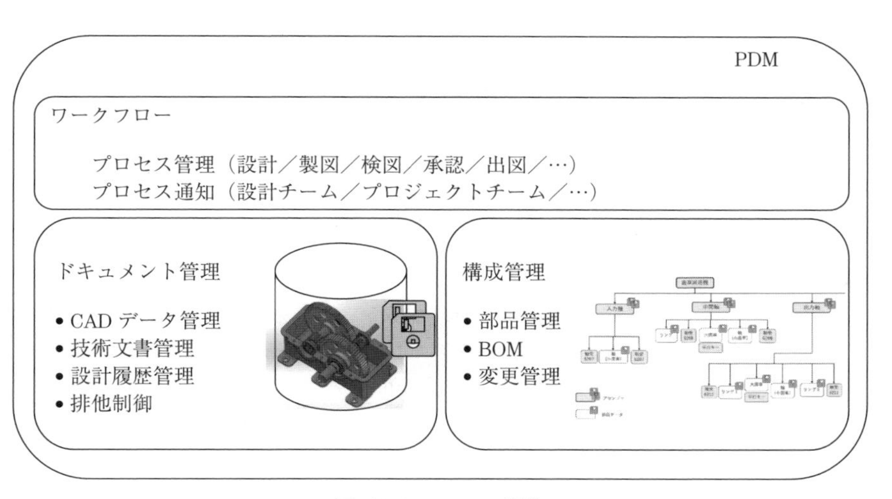

図 *11.6* PDM の機能

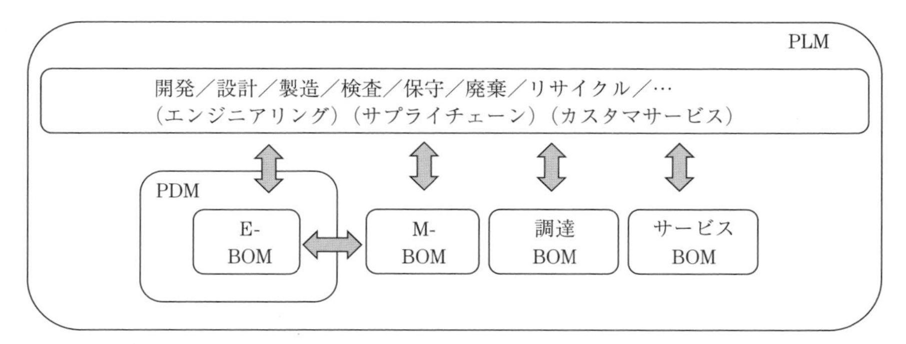

図 *11.7* 製品のライフサイクルと PLM

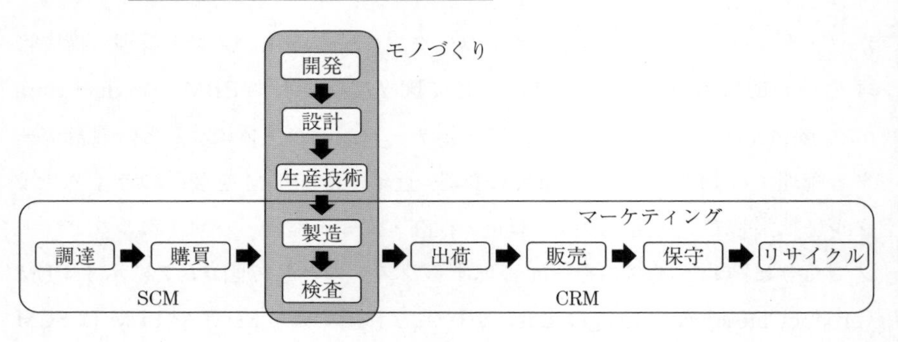

図 *11.8*　モノづくりと業務管理

(supply chain management)，**CRM**（customer relationship management）などの業務管理システムと連携し，図 ***11.8*** に示すグローバルなモノづくりの概念を構築している。

演　習　問　題

【1】（　）の中の①～⑪に適切な用語を記入せよ。

（①），（②），（③）を一元的に管理するシステムを（④）と呼ぶ。（①）では設計のプロセス管理や通知を，（②）ではCADデータ，技術文章，設計履歴，排他制御を，（③）では部品，BOM，変更をそれぞれ管理している。

（②）では，CADデータや技術文書などの設計情報のステータス（状態）を監視している。ユーザが設計情報にアクセスするときには，（⑤）を行う。設計情報の編集は一度に一人のユーザに限定されているので，ほかのユーザからのアクセスは制限され，ほかのユーザには閲覧のみが許される。作業終了後，その設計情報を（⑥）すると，履歴管理によってリビジョン（改版）が自動的にカウントアップされる。

（③）では，製品の（⑦）を上位に，（⑧）を下位とする階層構造で表し，階層のアイテムに設計情報を紐付けしている。

BOMには，設計部門の（⑨）-BOMと生産部門の（⑩）-BOMがある。（⑨）-BOMは部品の構成を定義したものである。（⑩）-BOMは部品構成に製造に関わる情報を付加したものである。

製品の開発からサポートまでライフサイクル全体を管理するシステムを（⑪）と呼ぶ。

演習問題解答

1 章

【1】 省略。

【2】 修正されたソリッドモデルは**解図 *1.1***のようになる。

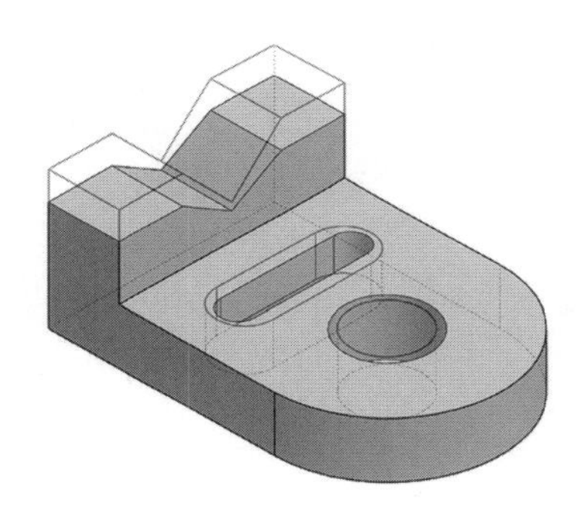

解図 *1.1*

【3】 ① CSG, ② B-reps, ③ トポロジー（topology）, ④ ジオメトリー（geometry）, ⑤ STEP, ⑥ STL

2 章

【1】 ① 押出し, ② 勾配, ③ フィレット, ④ スイープ, ⑤ 切断, ⑥ 押出し, ⑦ フィレット, ⑧ オフセット, ⑨ 切断, ⑩ ブーリアン演算(和), ⑪ フィレット, ⑫ 面取り

【2】 ① 押出し, ② フィレット, ③ 勾配, ④ バウンダリ, ⑤ 切断, ⑥ 押出しカット, ⑦ フィレット, ⑧ 押出しカット, ⑨ フィレット, ⑩ シェル

3 章

【1】

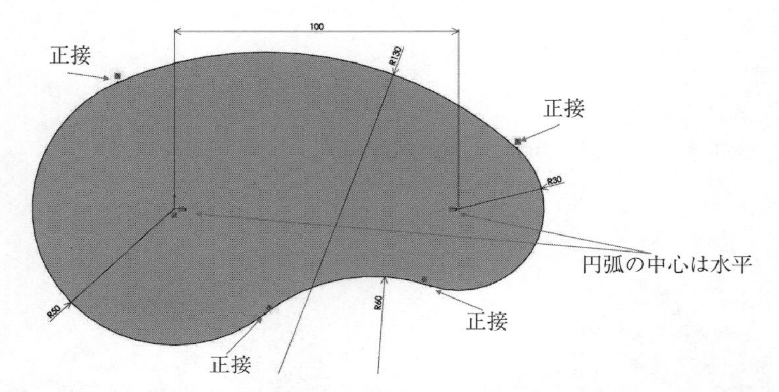

ヒント 1：円弧は互いに正接である。幾何拘束追加で「正接」を定義。
ヒント 2：円弧の中心は水平である。幾何拘束追加で「水平」を定義。

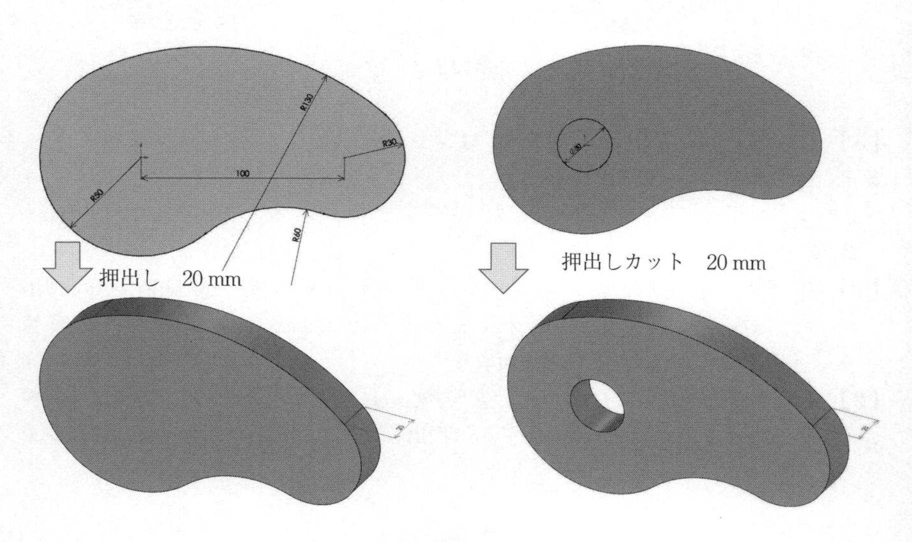

解図 3.1

【2】

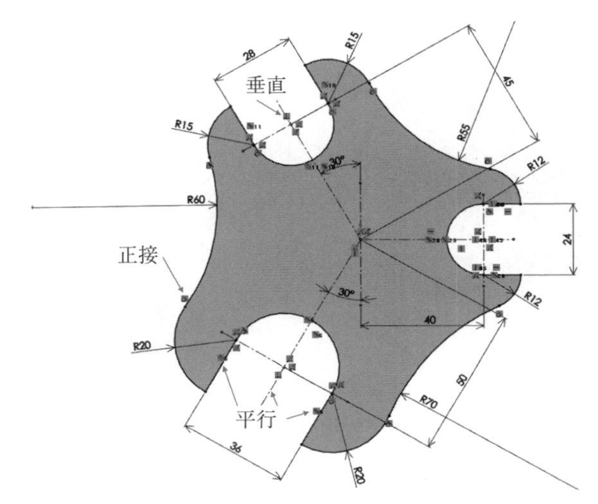

ヒント：幾何拘束の追加で，「正接」，「平行」，「垂直」などを定義。

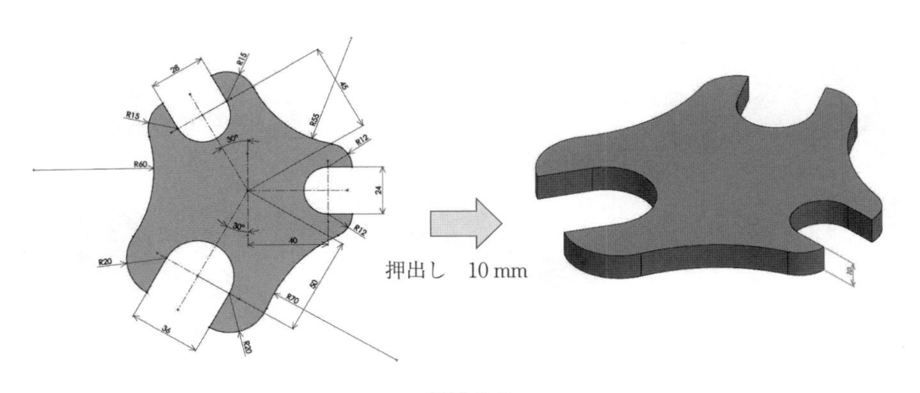

解図 *3.2*

【3】

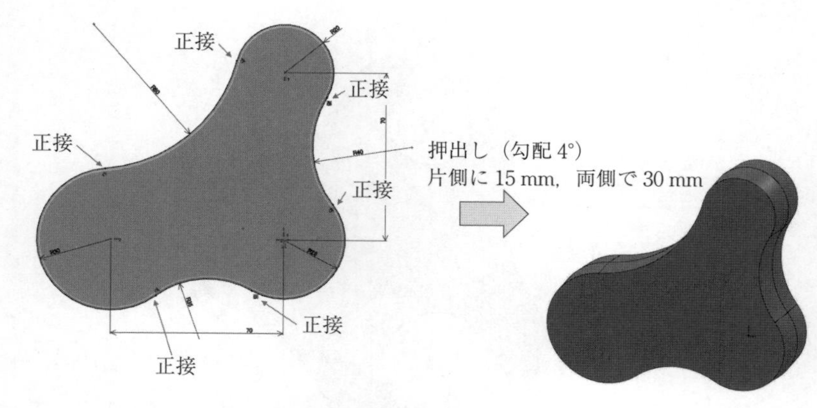

ヒント：幾何拘束の追加で「正接」を定義。

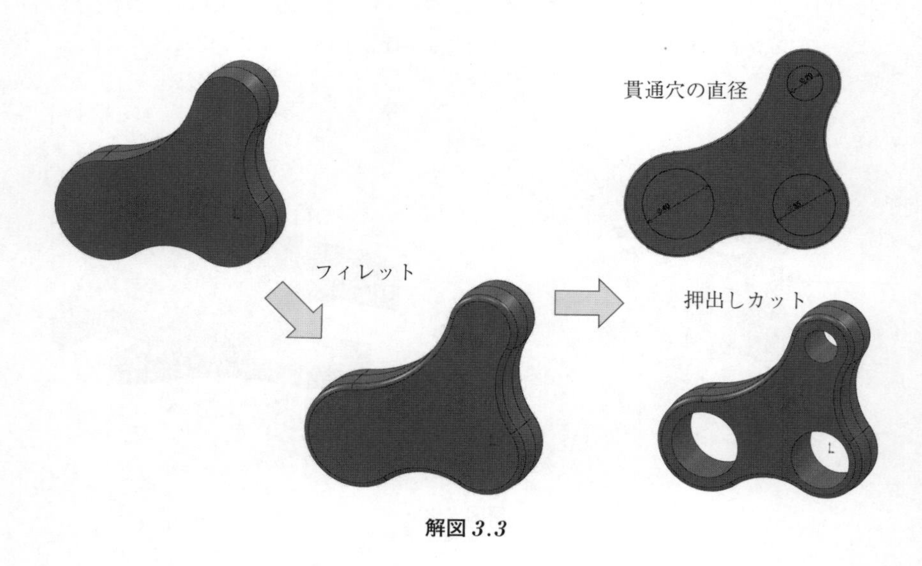

解図 *3.3*

【4】

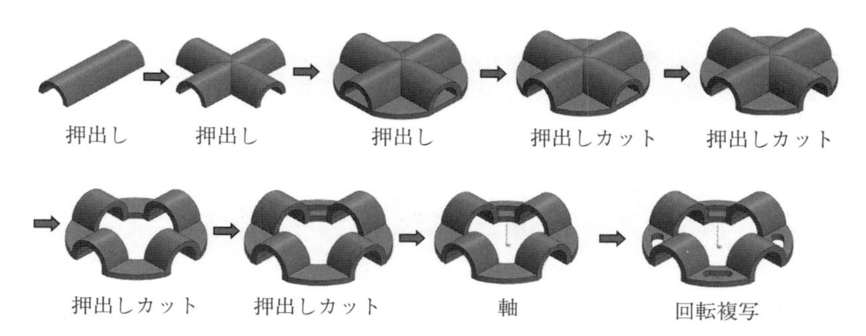
押出し
押出し
押出し
押出しカット
押出しカット
押出しカット
押出しカット
軸
回転複写

解図 3.4

【5】

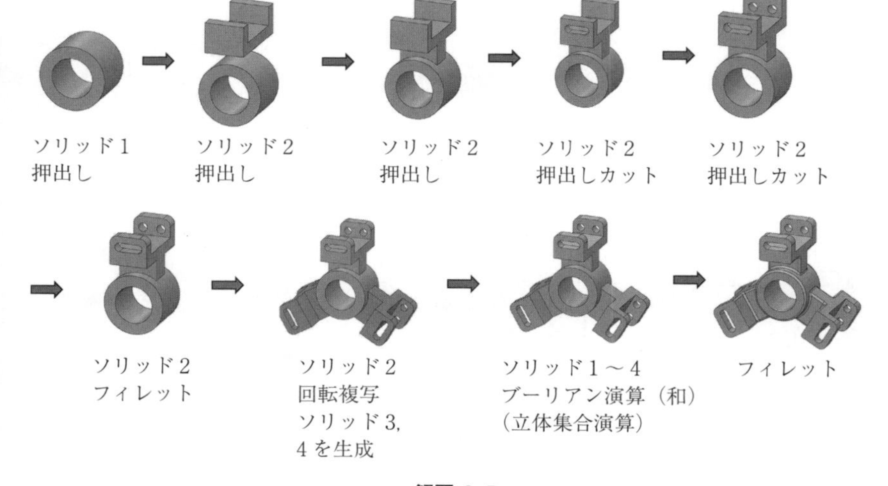
ソリッド1
押出し
ソリッド2
押出し
ソリッド2
押出し
ソリッド2
押出しカット
ソリッド2
押出しカット
ソリッド2
フィレット
ソリッド2
回転複写
ソリッド3,
4を生成
ソリッド1～4
ブーリアン演算（和）
（立体集合演算）
フィレット

解図 3.5

4 章

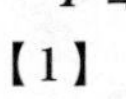

【1】

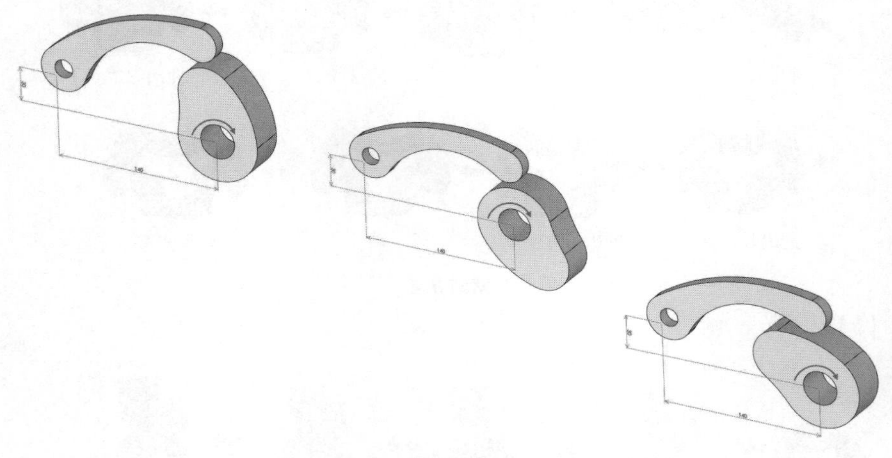

解図 *4.1*

【2】

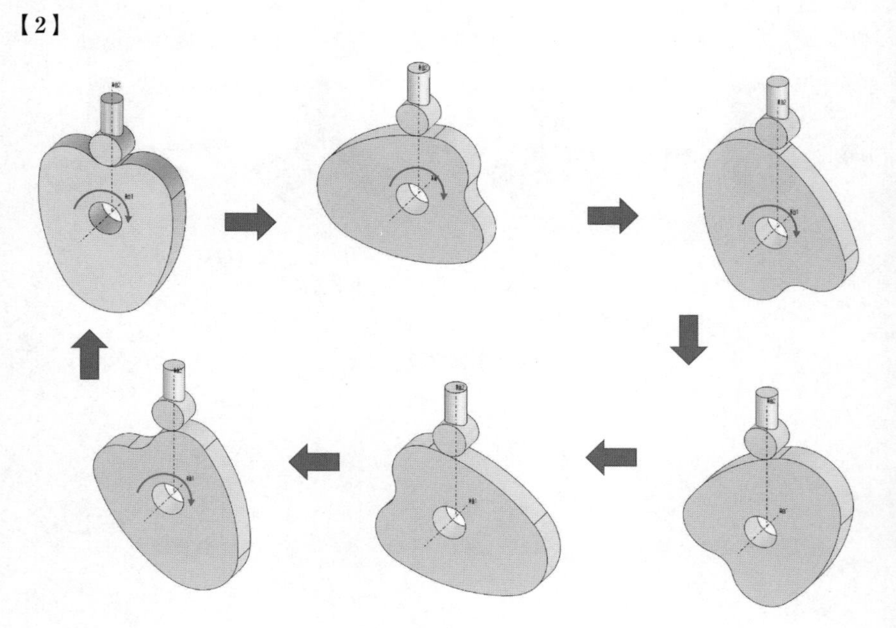

解図 *4.2*

【3】 こま形自在軸継手：本文の図 *4.11* を参照。アセンブリの手順は Step1 から Step10（本文 p.59～p.60）に沿って行うと，**解図 *4.3*** に示すようにアセンブリができる。

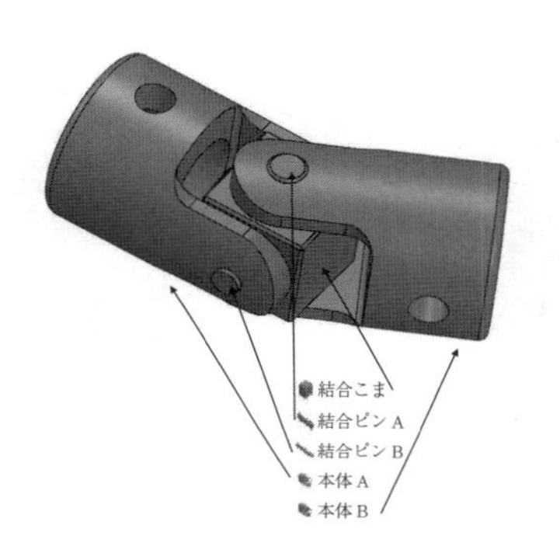

解図 *4.3*　こま形自在軸継手のアセンブリ

フランジ形たわみ軸継手：本文の図 *4.15* を参照。アセンブリの手順は Step1 から Step7（本文 p.61）に沿って行うと，**解図 *4.4*** に示すようにアセンブリができる。なお，解答のヒントとして，**解図 *4.5*** も参照されたい。

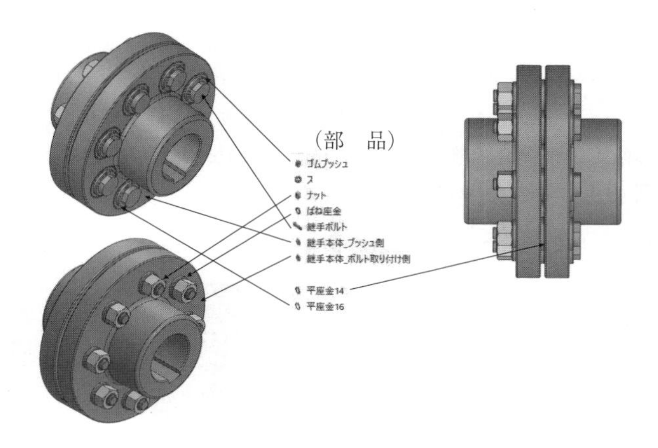

解図 *4.4*　フランジ形たわみ軸継手のアセンブリ

ヒント１：アセンブリ空間の正面と平面で軸１を定義する。
ヒント２：軸１に継手本体（ブッシュ側）の中心軸を一致させる。
ヒント３：継手本体のａ面をアセンブリ空間の右側面と一致させる。

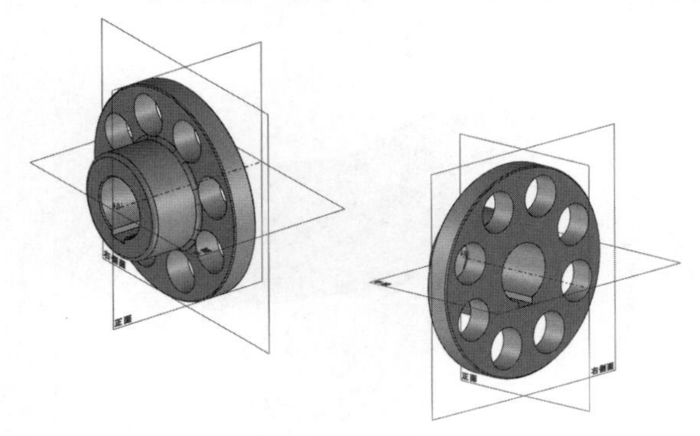

解図 *4.5* フランジ形たわみ軸継手のアセンブリのヒント

【4】

（1） 速度伝達比 i は，$i=(91/17)\times(64/17)=20.152$
（入力軸が 20.152 回転すると出力軸が１回転する。）
歯車軸の中心距離 a は 162 mm
モジュール３の歯車（入力軸，中間軸に取り付ける大歯車）
　　歯車軸の中心距離　$a=3(17+91)/2=162$ mm
モジュール４の歯車（入力軸，中間軸に取り付ける大歯車）
　　歯車軸の中心距離　$a=4(17+64)/2=162$ mm

（2） **解図 *4.6*〜解図 *4.10*** に示す。

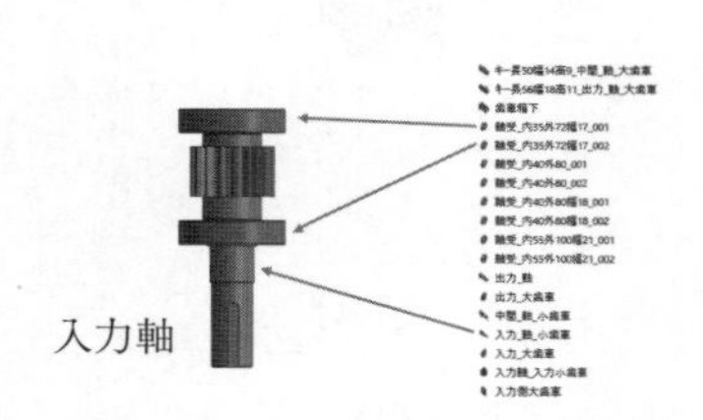

解図 *4.6* 入力軸のアセンブリ

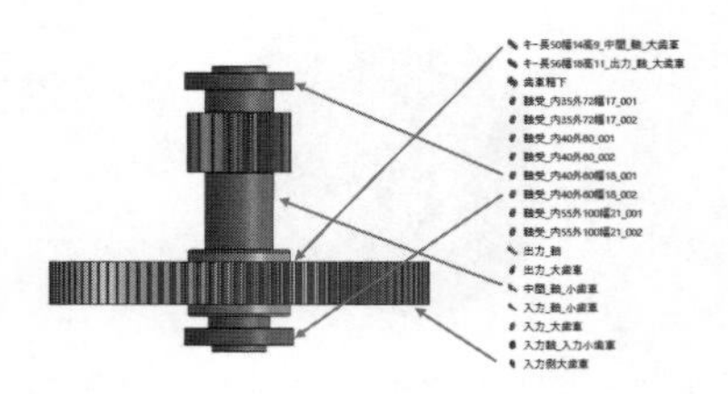

解図 *4.7* 中間軸のアセンブリ

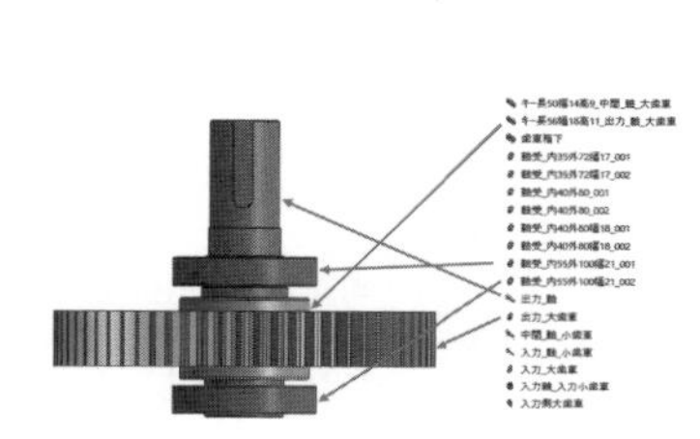

解図 *4.8*　出力軸のアセンブリ

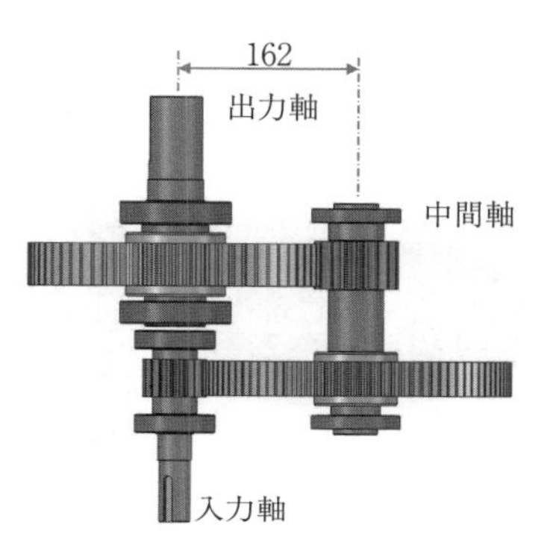

解図 *4.9*　入力，中間，出力軸の
アセンブリ

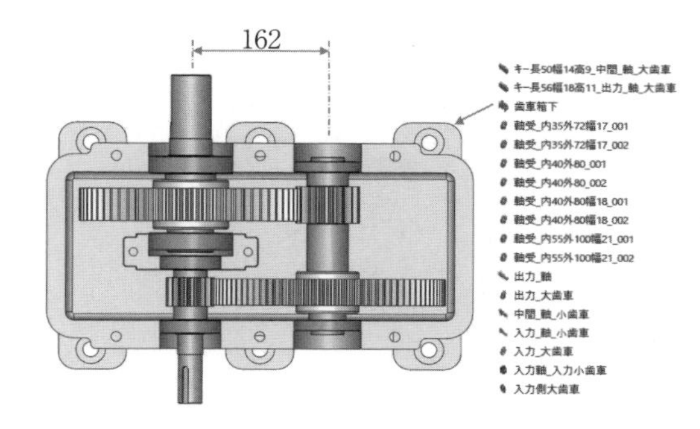

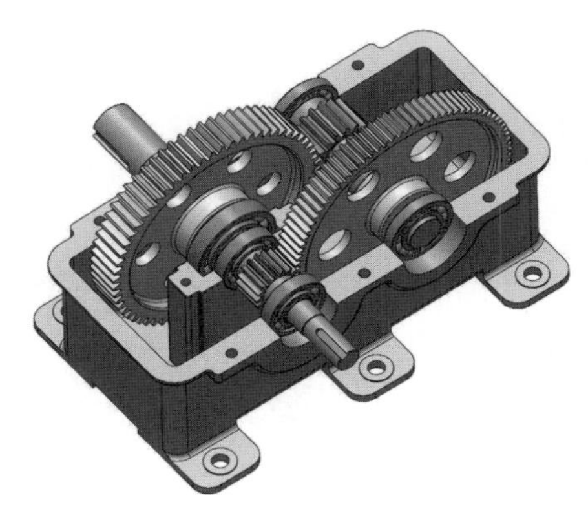

解図 *4.10*　減速歯車装置のアセンブリ

5 章

【1】

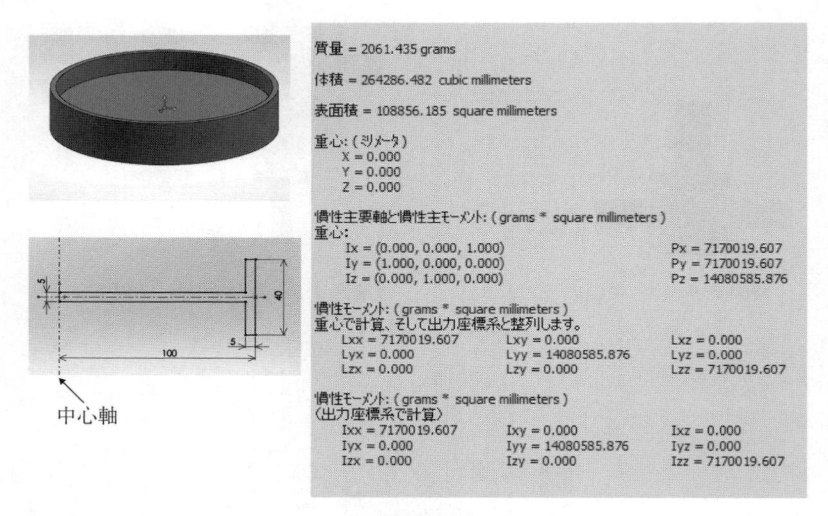

解図 *5.1*

【2】

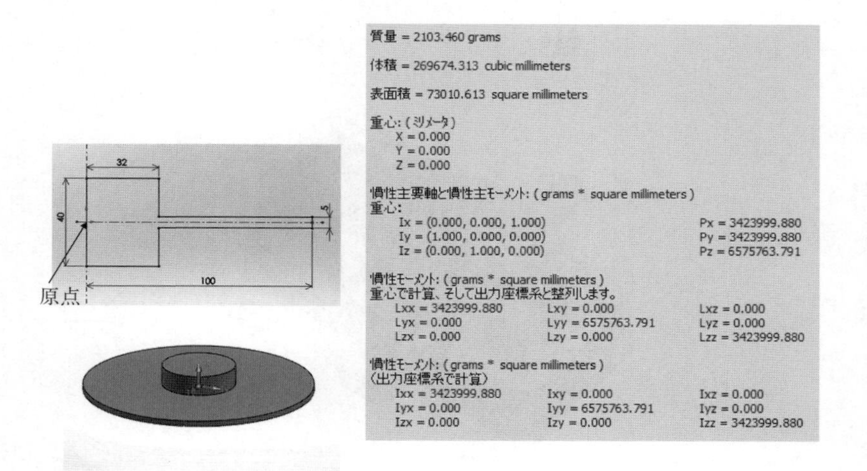

解図 *5.2*

【3】

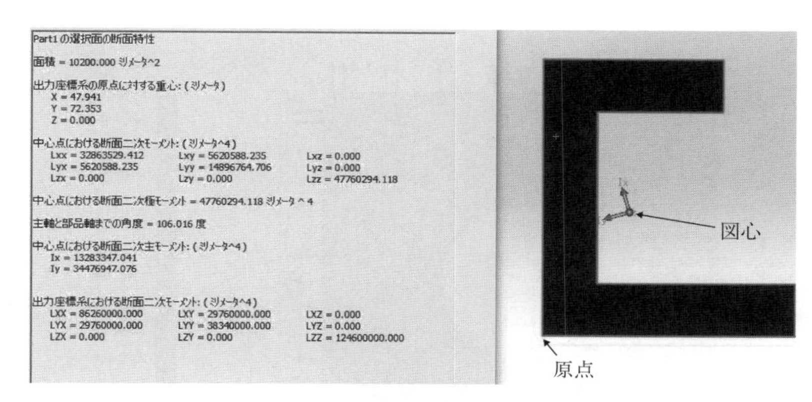
Part1 の選択面の断面特性
面積 = 10200.000 ミリメータ^2
出力座標系の原点に対する重心: (ミリメータ)
X = 47.941
Y = 72.353
Z = 0.000
中心点における断面二次モーメント: (ミリメータ^4)
Lxx = 32863529.412　Lxy = 5620588.235　Lxz = 0.000
Lyx = 5620588.235　Lyy = 14896764.706　Lyz = 0.000
Lzx = 0.000　Lzy = 0.000　Lzz = 47760294.118
中心点における断面二次極モーメント = 47760294.118 ミリメータ ^ 4
主軸と部品軸までの角度 = 106.016 度
中心点における断面二次主モーメント: (ミリメータ^4)
Ix = 13283347.041
Iy = 34476947.076
出力座標系における断面二次モーメント: (ミリメータ^4)
LXX = 86260000.000　LXY = 29760000.000　LXZ = 0.000
LYX = 29760000.000　LYY = 38340000.000　LYZ = 0.000
LZX = 0.000　LZY = 0.000　LZZ = 124600000.000
図心
原点

解図 *5.3*

【4】

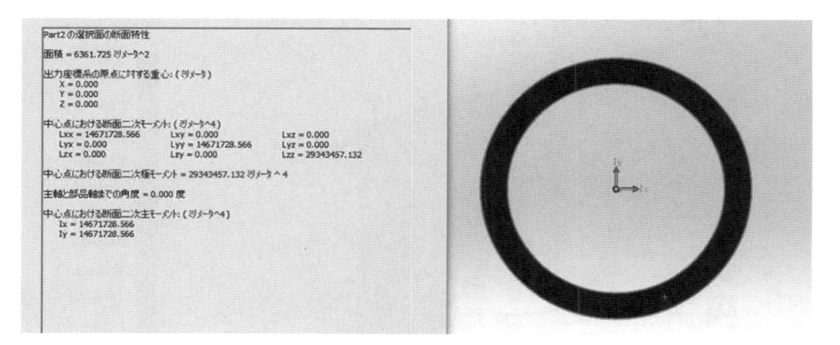
Part2 の選択面の断面特性
面積 = 6361.725 ミリメータ^2
出力座標系の原点に対する重心: (ミリメータ)
X = 0.000
Y = 0.000
Z = 0.000
中心点における断面二次モーメント: (ミリメータ^4)
Lxx = 14671728.566　Lxy = 0.000　Lxz = 0.000
Lyx = 0.000　Lyy = 14671728.566　Lyz = 0.000
Lzx = 0.000　Lzy = 0.000　Lzz = 29343457.132
中心点における断面二次極モーメント = 29343457.132 ミリメータ ^ 4
主軸と部品軸までの角度 = 0.000 度
中心点における断面二次主モーメント: (ミリメータ^4)
Ix = 14671728.566
Iy = 14671728.566

解図 *5.4*

【5】

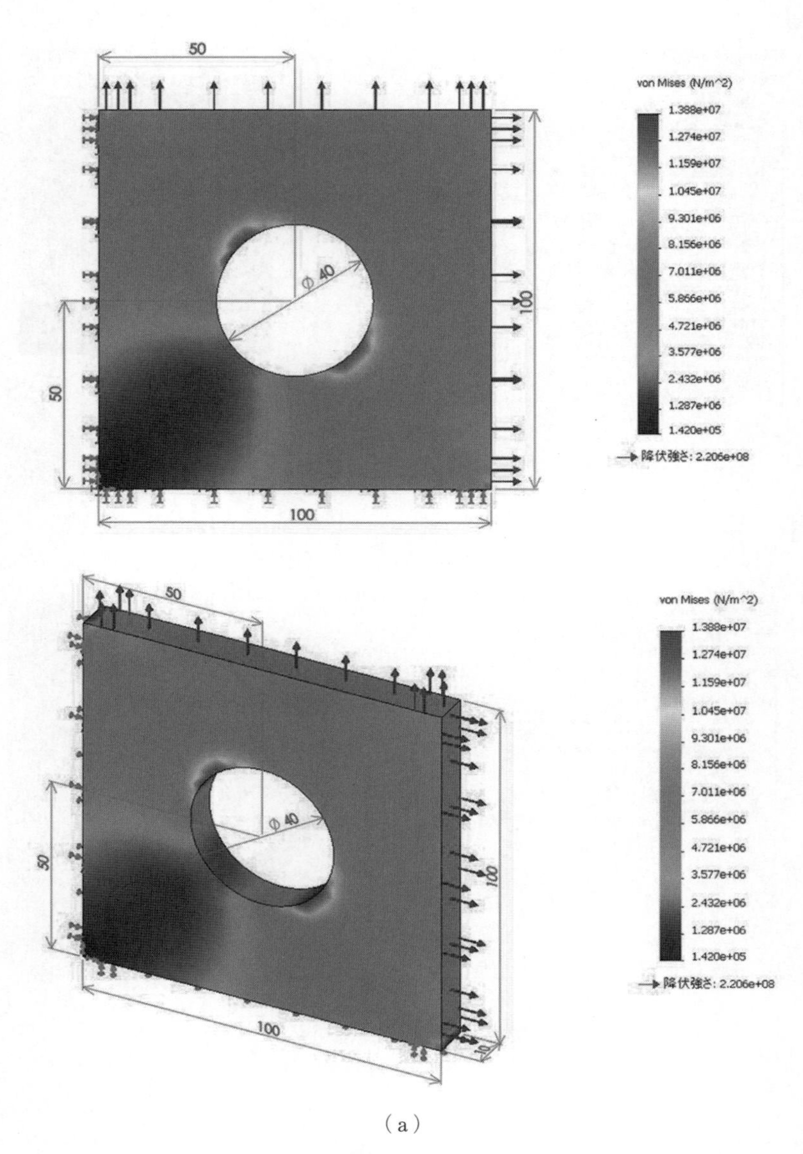
50
50
100
100
φ 40
von Mises (N/m^2)
1.388e+07
1.274e+07
1.159e+07
1.045e+07
9.301e+06
8.156e+06
7.011e+06
5.866e+06
4.721e+06
3.577e+06
2.432e+06
1.287e+06
1.420e+05
降伏強さ: 2.206e+08
50
50
100
100
10
φ 40
von Mises (N/m^2)
1.388e+07
1.274e+07
1.159e+07
1.045e+07
9.301e+06
8.156e+06
7.011e+06
5.866e+06
4.721e+06
3.577e+06
2.432e+06
1.287e+06
1.420e+05
降伏強さ: 2.206e+08

（a）

解図 *5.5*　（続く）

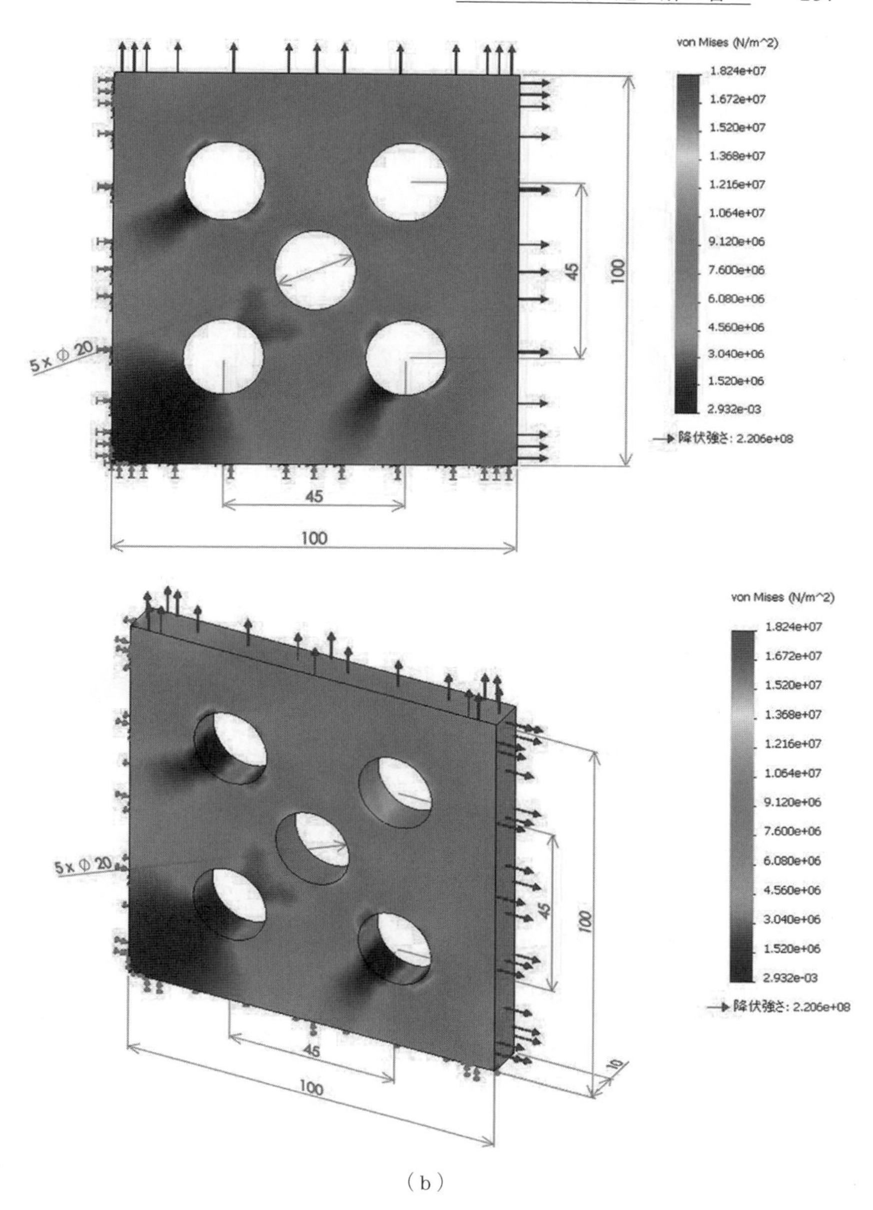
von Mises (N/m^2)
1.824e+07
1.672e+07
1.520e+07
1.368e+07
1.216e+07
1.064e+07
9.120e+06
7.600e+06
6.080e+06
4.560e+06
3.040e+06
1.520e+06
2.932e-03
降伏強さ: 2.206e+08
5 x Φ 20
45
100
45
100
von Mises (N/m^2)
1.824e+07
1.672e+07
1.520e+07
1.368e+07
1.216e+07
1.064e+07
9.120e+06
7.600e+06
6.080e+06
4.560e+06
3.040e+06
1.520e+06
2.932e-03
降伏強さ: 2.206e+08
5 x Φ 20
45
100
45
100
10

（b）

解図 5.5　（続き）

【6】 部品 c の形状を**解図 *5.6*** に示す。部品 b の角度は，初期位置から終了位置まで，52° 変化（水平に対して 66° から 14° まで）する。機構解析の結果を図（b）と（c）に示す。図（b）は部品 b の角度，角速度，角加速度である。図（c）は部品 a の角度，角速度，角加速度である。

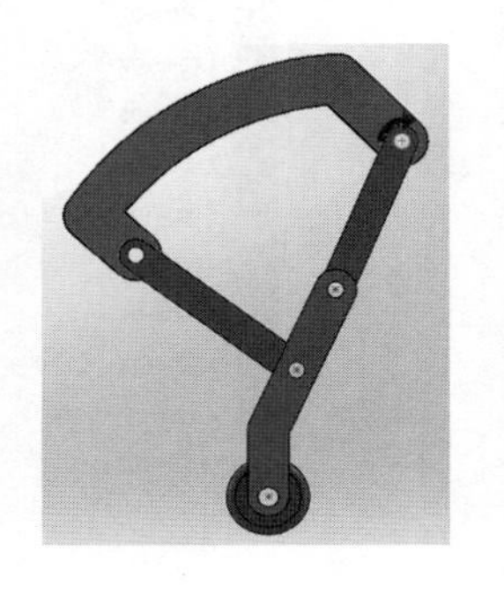

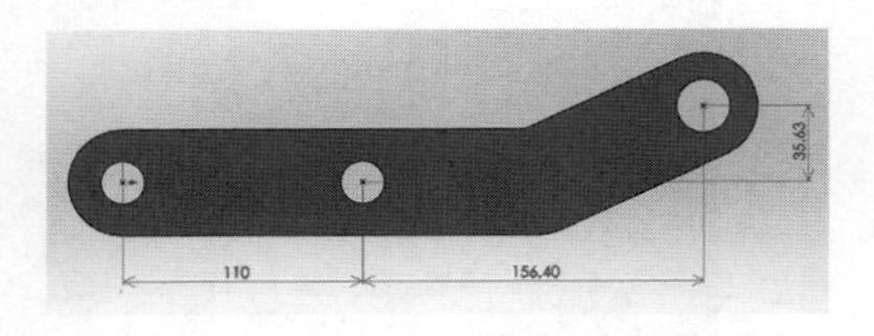

（a）部品 c の形状

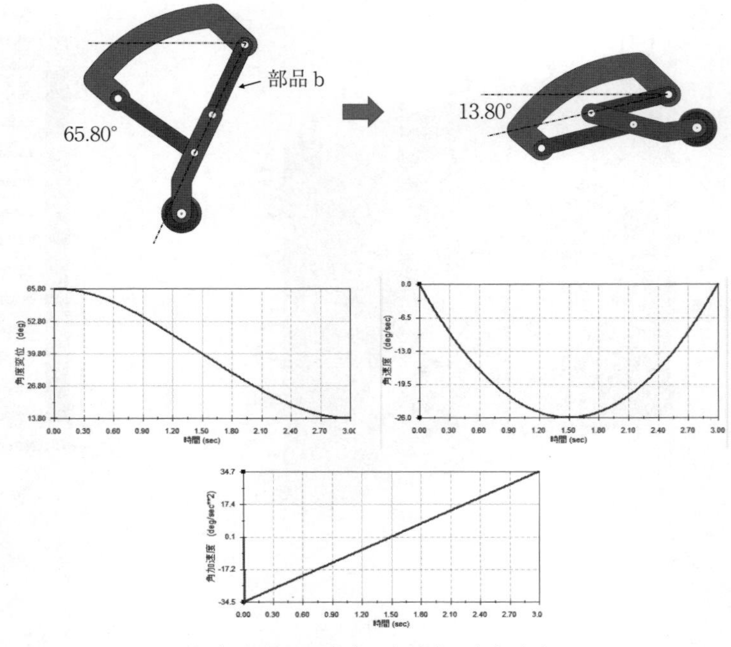

（b）部品 b の角度，角速度，角加速度

解図 *5.6*（続く）

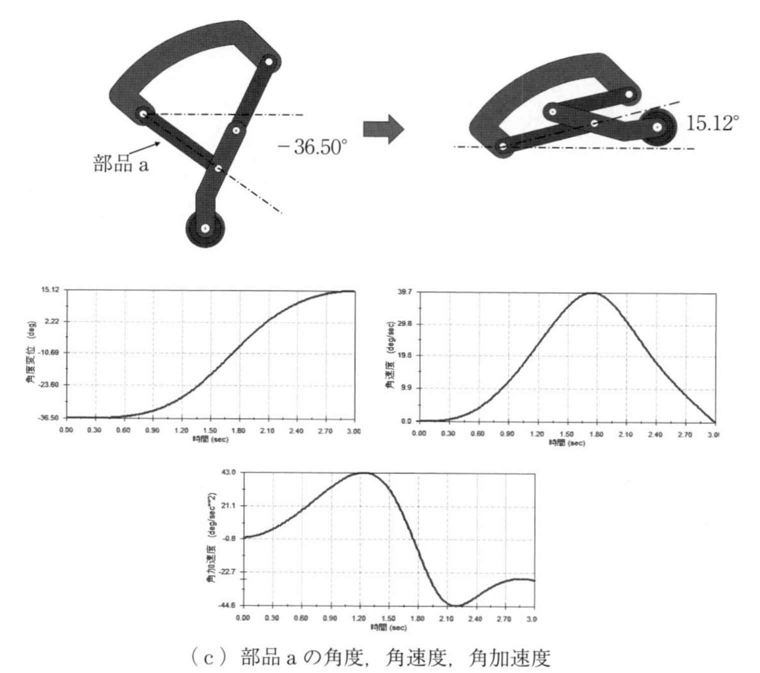

（c）部品 a の角度，角速度，角加速度

解図 *5.6* （続き）

【7】

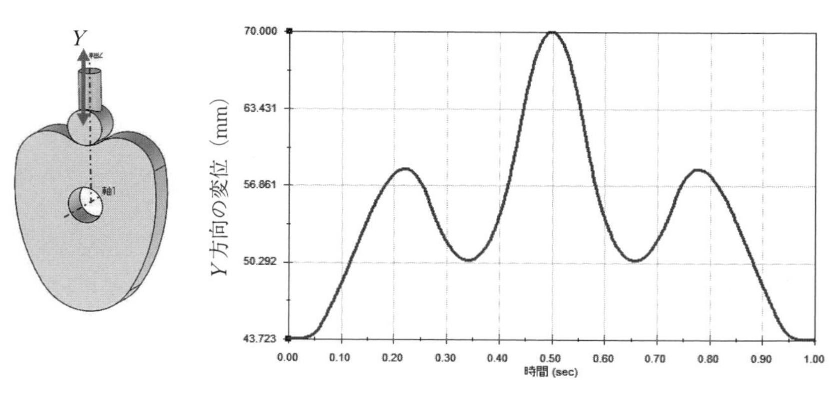

解図 *5.7* （続く）

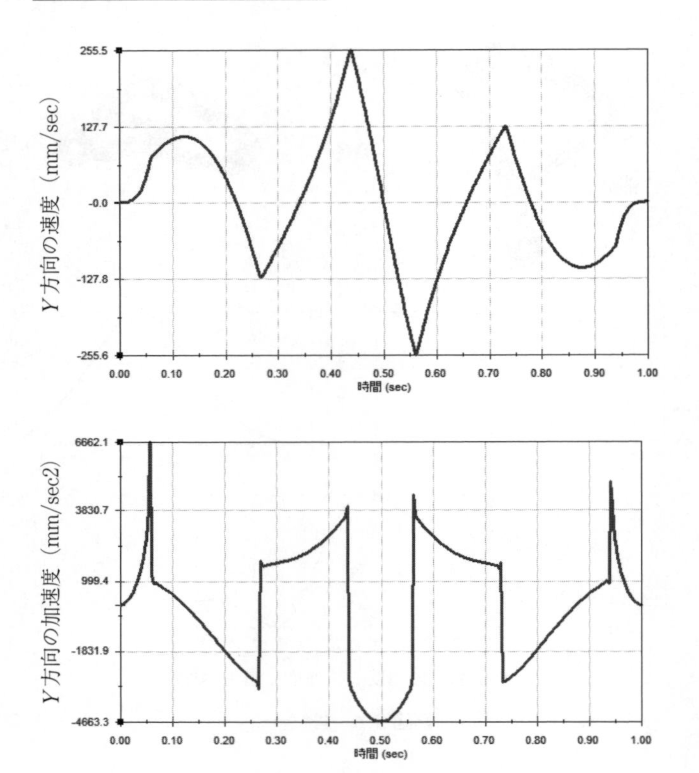

解図 *5.7*　（続き）

6 章

【1】　解答例

問図 *6.1* に示すソリッドのデータム A は平板の上面で，これが第一基準である。データム B はソリッドの手前の面で，これが第二基準である。データム C はソリッドの右側面で，これが第三基準である。三つのデータムの交点が原点である。

二つのボスは直径が 6 mm，公差が ±0.1 mm なので ϕ6.1 mm から ϕ5.9 mm までとなる。ボスでは寸法の上限値が MMC になるので，ϕ6.1 mm のとき位置度が ϕ0.2 mm となる。したがって，このボスの位置度を検証する機能ゲージの直径は 6.3 mm（=6.1+0.2）である。二つのボスの配置位置は原点からの基準寸法で示してある。

二つの貫通穴は直径が 8 mm，公差が ±0.1 mm なので，ϕ8.1 mm から ϕ

7.9 mm までとなる。穴では寸法の下限値が MMC になるので，ϕ7.9 mm のとき位置度が ϕ0.2 mm となる。したがって，この貫通穴の位置度を検証する機能ゲージの直径は 7.7 mm（=7.9−0.2）である。二つの貫通穴の配置位置は原点からの基準寸法で示してある。

解図 6.1 に二つのボスと二つの貫通穴を同時に検査する機能ゲージを示す。ボスは ϕ6.3 mm の穴で，貫通穴は ϕ7.7 mm のピンで検査する。穴とピンの配置位置は，基準寸法の示す値である。**解図 6.2** は機能ゲージに部品を挿入している状態である。

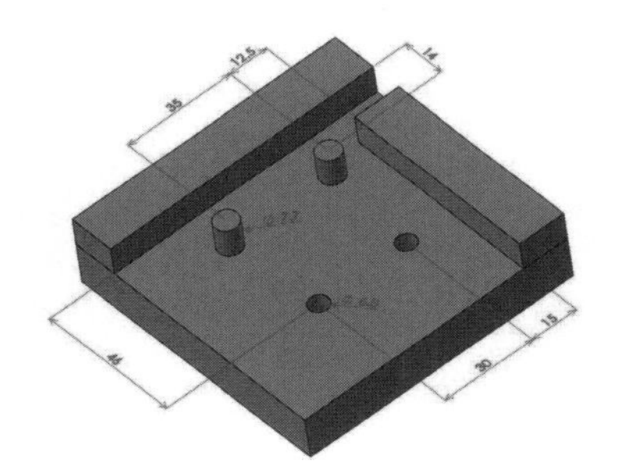

解図 6.1　機能ゲージのサンプル

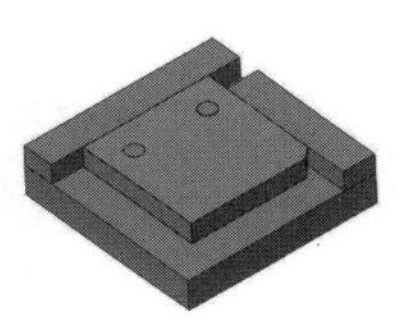

解図 6.2　機能ゲージによる検査例

【2】（1）の解答は**解図 6.3** のとおりである。

（2）の解答は以下のとおりである。

中間値：ϕ20 mm の軸は 19.95 mm，ϕ40 mm の軸は 39.90 mm

ϕ0.05　＋　ϕ0.05　＋　ϕ0.1　＝ ϕ0.2　∴ 解答 ＝ ϕ0.2

（MMC の公差 ＋ϕ20 mmの軸 ＋ϕ40 mmの軸）

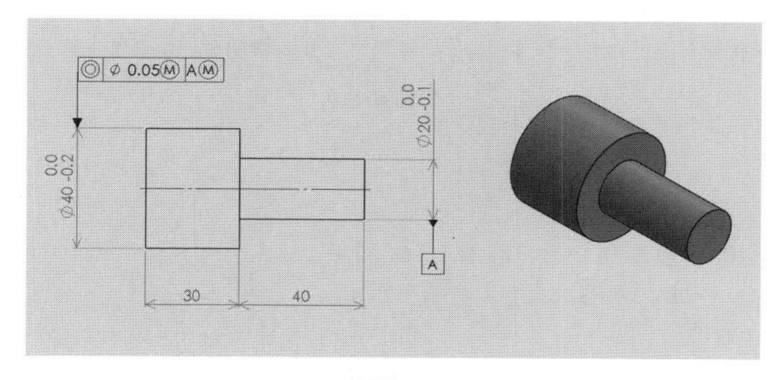

解図 6.3

（3）の解答は**解図 6.4** のようになる。

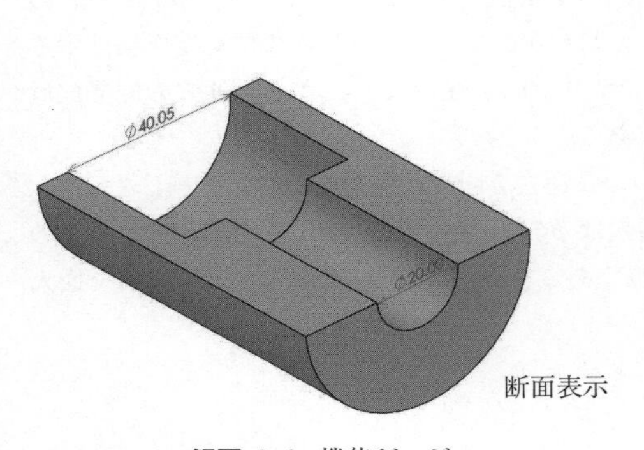

解図 *6.4*　機能ゲージ

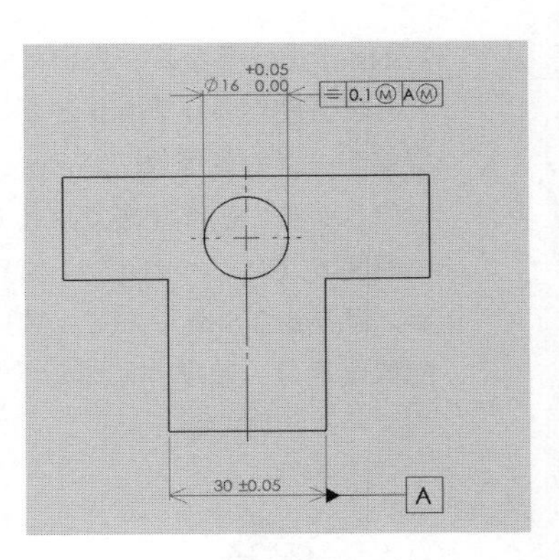

解図 *6.5*

【3】（1）の解答は**解図 *6.5*** のとおりである。

（2）の解答は以下のとおりである。

中間値で加工すると対称度の公差は

$0.1+0.05+0.025=0.175$　∴ 解答 $=0.175$ mm

（3）の解答は**解図 *6.6*** のようになる。

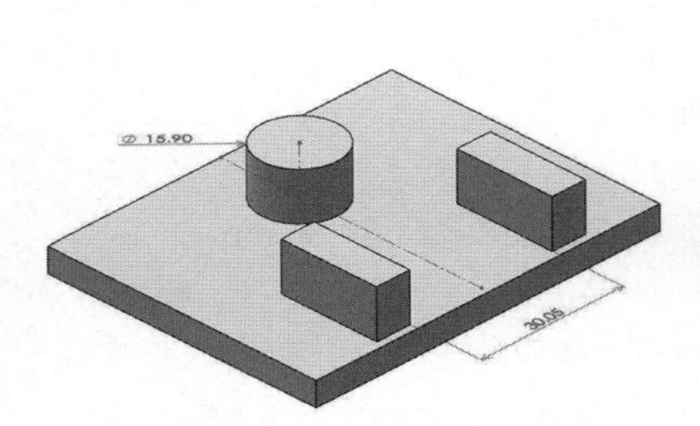

（a）機能ゲージのサンプル

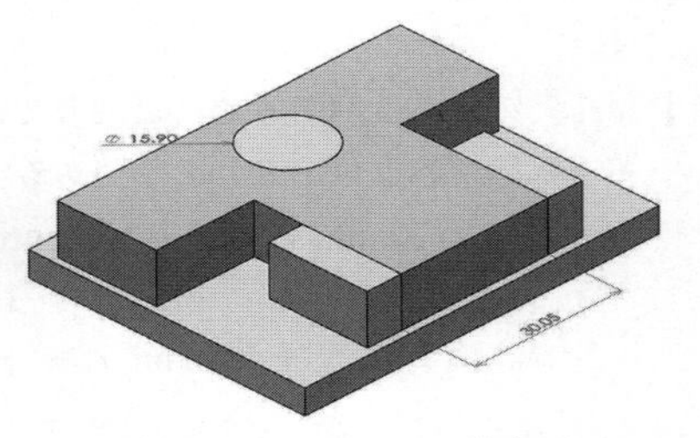

（b）機能ゲージによる検査例

解図 *6.6*

7 章

【1】① 25.0,　② 0.0,　③ 125.0,　④ 55.0

【2】設問 ① ～ ⑱ の解答は太字の数値で示す。

G90	G91
G02X**90.0**Y**95.5**R**75.0**	G02X**75.0**Y**75.0**R**75.0**

IJ を用いた定義

G90　　　　　　　　　　　　G91

G02X90.0Y95.5I75.0J0.0　　　**G02X75.0Y75.0I75.0J0.0**

（注）J の値が 0.0 なので，J を省略して

G02X90.0Y95.5I75.0　　　**G02X75.0Y75.0I75.0**

と記述してもよい。

また，90.0 は 90.，75.0 は 75. と記述してもよい。

G02X90.Y95.5I75.　　　**G02X75.Y75.I75.**

8 章

【1】

（1）

解表 8.1

貫通穴の番号	X〔mm〕	Y〔mm〕
A	25.857 9	109.142 1
B	104.275 6	156.876 5
C	175.724 4	156.876 5
D	254.142 1	109.142 1
E	254.142 1	80.857 9
F	175.724 4	33.123 5
G	104.275 6	33.123 5
H	25.857 9	80.857 9

（2）

```
G90
G00X25.8579Y109.1421
G01Z-10.F170
G00Z10.
G00X104.2756Y156.8765
G01Z-10.
G00Z10.
G00X175.7244
G01Z-10.
G00Z10.
G00X254.1421Y109.1421
G01Z-10.
G00Z10.
G00Y80.8579
G01Z-10.
G00Z10.
G00X175.7244Y33.1235
G01Z-10.
G00Z10.
G00X104.2756
G01Z-10.
G00Z10.
G00X25.8579Y80.8579
G01Z-10.
G00Z10.
X0.Y0.
```

（a）G90（絶対値）

```
G90
G00X25.8579Y109.1421
G17G98G81X25.8579Y109.1421Z-10.R5.F170
X104.2756Y156.8765
X175.7244Y156.8765
X254.1421Y109.1421
X254.1421Y80.8579
X175.7244Y33.1235
X104.2756Y33.1235
X25.8579Y80.8579
G80
G00X0.Y0.
```

（b）G81（固定サイクル）
G90（絶対値）

解図 *8.1*　ドリルの CL

【2】

（1）

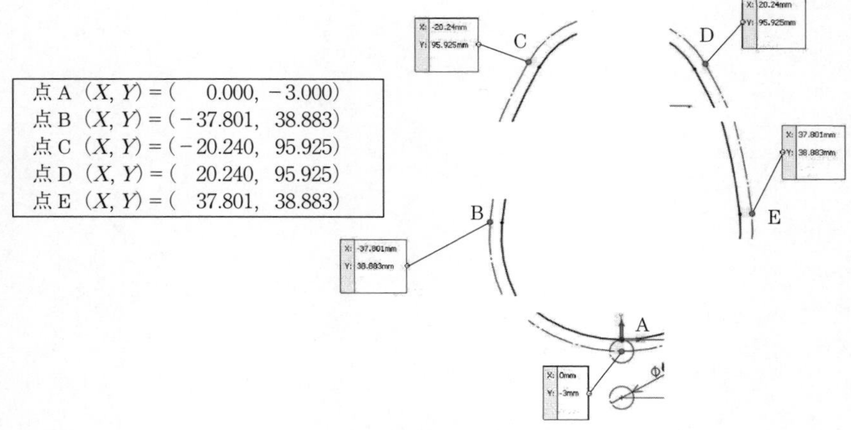

解図 *8.2*

（2）

```
G03X0.Y-3.R6.F360
G02X-37.801Y38.883R38.
X-20.24Y95.925R153.
X20.24R23.
X37.801Y38.883R153.
X0.Y-3.R38.
G03X-6.Y-9.R6.
```

G90 G02 R

```
G03X0.Y-3.I-6.F360
G02X-37.801Y38.883J38.
X-20.24Y95.925I152.199J-15.633
X20.24I20.24J-10.925
X37.801Y38.883I-134.638J-72.675
X0.Y-3.I-37.801J-3.883
G03X-6.Y-9.J-6.
```

G90 G02 IJ

```
G03X-6.Y6.R6.F360
G02X-37.801Y41.883R38.
X17.561Y57.042R153.
X40.48R23.
X17.561Y-57.042R153.
X-37.801Y-41.883R38.
G03X-6.Y-6.R6.
```

G91 G02 R

```
G03X-6.Y6.I-6.F360
G02X-37.801Y41.883J38.
X17.561Y57.042I152.199J-15.633
X40.48I20.24J-10.925
X17.561Y-57.042I-134.638J-72.675
X-37.801Y-41.883I-37.801J-3.883
G03X-6.Y-6.J-6.
```

G91 G02 IJ

解図 *8.2*　エンドミルの CL

9 章

【1】

工具中心：$Z=80$mm

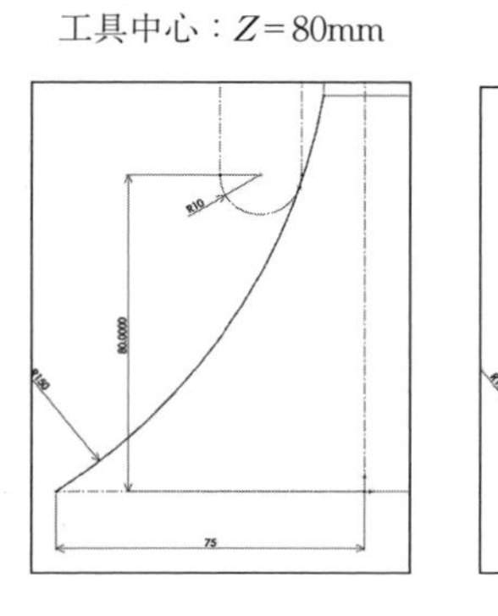

切削点：$Z=76.785\,0$

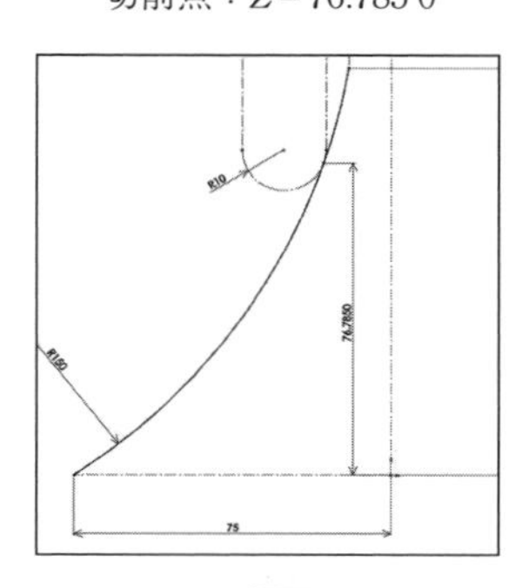

$R=25.333\,0$

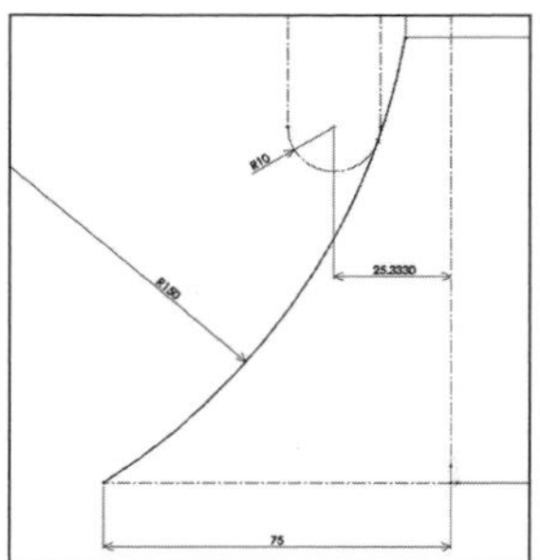

解図 *9.1*

工具中心：Z＝50mm　　切削点：Z＝44.642 1　　R＝39.690 8

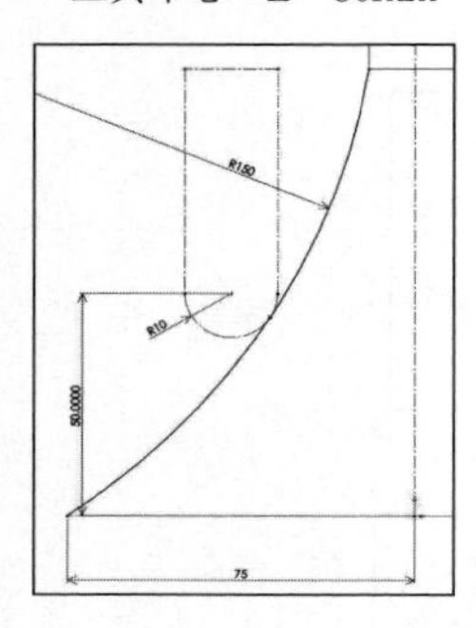

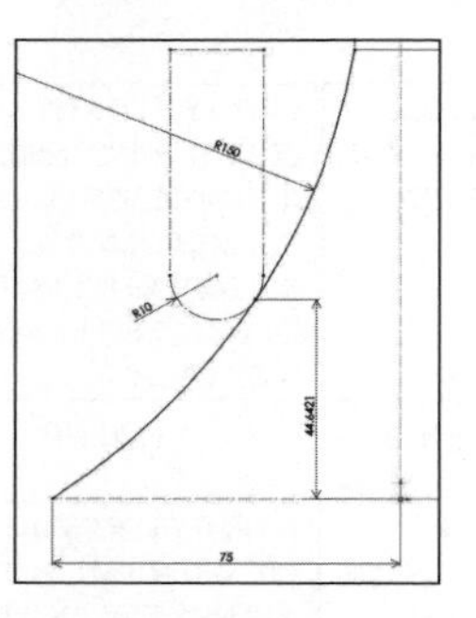

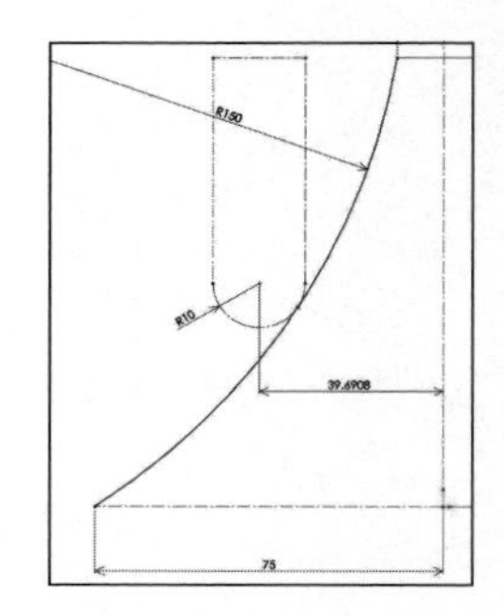

解図 *9.2*

工具中心：Z＝20mm　　切削点：Z＝12.499 3　　R＝65.310 5

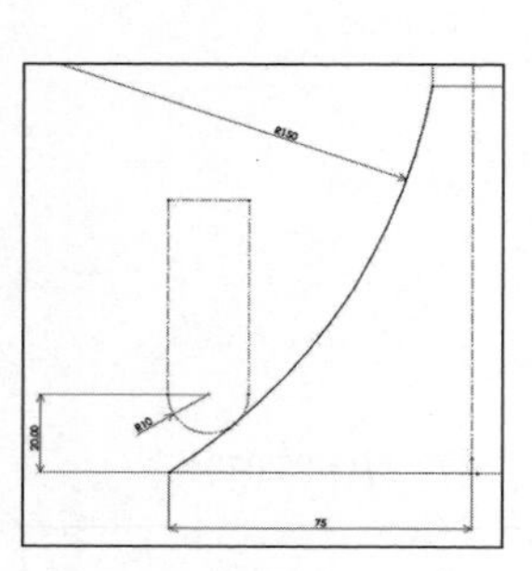

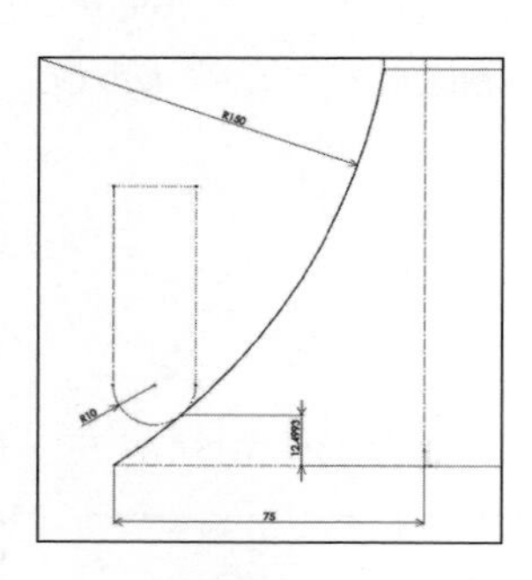

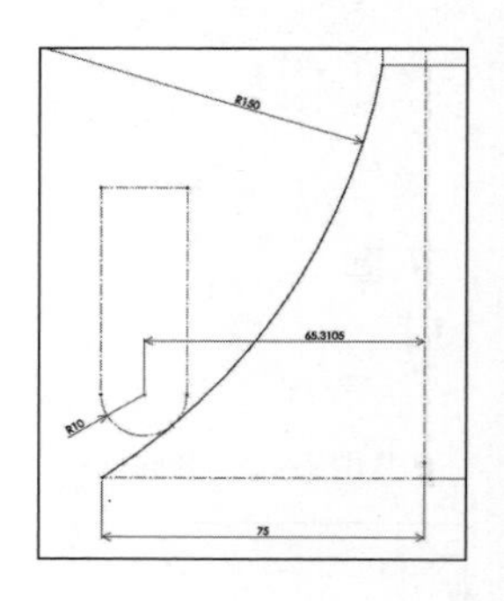

解図 *9.3*

【2】 正解は直径 16 mm（**解図 *9.4***（a））。なお，直径 18 mm（図（b））だと，仕上げ代を残してすきまに入らないので不正解になる。

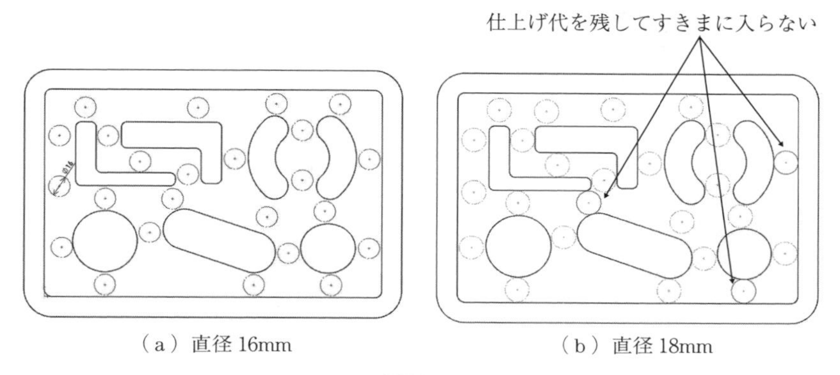

（a）直径 16mm　　（b）直径 18mm

解図 *9.4*

10 章

【1】 解答例を**解図 *10.1*** に示す。

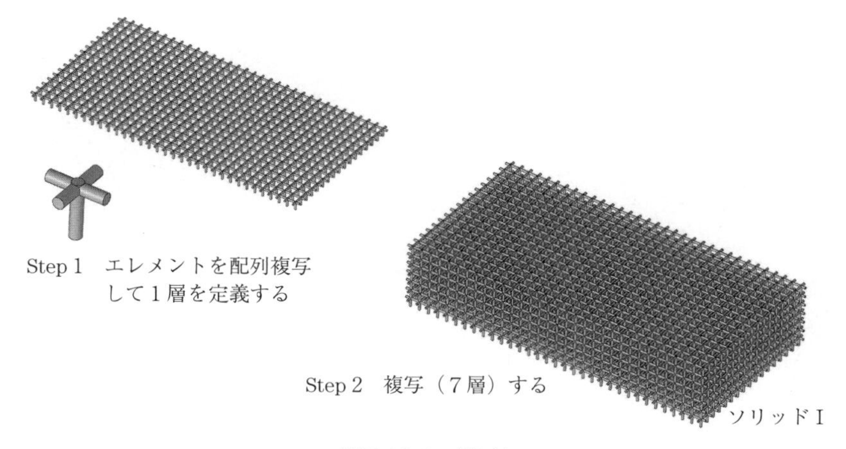

解図 *10.1*（続く）

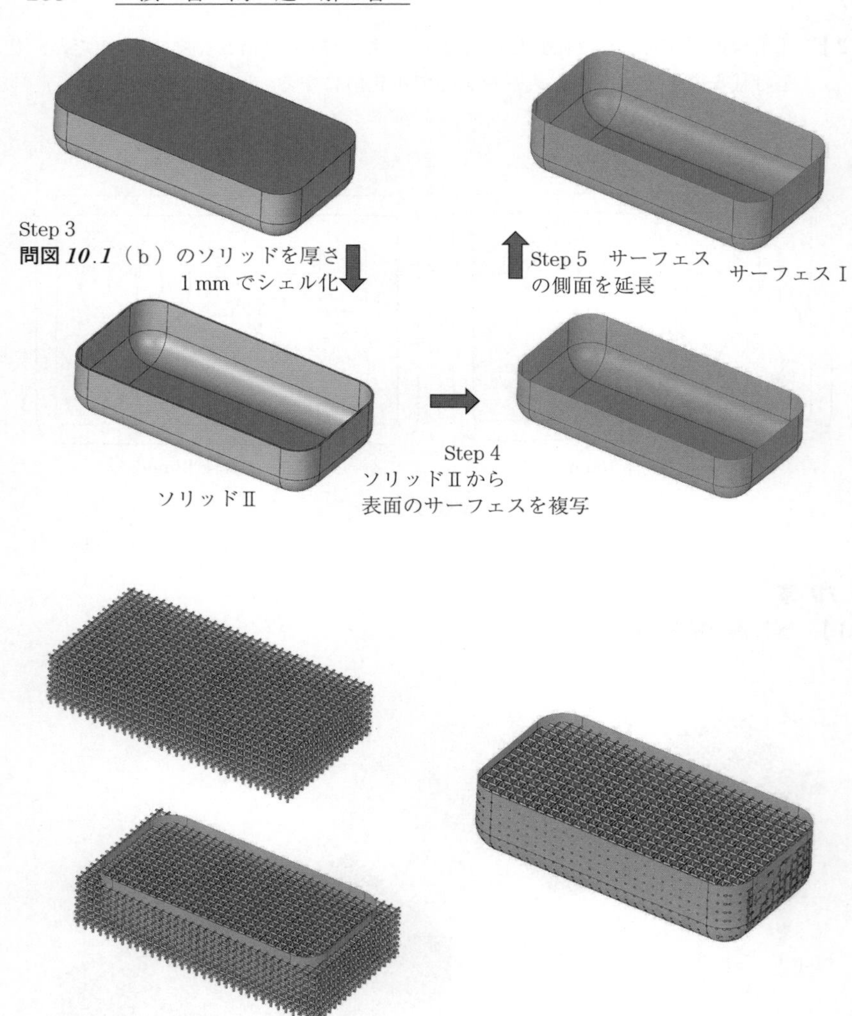

Step 6　ソリッド I をサーフェス I で切断する。

解図 *10.1*（続き）

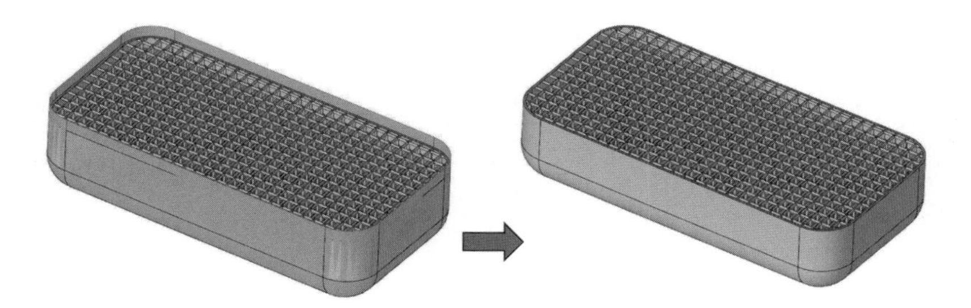

Step 7　サーフェスⅠを非表示にしてソリッドⅠと
ソリッドⅡをブーリアン演算（和）で一体化する。

解図 *10.1*　（続き）

【2】 解答例を**解図 *10.2***に示す。

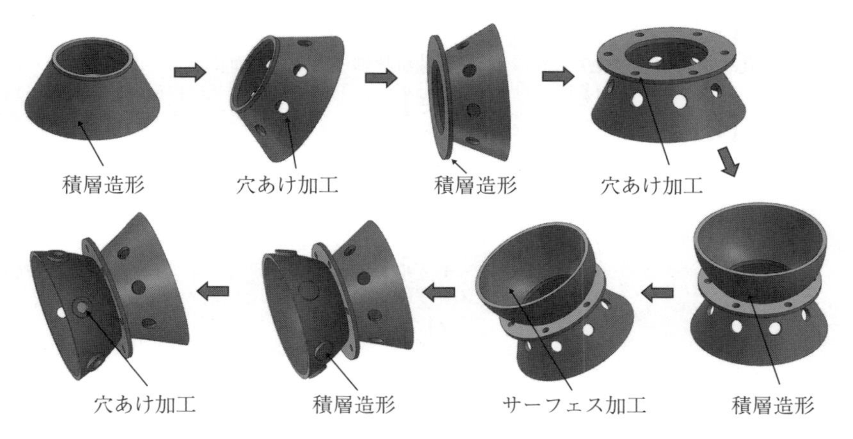

解図 *10.2*

11 章

【1】 ① ワークフロー，② ドキュメント管理，③ 構成管理，④ PDM，⑤ チェックアウト，⑥ チェックイン，⑦ アセンブリ，⑧ 部品，⑨ E，⑩ M，⑪ PLM

索　　引

【あ】

アセンブリデータ　6
アップカット　115
穴加工　114,127
アントリム　17

【い】

位置決め５軸加工　161
移動・複写　14

【え】

円弧補間（G02,G03）　119
延　長　17

【お】

応力解析　79
押出し　12
押出しカット　13
オフセット　13

【か】

回　転　13
回転カット　13
カスプハイト　146
合　致　54
カ　ム　67
慣性モーメント　73

【き】

幾何公差　101,103
幾何拘束　32
幾何特性仕様　2
機構解析　84
基準寸法　101
機能ゲージ　104
逆オフセット　149

【け】

傾斜軸　158
形状モデル　3
結　合　17

【こ】

コイルばね　68
工具先端点制御　161
工具の中心の経路　126
交　線　19
勾　配　13
こま形自在軸継手　57
固有振動数　90
固有値解析　90
コンピュータ数値制御　125

【さ】

最大実体公差方式　104
最大実体実効寸法　104
最大実体状態　104
最大実体寸法　104
座　金　56
サーフェスモデル　5
参照ジオメトリー　18,41

【し】

シェル　13
ジオメトリー　3
軸　受　57
質量特性　73
集合演算　3

【す】

スイープ　13
数値制御工作機械　1
スクエアエンドミル　115
すぐばかさ歯車　65
スケール　13
スプライン曲線　18
図面データ　6
寸法公差　101

【せ】

切削点　143
切断（分割）　13
旋回軸　158

【そ】

属　性　5
ソリッドモデル　5

【た】

ダウンカット　115
断面特性　76
断面二次極モーメント　76
断面二次モーメント　73

【ち】

チェックアウト　177

【て】

データム　101

【と】

投影線　19
同時５軸加工　158
ドキュメント管理　177
トポロジー　3
トポロジー最適化手法　170
トリム　17

【な】

ナット　56

【に】

ニアネットシェイプ　173

【は】

パーツデータ　6

【ひ】
平歯車 62
【ふ】
フィーチャ 19
フィレット 13
フォロワ 67
フランジ形たわみ軸継手 60
ブーリアン演算 14
プロファイル 31
分　割 17
【ほ】
ポリゴンメッシュ 148
ボルト 56
【み】
ミーゼス応力 80
【め】
面取り 13
【も】
モデリングの履歴 25
【ゆ】
有限要素法 1
【ら】
ラジアスエンドミル 115
ラック 64
ラティス構造 169
【り】
リトラクト 144
流体解析 92
輪郭加工 114,130
リンク機構 84
【ろ】
ロフト 13
【わ】
ワーク座標系 122

【A】
AM 2,167
APT 1
【B】
BOM 181
B-reps 3
【C】
CAD 1
CAE 1
CAM 1
CL 1,126
CNC 125
CRM 184
CSG 3
【D】
DED 167
DXF 9
【E】
E-BOM 182
【F】
FEM 1
【G】
G00 119
G01（直線補間） 117
G02 119
G03 119
G40 139
G41 139
G42 139
G54 122
G81 129
G90 117
G91 117
GPS 2
【I】
IGES 7
【M】
M-BOM 182
MMC 104
MMR 104
MMS 104
MMVS 104
【N】
NC 1
NURBS 9
【P】
PBF 167
PDM 7
PLM 183
【S】
SCM 183
STEP 7
STL 9
【T】
TCPC 162
【V】
VRML 9
【W】
Web3D 2
【X】
XVL 9
【Z】
Zマップ 149
【数字】
3D-CAD 1,6
3D-XML 9
3D単独図 9
3次元CAD 1
5軸加工 158

——著者略歴——

1977年　日本大学理工学部機械工学科卒業
1977年　静岡県工業試験場研究員
1991年　日本大学大学院理工学研究科博士後期課程修了（航空宇宙工学専攻），工学博士
1993年　東京都立工業高等専門学校助教授
2000年　静岡文化芸術大学助教授
2004年　静岡文化芸術大学教授
2020年　静岡文化芸術大学名誉教授

CAD/CAM

CAD/CAM

© Tatsuya Mochizuki 2021

2021年4月30日　初版第1刷発行

検印省略

著　者　望月達也
発行者　株式会社　コロナ社
　　　　代表者　牛来真也
印刷所　新日本印刷株式会社
製本所　有限会社　愛千製本所

112-0011　東京都文京区千石 4-46-10
発行所　株式会社　コロナ社
CORONA PUBLISHING CO., LTD.
Tokyo Japan
振替 00140-8-14844・電話(03)3941-3131(代)
ホームページ　https://www.coronasha.co.jp

ISBN 978-4-339-04478-2　C3353　Printed in Japan　（大井）

JCOPY ＜出版者著作権管理機構 委託出版物＞
本書の無断複製は著作権法上での例外を除き禁じられています。複製される場合は，そのつど事前に，出版者著作権管理機構（電話 03-3513-6969，FAX 03-3513-6979，e-mail: info@jcopy.or.jp）の許諾を得てください。

本書のコピー，スキャン，デジタル化等の無断複製・転載は著作権法上での例外を除き禁じられています。購入者以外の第三者による本書の電子データ化及び電子書籍化は，いかなる場合も認めていません。
落丁・乱丁はお取替えいたします。